工程量清单计价实务教程系列

工程量清单计价实务教程
——园林绿化工程

刘 杰 主编

U0325918

中国建材工业出版社

图书在版编目(CIP)数据

园林绿化工程 / 刘杰主编 . —北京：中国建材工业出版社，2014.3

工程量清单计价实务教程系列

ISBN 978 - 7 - 5160 - 0740 - 2

Ⅰ.①园… Ⅱ.①刘… Ⅲ.①园林—绿化—工程造价—教材 Ⅳ.①TU986.3

中国版本图书馆 CIP 数据核字（2014）第 016623 号

工程量清单计价实务教程——园林绿化工程

刘 杰 主编

出版发行：**中国建材工业出版社**

地　　址：北京市西城区车公庄大街 6 号

邮　　编：100044

经　　销：全国各地新华书店

印　　刷：北京紫瑞利印刷有限公司

开　　本：710mm×1000mm　1/16

印　　张：16

字　　数：341 千字

版　　次：2014 年 3 月第 1 版

印　　次：2014 年 3 月第 1 次

定　　价：43.00 元

本社网址： www.jccbs.com.cn　　**微信公众号：** zgjcgycbs

本书如出现印装质量问题，由我社营销部负责调换。电话：**(010)88386906**

对本书内容有任何疑问及建议，请与本书责编联系。邮箱：dayi51@sina.com

内 容 提 要

本书根据《建设工程工程量清单计价规范》（GB 50500—2013）和《园林绿化工程工程量计算规范》（GB 50858—2013）进行编写，详细阐述了园林绿化工程工程量清单及其计价编制方法。本书主要内容包括建设工程计价概述、清单计价下的园林工程招标、园林工程建筑面积计算、园林绿化工程工程量计算、清单计价下的园林工程投标、园林工程竣工结算与决算、园林工程合同价款等。

本书内容翔实、结构清晰、编撰体例新颖，可供园林绿化工程设计、施工、建设、造价咨询、造价审计、造价管理等专业人员使用，也可供高等院校相关专业师生学习时参考。

前　言

2012 年 12 月 25 日，住房和城乡建设部发布了《建设工程工程量清单计价规范》（GB 50500—2013），及《房屋建筑与装饰工程工程量计算规范》（GB 50854—2013）等 9 本工程量计算规范。这 10 本规范是在《建设工程工程量清单计价规范》（GB 50500—2008）的基础上，以原建设部发布的工程基础定额、消耗量定额、预算定额以及各省、自治区、直辖市或行业建设主管部门发布的工程计价定额为参考，以工程计价相关的国家或行业的技术标准、规范、规程为依据，收集近年来新的施工技术、工艺和新材料的项目资料，经过整理，在全国广泛征求意见后编制而成的，于 2013 年 7 月 1 日起正式实施。

2013 版清单计价规范进一步确立了工程计价标准体系的形成，为下一步工程计价标准的制订打下了坚实的基础。较之以前的版本，2013 版清单计价规范扩大了计价计量规范的适用范围，深化了工程造价运行机制的改革，强化了工程计价计量的强制性规定，注重了与施工合同的衔接，明确了工程计价风险分担的范围，完善了招标控制价制度，规范了不同合同形式的计量与价款支付，统一了合同价款调整的分类内容，确立了施工全过程计价控制与工程结算的原则，提供了合同价款争议解决的方法，增加了工程造价鉴定的专门规定，细化了措施项目计价的规定，增强了规范的可操作性和保持了规范的先进性。

为使广大建设工程造价工作者能更好地理解 2013 版清单计价规范和相关专业工程国家计量规范的内容，更好地掌握建标［2013］44 号文件的精神，我们组织工程造价领域有着丰富工作经验的专家学者，编写这套《工程量清单计价实务教程系列》丛书。本套丛书共包括下列分册：

1. 工程量清单计价实务教程——房屋建筑工程
2. 工程量清单计价实务教程——建筑安装工程
3. 工程量清单计价实务教程——装饰装修工程
4. 工程量清单计价实务教程——园林绿化工程
5. 工程量清单计价实务教程——仿古建筑工程
6. 工程量清单计价实务教程——市政工程

本系列丛书以《建设工程工程量清单计价规范》（GB 50500—2013）为基础，配合各专业工程量计算规范进行编写，具有很强的实用价值，对帮助广大建设工程造价人员更好地履行职责，以适应市场经济条件下工程造价工作的需要，更好地理解工程量清单计价与定额计价的内容与区别提供了力所能及的帮助。丛书编写时以实用性为主，突出了清单计价实务的主题，对工程量清单计价的相关理论知识只进行了简单介绍，而是直接以各专业工程清单计价具体应用为主题，详细阐述了各专业工程清单项目设置、项目特征描述要求、工程量计算规则等工程量清单计价的实用知识，具有较强的实用价值，方便广大读者在工作中随时查阅学习。

　　丛书内容翔实、结构清晰、编撰体例新颖，在理论与实例相结合的基础上，注重应用理解，以更大限度地满足造价工作者实际工作的需要，增加了图书的适用性和使用范围，提高了使用效果。丛书在编写过程中，参考或引用了有关部门、单位和个人的资料，参阅了国内同行多部著作，得到了相关部门及工程咨询单位的大力支持与帮助，在此一并表示衷心感谢。丛书在编写过程中，虽经推敲核证，但限于编者的专业水平和实践经验，仍难免有疏漏或不妥之处，恳请广大读者指正。

编　者

目　　录

第一章　建设工程计价概述

第一节　基本建设项目

一、基本建设项目概述

(一)基本建设的概念

基本建设是指国民经济中的各个部门为了扩大再生产而进行的增加固定资产的建设工作,即把一定的建筑材料、机械设备等,通过购置、建造、安装等一系列活动,转化为固定资产,形成新的生产能力或使用效益的过程。固定资产扩大再生产的新建、扩建、改建、迁建、恢复工程及与此相关的其他工作,如土地征用、房屋拆迁、青苗赔偿、勘查设计、招标投标、工程监理等,也是基本建设的组成部分。因此,基本建设的实质是形成新的固定资产的经济活动。

固定资产是指在社会再生产过程中,可供生产或生活较长时间使用,在使用过程中基本保持原有实物形态的劳动资料或其他物质资料,比如建筑物、构筑物、电气设备等。

为了便于管理和核算,凡列为固定资产的劳动资料,一般应同时具备以下两个条件:使用期限在一年以上和单位价值在规定的限额以上。不同时具备上述两个条件的应列为低值易耗品。

(二)基本建设的分类

基本建设是由若干个具体基本建设项目(简称建设项目)组成。基本建设项目可从不同角度进行分类。

1. 按建设形式的不同分类

(1)新建项目。是指从无到有,"平地起家",新开始建设的项目,或在原有建设项目基础上扩大3倍以上规模的建设项目。

(2)扩建项目。是指为扩大原有产品生产能力(或效益)或增加新的产品生产能力,而在原有建设项目基础上扩大3倍以内规模的建设项目。

(3)改建项目。是指为提高生产效率,改进产品质量,或改变产品方向,对原有设备、工艺流程进行技术改造的项目。

(4)迁建项目。是指由于各种原因经上级批准搬迁到另地建设的项目。迁建项目中符合新建、扩建、改建条件的,应分别视为新建、扩建或改建项目。迁建项目不包括留在原址的部分。

(5)恢复项目。是指由于自然灾害、战争等原因使原有固定资产全部或部分报废，以后又投资按原有规模重新恢复建设的项目。在恢复的同时进行扩建的，应视为扩建项目。

2. 按建设项目资金来源渠道的不同分类

(1)国家投资项目。是指国家预算计划内直接安排的建设项目。

(2)自筹建设项目。是指家国预算以外的投资项目。自筹建设项目又分地方自筹项目和企业自筹项目。

(3)外资项目。是指由国外资金投资的建设项目。

(4)贷款项目。是指通过向银行贷款的建设项目。

3. 按建设过程的不同分类

(1)生产性项目。是指直接用于物质生产或直接为物质生产服务的项目，主要包括工业项目(含矿业)、建筑业和地区资源勘探事业项目、农林水利项目、运输邮电项目、商业和物资供应项目等。

(2)非生产性项目。是指直接用于满足人民物质和文化生活需要的项目，主要包括住宅、教育、文化、卫生、体育、社会福利、科学实验研究项目、金融保险项目、公用生活服务事业项目、行政机关和社会团体办公用房等项目。

4. 按建设规模的不同分类

基本建设项目按项目建设总规模或总投资可分为大型项目、中型项目和小型项目三类。习惯上将大型项目和中型项目合称为大中型项目。一般是按产品的设计能力或全部投资额来划分。

新建项目按项目的全部设计规模(能力)或所需投资(总概算)计算；扩建项目按扩建新增的设计能力或扩建所需投资(扩建总概算)计算，不包括扩建以前原有的生产能力。其中，新建项目的规模是指经批准的可行性研究报告中规定的近期建设的总规模，而不是指远景规划所设想的长远发展规模。明确分期设计、分期建设的，应按分期规模计算。更新改造项目按照投资额分为限额以上项目和限额以下项目两类。

财政部财建[2002]394号文规定，基本建设项目竣工财务决算大中小型划分的标准为：经营性项目投资额在5000万元(含5000万元)以上、非经营性项目投资额在3000万元(含3000万元)以上的为大中型项目，其他项目为小型项目。

(三)基本建设项目的划分

根据基本建设工程管理和确定工程造价的需要，基本建设项目划分为建设项目、单项工程、单位工程、分部工程和分项工程五个基本层次，如图1-1所示。

(1)建设项目。建设项目是指具有经过有关部门批准的立项文件和设计任务书，经济上实行独立核算，行政上具有独立的组织形式并实行统一管理的工程项目。我们通常认为：一个建设单位就是一个建设项目，建设项目的名称一般是以这个建设单位的名称来命名。例如：某化工厂、某装配厂、某制造厂等工业建设，某农场、某度假村、

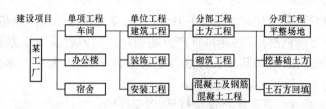

图 1-1 基本建设项目的划分

电信城等民用建设均是建设项目,均由项目法人单位实行统一管理。

(2)单项工程。单项工程是指具有独立的设计文件,竣工后可以独立发挥生产能力并能产生经济效益或效能的工程,是建设项目的组成部分。如一个工厂的车间、办公楼、宿舍、食堂等,一个学校的教学楼、办公楼、实验楼、学生公寓等均属于单项工程。

(3)单位工程。单位工程是工程项目的组成部分。单位工程是指竣工后不能独立发挥生产能力或使用效益,但具有独立的施工图纸和组织施工的工程。如土建工程(包括建筑物、构筑物)、电气安装工程(包括动力、照明等)、工业管道工程(包括蒸汽、压缩空气、燃气等)、暖卫工程(包括采暖、上下水等)、通风工程和电梯工程等。一个单位工程由多个分部工程构成。

(4)分部工程。分部工程是指按工程的工程部位或工种不同进行划分的工程项目,如在建筑工程这个单位工程中包括土(石)方工程、桩与地基基础工程、砌筑工程、混凝土及钢筋混凝土工程、厂库房大门特种门木结构工程、金属结构工程、屋面及防水工程等多个分部工程。

(5)分项工程。分项工程是指能够单独地经过一定的施工工序完成,并且可以采用适当计量单位计算的建筑或设备安装工程,如混凝土及钢筋混凝土这个分部工程中的带形基础、独立基础、满堂基础、设备基础、矩形柱、异形柱等均属分项工程。分项工程是工程量计算的基本元素,是工程项目划分的基本单位,所以工程量均按分项工程计算。

二、基本建设工程造价文件的分类

建设项目工程造价的计价贯穿于建设项目从投资决策到竣工验收的全过程,是各阶段逐步深化、逐步细化和逐步接近实际造价的过程。计价过程各环节之间相互衔接,前者制约后者,后者补充前者。根据建设程序进展阶段的不同,造价文件包括投资估算、设计概算、施工图预算、招标控制价与标价、竣工结算及竣工决算等。

1. 投资估算

投资估算是指在项目建议书和可行性研究阶段,由可研单位或建设单位编制,用以确定建设项目的投资控制额的基本建设造价文件。投资估算是项目决策时一项重要的参考经济指标,是判断项目可行性的重要依据之一。

一般来说,投资估算比较粗略,仅做控制总投资使用,其方法是根据建设规模结合估算指标进行估算,常用到的指标有平方米指标、立方米指标或产量指标等。如某城市拟建日产 10 万吨钢材厂,估计每日产万吨钢材厂约需资金 600 万元,共需资金为 $10 \times 600 = 6000$ 万元;再如某单位拟建教学楼 4 万平方米,每平方米约需资金 1200 元,则共需资金 $4 \times 1200 = 4800$ 万元。

投资估算在通常情况下应将资金打足,以保证建设项目的顺利实施。

投资估算文件在编写可行性研究报告时编制。

2. 设计概算

设计概算是指建设项目在设计阶段由设计单位根据设计图纸进行计算的,用以确定建设项目概算投资,进行设计方案比较,进一步控制建设项目投资的基本建设造价文件。设计概算由设计院根据设计文件编制,是设计文件的组成部分。

设计概算根据施工图纸设计深度的不同,其概算的编制方法也有所不同。设计概算的编制方法有三种:根据概算指标编制概算;根据类似工程预算编制概算;根据概算定额编制概算。

在方案设计阶段和修正设计阶段,根据概算指标或类似工程预算编制概算;在施工图设计阶段,可根据概算定额编制概算。

3. 施工图预算

施工图预算是指在施工图设计完成之后、工程开工之前,根据施工图纸及相关资料编制的,用以确定工程预算造价及工料的基本建设造价文件。由于施工图预算是根据施工图纸及相关资料编制的,因此施工图预算确定的工程造价更接近实际。

施工图预算由建设单位或委托有相应资质的造价咨询机构编制。

4. 招标控制价与标价

招标控制价是指建设工程发包方为施工招标选取工程承包人而编制的招标价格。标价是指建设工程施工招投标过程中投标方的投标报价。

其中,招标控制价由招标单位或委托有相应资质的造价咨询机构编制,而标价由投标单位编制。

5. 竣工结算

竣工结算是指建设工程承包人在单位工程竣工后,根据施工合同、设计变更、现场技术签证、费用签证等竣工资料编制的,确定工程竣工结算造价的经济文件。竣工结算是工程承包方与发包方办理工程竣工结算的重要依据。

竣工结算是在单位工程竣工后由施工单位编制,建设单位或委托有相应资质的造价咨询机构审查,审查后经双方确认的竣工结算是办理工程最终结算的重要依据。

6. 竣工决算

竣工决算是指建设项目竣工验收后,建设单位根据竣工结算以及相关技术经济文件编制的,用以确定整个建设项目从筹建到竣工投产全过程的实际总投资的经济文件。

由此可见,基本建设造价文件在基本建设程序的不同阶段,有不同内容和形式,其中的对应关系如图 1-2 所示。

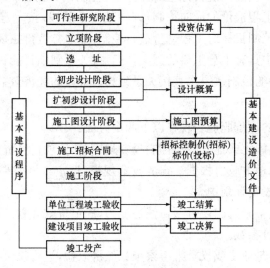

图 1-2 基本建设造价文件分类图

第二节 建筑工程造价计价

一、建筑工程造价计价的概念

建筑工程造价就是建筑工程产品的价格,建筑工程计价是对建筑工程产品价格的计算。建筑工程产品的价格由成本、利润和税金组成,这与一般工业产品的价格组成是相同的。由于建筑产品具有价值高、体积大、建设地点的固定性、施工的流动性、产品的单件性、涉及部门广、施工周期长及交易在先生产在后等特点,因此,建筑工程产品的价格形成过程和机制与其他商品不同,建筑产品的价格必须用特殊的计价方式确定,即每个建筑产品必须单独定价。

二、建筑工程造价计价的职能

工程造价计价的职能除具有一般商品价格职能外,还具有自己特殊的职能。

1. 预测职能

工程项目的建设一般都要经过可行性研究、设计、招标投标、工程施工、竣工验收等阶段。每一阶段都必须对工程造价进行预测。同时,投资方预测工程造价不仅作为项目决策依据,也是筹集资金、控制造价的依据。承包人预测工程造价,既为投标决策提供依据,也为投标报价和成本管理提供依据。

2. 控制职能

工程造价的控制职能表现在两个方面:一是工程造价的纵向控制,即上一阶段的工程造价作为下一阶段的控制目标,如估算造价控制概算造价,概算造价控制预算造价,依此类推;二是工程造价的横向控制,即在某一个阶段,按一定的工程造价指标和技术经济指标作为控制目标对工程造价进行控制,如单方造价指标等。工程造价的控制职能在工程建设中具有十分重要的意义,它直接关系到项目能否获得预期的投资效益。同时,工程造价的控制效果也直接关系到相关各方的经济效益。

3. 评价职能

工程造价计价的评价职能表现在以下四个方面:

(1)工程造价是国家或地方政府控制投资规模、评价项目经济效果、确定建设计划的重要依据,国家或地方政府根据一定的投资规模,选定经济效果评价好的项目列入年度投资或中长期投资计划中。

(2)工程造价是金融部门评价项目偿还能力,确定贷款计划、贷款偿还期以及贷款风险的重要经济评价参数。

(3)工程造价也是业主或投资人考察项目经济效益,进行投资决策的基本依据。

(4)工程造价是承包人评价自身技术、管理水平和经营成果的重要依据。

4. 调控职能

工程建设领域既是资金密集行业,也是劳动力密集的行业,直接关系到整个经济的运行和增长,也直接关系到国家重要资源的分配和资金流向,对国民经济有着重大影响。因此,国家对建设规模、结构进行宏观调控是不可缺少的,对政府投资项目进行直接调控和管理也是非常必要的。这些都要用工程造价作为经济杠杆,对工程建设领域的物质消耗水平、建设规模、投资方向等进行调控和管理。

三、建筑工程造价计价方法

由于建筑产品价格的特殊性,与一般工业产品价格的计价方法相比,采取了特殊的计价方法,即定额计价法和工程量清单计价法。

1. 定额计价法

定额计价法又称施工图预算法,是在我国计划经济时期及计划经济向市场经济转型时期所采用的行之有效的计价方法。

定额计价法中的直接费单价只包括人工费、材料费、机械台班使用费,它是分部分项工程的不完全价格。我国有两种现行计价方式:

(1)单位估价法。单位估价法是根据国家或地方颁布的统一预算定额规定的消耗量及其单价,以及配套的取费标准和材料预算价格,根据施工图纸计算出相应的工程数量,套用相应的定额单价计算出定额直接费,再在直接费的基础上计算各种相关费用及利润和税金,最后汇总形成建筑产品的造价。用公式表示为:

$$建筑工程造价 = \left[\sum (工程量 \times 定额单价) \times (1 + 各种费用的费率 + 利润率) \right] \times (1 + 税金率)$$

装饰安装工程造价＝$[\sum($工程量×定额单价$)+\sum($工程量×定额人工费单价$)\times$

$(1+$各种费用的费率＋利润率$)]\times(1+$税金率$)$

（2）实物估价法。实物估价法是先根据施工图纸计算工程量，然后套基础定额，计算人工、材料和机械台班消耗量，将所有的分部分项工程资源消耗量进行归类汇总，再根据当时、当地的人工、材料、机械单价计算并汇总人工费、材料费、机械使用费，得出分部分项工程直接费。在此基础上再计算其他直接费、间接费、利润和税金，将直接费与上述费用相加，即可得到单位工程造价（价格）。

预算定额是国家或地方统一颁布的，视为地方经济法规，必须严格遵照执行。从一般概念上讲，由于计算依据相同，只要不出现计算错误，其计算结果是相同的。按定额计价方法确定建筑工程造价，由于有预算定额规范消耗量，有各种文件规定人工、材料、机械单价及各种取费标准，在一定程度上防止了高估冒算和压级压价，体现了工程造价的规范性、统一性和合理性。但对市场竞争起到了抑制作用，不利于促进施工企业改进技术、加强管理、提高劳动效率和市场竞争力。

2. 工程量清单计价法

工程量清单计价法，是我国在 2003 年提出的一种与市场经济相适应的投标报价方法，这种计价法是由国家统一项目编码、项目名称、计量单位和工程量计算规则（即"四统一"），由各施工企业在投标报价时根据企业自身的技术装备、施工经验、企业成本、企业定额、管理水平、企业竞争目的及竞争对手情况而自主填报单价进行报价。

工程量清单计价法的实施，实质上是建立了一种强有力的、行之有效的竞争机制，由于施工企业在投标竞争中必须报出合理低价才能中标，所以对促进施工企业改进技术、加强管理、提高劳动效率和市场竞争力会起到积极的推动作用。

工程量清单计价法的造价计算方法是"综合单价"法，即招标方给出工程量清单，投标方根据工程量清单组合分部分项工程的综合单价，并计算出分部分项工程的费用，再计算出税金，最后汇总成总造价，其基本公式是：

建筑工程造价＝$[\sum($工程量×综合单价$)+$措施项目费＋

其他项目费＋规费$]\times(1+$税金率$)$

第三节　建筑安装工程费用的构成与计算

一、建筑安装工程费用项目组成（按费用构成要素划分）

建筑安装工程费按照费用构成要素的划分由人工费、材料（包含工程设备，下同）费、施工机具使用费、企业管理费、利润、规费和税金组成。其中人工费、材料费、施工机具使用费、企业管理费和利润包含在分部分项工程费、措施项目费、其他项目费中，如图 1-3 所示。

1. 人工费

人工费是指按工资总额构成规定，支付给从事建筑安装工程施工的生产工人和附

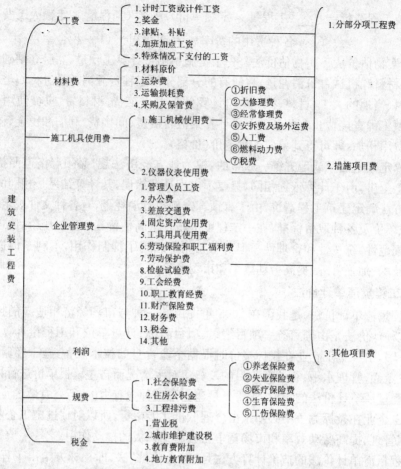

图 1-3　建筑安装工程费按照费用构成要素划分

属生产单位工人的各项费用。内容包括：

(1)计时工资或计件工资。是指按计时工资标准和工作时间或对已做工作按计件单价支付给个人的劳动报酬。

(2)奖金。是指对超额劳动和增收节支支付给个人的劳动报酬,如节约奖、劳动竞赛奖等。

(3)津贴补贴。是指为了补偿职工特殊或额外的劳动消耗和因其他特殊原因支付给个人的津贴,以及为了保证职工工资水平不受物价影响支付给个人的物价补贴,如流动施工津贴、特殊地区施工津贴、高温(寒)作业临时津贴、高空津贴等。

(4)加班加点工资。是指按规定支付的在法定节假日工作的加班工资和在法定节假日工作时间外延时工作的加点工资。

(5)特殊情况下支付的工资。是指根据国家法律、法规和政策规定,因病、工伤、产假、计划生育假、婚丧假、事假、探亲假、定期休假、停工学习、执行国家或社会义务等原因按计时工资标准或计时工资标准的一定比例支付的工资。

2. 材料费

材料费是指施工过程中耗费的原材料、辅助材料、构配件、零件、半成品或成品、工程设备的费用。内容包括：

（1）材料原价。是指材料、工程设备的出厂价格或商家供应价格。

（2）运杂费。是指材料、工程设备自来源地运至工地仓库或指定堆放地点所发生的全部费用。

（3）运输损耗费。是指材料在运输装卸过程中不可避免的损耗。

（4）采购及保管费。是指为组织采购、供应和保管材料、工程设备的过程中所需要的各项费用。包括采购费、仓储费、工地保管费、仓储损耗。

工程设备是指构成或计划构成永久工程一部分的机电设备、金属结构设备、仪器装置及其他类似的设备和装置。

3. 施工机具使用费

施工机具使用费是指施工作业所发生的施工机械、仪器仪表使用费或其租赁费。

（1）施工机械使用费。施工机械使用费以施工机械台班耗用量乘以施工机械台班单价表示，施工机械台班单价应由下列七项费用组成：

1）折旧费。是指施工机械在规定的使用年限内，陆续收回其原值的费用。

2）大修理费。是指施工机械按规定的大修理间隔台班进行必要的大修理，以恢复其正常功能所需的费用。

3）经常修理费。是指施工机械除大修理以外的各级保养和临时故障排除所需费用。包括为保障机械正常运转所需替换设备与随机配备工具附具的摊销和维护费用，机械运转中日常保养所需润滑与擦拭的材料费用及机械停滞期间的维护和保养费用等。

4）安拆费及场外运费。安拆费是指施工机械（大型机械除外）在现场进行安装与拆卸所需的人工、材料、机械和试运转费用以及机械辅助设施的折旧、搭设、拆除等费用；场外运费是指施工机械整体或分体自停放地点运至施工现场或由一施工地点运至另一施工地点的运输、装卸、辅助材料及架线等费用。

5）人工费。是指机上司机（司炉）和其他操作人员的人工费。

6）燃料动力费。是指施工机械在运转作业中所消耗的各种燃料及水、电等。

7）税费。是指施工机械按照国家规定应缴纳的车船使用税、保险费及年检费等。

（2）仪器仪表使用费。是指工程施工所需使用的仪器仪表的摊销及维修费用。

4. 企业管理费

企业管理费是指建筑安装企业组织施工生产和经营管理所需的费用。内容包括：

（1）管理人员工资。是指按规定支付给管理人员的计时工资、奖金、津贴补贴、加班加点工资及特殊情况下支付的工资等。

（2）办公费。是指企业管理办公用的文具、纸张、账表、印刷、邮电、书报、办公软件、现场监控、会议、水电、烧水和集体取暖降温（包括现场临时宿舍取暖降温）等费用。

（3）差旅交通费。是指职工因公出差、调动工作的差旅费、住勤补助费，市内交通费和误餐补助费,职工探亲路费,劳动力招募费,职工退休、退职一次性路费,工伤人员就医路费,工地转移费以及管理部门使用的交通工具的油料、燃料等费用。

(4)固定资产使用费。是指管理和试验部门及附属生产单位使用的属于固定资产的房屋、设备、仪器等的折旧、大修、维修或租赁费。

(5)工具用具使用费。是指企业施工生产和管理使用的不属于固定资产的工具、器具、家具、交通工具和检验、试验、测绘、消防用具等的购置、维修和摊销费。

(6)劳动保险和职工福利费。是指由企业支付的职工退职金、按规定支付给离休干部的经费,集体福利费、夏季防暑降温、冬季取暖补贴、上下班交通补贴等。

(7)劳动保护费。是指企业按规定发放的劳动保护用品的支出。如工作服、手套、防暑降温饮料以及在有碍身体健康的环境中施工的保健费用等。

(8)检验试验费。是指施工企业按照有关标准规定,对建筑以及材料、构件和建筑安装物进行一般鉴定、检查所发生的费用,包括自设试验室进行试验所耗用的材料等费用。不包括新结构、新材料的试验费,对构件做破坏性试验及其他特殊要求检验试验的费用和建设单位委托检测机构进行检测的费用,对此类检测发生的费用,由建设单位在工程建设其他费用中列支。但对施工企业提供的具有合格证明的材料进行检测不合格的,该检测费用由施工企业支付。

(9)工会经费。是指企业按《工会法》规定的全部职工工资总额比例计提的工会经费。

(10)职工教育经费。是指按职工工资总额的规定比例计提,企业为职工进行专业技术和职业技能培训、专业技术人员继续教育、职工职业技能鉴定、职业资格认定以及根据需要对职工进行各类文化教育所发生的费用。

(11)财产保险费。是指施工管理用财产、车辆等的保险费用。

(12)财务费。是指企业为施工生产筹集资金或提供预付款担保、履约担保、职工工资支付担保等所发生的各种费用。

(13)税金。是指企业按规定缴纳的房产税、车船使用税、土地使用税、印花税等。

(14)其他。包括技术转让费、技术开发费、投标费、业务招待费、绿化费、广告费、公证费、法律顾问费、审计费、咨询费、保险费等。

5. 利润

利润是指施工企业完成所承包工程获得的盈利。

6. 规费

规费是指按国家法律、法规规定,由省级政府和省级有关权力部门规定必须缴纳或计取的费用。包括:

(1)社会保险费

1)养老保险费。是指企业按照规定标准为职工缴纳的基本养老保险费。

2)失业保险费。是指企业按照规定标准为职工缴纳的失业保险费。

3)医疗保险费。是指企业按照规定标准为职工缴纳的基本医疗保险费。

4)生育保险费。是指企业按照规定标准为职工缴纳的生育保险费。

5)工伤保险费。是指企业按照规定标准为职工缴纳的工伤保险费。

（2）住房公积金。是指企业按规定标准为职工缴纳的住房公积金。

（3）工程排污费。是指按规定缴纳的施工现场工程排污费。

其他应列而未列入的规费，按实际发生计取。

7. 税金

税金是指国家税法规定的应计入建筑安装工程造价内的营业税、城市维护建设税、教育费附加以及地方教育附加。

二、建筑安装工程费用项目组成（按造价形成划分）

建筑安装工程费按照工程造价的形成由分部分项工程费、措施项目费、其他项目费、规费、税金组成，分部分项工程费、措施项目费、其他项目费包含人工费、材料费、施工机具使用费、企业管理费和利润，如图 1-4 所示。

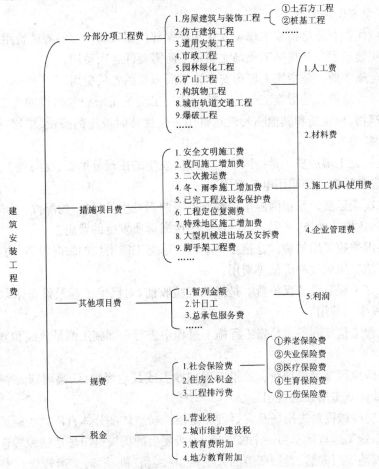

图 1-4　建筑安装工程费按照工程造价形成划分

1. 分部分项工程费

分部分项工程费是指各专业工程的分部分项工程应予列支的各项费用。

(1)专业工程。是指按现行国家计量规范划分的房屋建筑与装饰工程、仿古建筑工程、通用安装工程、市政工程、园林绿化工程、矿山工程、构筑物工程、城市轨道交通工程、爆破工程等各类工程。

(2)分部分项工程。是指按现行国家计量规范对各专业工程划分的项目。如房屋建筑与装饰工程划分的土石方工程、地基处理与桩基工程、砌筑工程、钢筋及钢筋混凝土工程等。

各类专业工程的分部分项工程划分见现行国家或行业计量规范。

2. 措施项目费

措施项目费是指为完成建设工程施工,发生于该工程施工前和施工过程中的技术、生活、安全、环境保护等方面的费用。内容包括:

(1)安全文明施工费。

1)环境保护费。是指施工现场为达到环保部门要求所需要的各项费用。

2)文明施工费。是指施工现场文明施工所需要的各项费用。

3)安全施工费。是指施工现场安全施工所需要的各项费用。

4)临时设施费。是指施工企业为进行建设工程施工所必须搭设的生活和生产用的临时建筑物、构筑物和其他临时设施费用。包括临时设施的搭设、维修、拆除、清理费或摊销费等。

(2)夜间施工增加费。是指因夜间施工所发生的夜班补助费、夜间施工降效、夜间施工照明设备摊销及照明用电等费用。

(3)二次搬运费。是指因施工场地条件限制而发生的材料、构配件、半成品等一次运输不能到达堆放地点,必须进行二次或多次搬运所发生的费用。

(4)冬雨季施工增加费。是指在冬季或雨季施工需增加的临时设施、防滑、排除雨雪,人工及施工机械效率降低等费用。

(5)已完工程及设备保护费。是指竣工验收前,对已完工程及设备采取的必要保护措施所发生的费用。

(6)工程定位复测费。是指工程施工过程中进行全部施工测量放线和复测工作的费用。

(7)特殊地区施工增加费。是指工程在沙漠或其边缘地区、高海拔、高寒、原始森林等特殊地区施工增加的费用。

(8)大型机械设备进出场及安拆费。是指机械整体或分体自停放场地运至施工现场或由一个施工地点运至另一个施工地点,所发生的机械进出场运输和转移费用及机械在施工现场进行安装、拆卸所需的人工费、材料费、机械费、试运转费和安装所需的辅助设施的费用。

(9)脚手架工程费。是指施工需要的各种脚手架搭、拆、运输费用以及脚手架购置费的摊销(或租赁)费用。

措施项目及其包含的内容详见各类专业工程的现行国家或行业计量规范。

3. 其他项目费

(1)暂列金额。是指建设单位在工程量清单中暂定并包括在工程合同价款中的一笔款项。用于施工合同签订时尚未确定或者不可预见的所需材料、工程设备、服务的采购,施工中可能发生的工程变更、合同约定调整因素出现时的工程价款调整以及发生的索赔、现场签证确认等的费用。

(2)计日工。是指在施工过程中,施工企业完成建设单位提出的施工图纸以外的零星项目或工作所需的费用。

(3)总承包服务费。是指总承包人为配合、协调建设单位进行的专业工程发包,对建设单位自行采购的材料、工程设备等进行保管以及施工现场管理、竣工资料汇总整理等服务所需的费用。

4. 规费

定义同本节"一、6."。

5. 税金

定义同本节"一、7."。

三、建筑安装工程费用计算方法

(一)各费用构成计算方法

1. 人工费

公式1:

$$人工费 = \sum（工日消耗量 \times 日工资单价）$$

$$日工资单价 = \frac{生产工人平均月工资（计时计件）+ 平均月（奖金 + 津贴补贴 + 特殊情况下支付的工资）}{年平均每月法定工作日}$$

注:公式1主要适用于施工企业投标报价时自主确定人工费,也是工程造价管理机构编制计价定额时确定定额人工单价或发布人工成本信息的参考依据。

公式2:

$$人工费 = \sum（工程工日消耗量 \times 日工资单价）$$

注:公式2适用于工程造价管理机构编制计价定额时确定定额人工费,是施工企业投标报价的参考依据。

式中,日工资单价是指施工企业平均技术熟练程度的生产工人在每工作日(国家法定工作时间内)按规定从事施工作业应得的日工资总额。

工程造价管理机构确定日工资单价应通过市场调查,根据工程项目的技术要求,参考实物工程量人工单价综合分析确定,最低日工资单价不得低于工程所在地人力资源和社会保障部门所发布的最低工资标准的:普工1.3倍、一般技工2倍、高级技工

3倍。

工程计价定额不可只列一个综合工日单价,应根据工程项目技术要求和工种差别适当划分多种日人工单价,确保各分部工程人工费的合理构成。

2. 材料费

(1)材料费。

$$材料费=\sum(材料消耗量\times材料单价)$$

$$材料单价=\{(材料原价+运杂费)\times[1+运输损耗率(\%)]\}\times$$
$$[1+采购保管费率(\%)]$$

(2)工程设备费。

$$工程设备费=\sum(工程设备量\times工程设备单价)$$

$$工程设备单价=(设备原价+运杂费)\times[1+采购保管费率(\%)]$$

3. 施工机具使用费

(1)施工机械使用费。施工机械使用费$=\sum$(施工机械台班消耗量×机械台班单价)

$$机械台班单价=台班折旧费+台班大修费+台班经常修理费+$$
$$台班安拆费及场外运费+台班人工费+台班燃料动力费+台班车船税费$$

注:工程造价管理机构在确定计价定额中的施工机械使用费时,应根据《建筑施工机械台班费用计算规则》,结合市场调查编制施工机械台班单价。施工企业可以参考工程造价管理机构发布的台班单价,自主确定施工机械使用费的报价,如租赁施工机械,公式为:施工机械使用费$=\sum$(施工机械台班消耗量×机械台班租赁单价)。

(2)仪器仪表使用费。仪器仪表使用费=工程使用的仪器仪表摊销费+维修费

4. 企业管理费费率

(1)以分部分项工程费为计算基础。

$$企业管理费费率(\%)=\frac{生产工人年平均管理费}{年有效施工天数\times人工单价}\times人工费占分部分项工程费比例(\%)$$

(2)以人工费和机械费合计为计算基础。

$$企业管理费费率(\%)=\frac{生产工人年平均管理费}{年有效施工天数\times(人工单价+每一工日机械使用费)}\times100\%$$

(3)以人工费为计算基础。

$$企业管理费费率(\%)=\frac{生产工人年平均管理费}{年有效施工天数\times人工单价}\times100\%$$

注:上述公式适用于施工企业投标报价时自主确定管理费,也是工程造价管理机构编制计价定额确定企业管理费的参考依据。

工程造价管理机构在确定计价定额中的企业管理费时,应以定额人工费或(定额人工费+定额机械费)作为计算基数,其费率根据历年工程造价积累的资料,辅以调查数据确定,列入分部分项工程和措施项目中。

5. 利润

(1)施工企业根据企业自身需求并结合建筑市场实际自主确定,列入报价中。

(2)工程造价管理机构在确定计价定额中的利润时,应以定额人工费或(定额人工费+定额机械费)作为计算基数,其费率根据历年工程造价积累的资料,并结合建筑市场实际确定,以单位(单项)工程测算,利润在税前建筑安装工程费的比重可按不低于5%且不高于7%的费率计算。利润应列入分部分项工程和措施项目中。

6. 规费

(1)社会保险费和住房公积金。社会保险费和住房公积金应以定额人工费为计算基础,根据工程所在地省、自治区、直辖市或行业建设主管部门规定费率计算。

社会保险费和住房公积金=∑(工程定额人工费×社会保险费和住房公积金费率)

式中,社会保险费和住房公积金费率可以每万元发承包价的生产工人人工费和管理人员工资含量与工程所在地规定的缴纳标准综合分析取定。

(2)工程排污费。工程排污费等其他应列而未列入的规费应按工程所在地环境保护等部门规定的标准缴纳,按实计取列入。

7. 税金

$$税金=税前造价×综合税率(\%)$$

其中,综合税率的计算方法如下:

(1)纳税地点在市区的企业。

$$综合税率(\%)=\frac{1}{1-3\%-3\%×7\%-3\%×3\%-3\%×2\%}-1$$

(2)纳税地点在县城、镇的企业。

$$综合税率(\%)=\frac{1}{1-3\%-3\%×5\%-3\%×3\%-3\%×2\%}-1$$

(3)纳税地点不在市区、县城、镇的企业。

$$综合税率(\%)=\frac{1}{1-3\%-3\%×1\%-3\%×3\%-3\%×2\%}-1$$

(4)实行营业税改增值税的,按纳税地点现行税率计算。

(二)建筑安装工程计价参考公式

1. 分部分项工程费

$$分部分项工程费=∑(分部分项工程量×综合单价)$$

式中,综合单价包括人工费、材料费、施工机具使用费、企业管理费和利润以及一定范围的风险费用(下同)。

2. 措施项目费

(1)国家计量规范规定应予计量的措施项目,其计算公式为:

$$措施项目费=∑(措施项目工程量×综合单价)$$

(2)国家计量规范规定不宜计量的措施项目计算方法如下:

1)安全文明施工费。

安全文明施工费＝计算基数×安全文明施工费费率(%)

计算基数应为定额基价(定额分部分项工程费＋定额中可以计量的措施项目费)、定额人工费或(定额人工费＋定额机械费),其费率由工程造价管理机构根据各专业工程的特点综合确定。

2)夜间施工增加费。

夜间施工增加费＝计算基数×夜间施工增加费费率(%)

3)二次搬运费。

二次搬运费＝计算基数×二次搬运费费率(%)

4)冬雨季施工增加费。

冬雨季施工增加费＝计算基数×冬雨季施工增加费费率(%)

5)已完工程及设备保护费。

已完工程及设备保护费＝计算基数×已完工程及设备保护费费率(%)

上述2)～5)项措施项目的计费基数应为定额人工费或(定额人工费＋定额机械费),其费率由工程造价管理机构根据各专业工程特点和调查资料综合分析后确定。

3. 其他项目费

(1)暂列金额由建设单位根据工程特点,按有关计价规定估算,施工过程中由建设单位掌握使用,扣除合同价款调整后如有余额,归建设单位。

(2)计日工由建设单位和施工企业按施工过程中的签证计价。

(3)总承包服务费由建设单位在招标控制价中根据总包服务范围和有关计价规定编制,施工企业投标时自主报价,施工过程中按签约合同价执行。

4. 规费和税金

建设单位和施工企业均应按照省、自治区、直辖市或行业建设主管部门发布的标准计算规费和税金,不得作为竞争性费用。

第二章 清单计价下的园林工程招标

第一节 园林工程招标

一、建设项目招标概述

(一)招标的概念

招标是指招标人事前公布工程、货物或服务等发包业务的相关条件和要求,通过发布广告或发出邀请函等形式,召集自愿参加的竞争者投标,并根据事前规定的评选办法选定承包人的市场交易活动。在建筑工程施工招标中,招标人要根据投标人的投标报价、施工方案、技术措施、人员素质、工程经验、财务状况及企业信誉等方面进行综合评价,择优选择承包人,并与之签订合同。

(二)工程项目招标的条件

工程项目招标必须符合主管部门规定的条件,包括招标人即建设单位应具备的条件和招标的工程项目应具备的条件两个方面。

1. 建设单位招标应当具备的条件

(1)招标单位是法人或依法成立的其他组织。

(2)有与招标工程相适应的经济、技术、管理人员。

(3)有组织招标文件的能力。

(4)有审查投标单位资质的能力。

(5)有组织开标、评标、定标的能力。

不具备上述(2)～(5)项条件的,须委托具有相应资质的咨询、监理等单位代理招标。上述五条中,(1)、(2)两条是对招标单位资格的规定,后三条则是对招标人能力的要求。

2. 招标的工程项目应当具备的条件

(1)概算已经批准。

(2)建设项目已经正式列入国家、部门或地方的年度固定资产投资计划。

(3)建设用地的征用工作已经完成。

(4)有能够满足施工需要的施工图纸及技术资料。

(5)建设资金和主要建筑材料、设备的来源已经落实。

(6)已经得到建设项目所在地规划部门的批准,施工现场"三通一平"已经完成或一并列入施工招标范围。

当然,对于不同性质的工程项目,招标的条件可能有所不同或有所偏重。

比如,建设工程勘查设计招标的条件,一般应主要侧重于:

(1)设计任务书或可行性研究报告已获批准。

(2)具有设计所必需的可靠的基础资料。

建设工程施工招标的条件,一般应主要侧重于:

(1)建设工程已列入年度投资计划。

(2)建设资金(含自筹资金)已按规定存入银行。

(3)施工前期工作已基本完成。

(4)有持证设计单位设计的施工图纸和有关设计文件。

建设监理招标的条件,一般应主要侧重于:

(1)设计任务书或初步设计已获批准。

(2)工程建设的主要技术工艺要求已确定。

建设工程材料设备供应招标的条件,一般应主要侧重于:

(1)建设项目已列入年度投资计划。

(2)建设资金(含自筹资金)已按规定存入银行。

(3)具有已批准的初步设计或施工图设计所附的设备清单,专用、非标设备应有设计图纸、技术资料等。

建设工程总承包招标的条件,一般主要侧重于:

(1)计划文件或设计任务书已获批准。

(2)建设资金和地点已经落实。

从实践来看,人们常常希望招标能担当起对工程建设实施的把关作用,因而赋予其很多前提性条件,这是可以理解的,在一定时期内也是有道理的。但其实招标投标的使命只是或主要是解决一个工程任务如何分派、承接的问题。从这个意义上讲,只要建设项目的各项工程任务合法有效地确立了,并已具备了实施项目的基本条件,就可以对其进行招标投标。所以,对建设工程招标的条件,不宜赋予太多。事实上赋予太多,不堪重负,也难以做到。根据实践经验,对建设工程招标的条件,最基本、最关键的是要把握住两条:一是建设项目已合法成立,办理了报建登记,招标项目按照国家有关规定需要履行项目审批手续的,应当先履行审批手续,取得批准;二是建设资金已基本落实,工程任务承接者确定后能实际开展动作。

(三)工程项目招标的范围

工程建设招标可以是全过程招标,其工作内容可包括可行性研究、勘查设计、物资供应、建筑安装施工乃至使用后的维修;也可是阶段性建设任务的招标,如勘查设计、项目施工。可以是整个项目发包,也可是单项工程发包。在施工阶段,还可依承包内容的不同,分为包工包料、包工部分包料、包工不包料。进行工程招标时,业主必须根据工程项目的特点,结合自身的管理能力,确定工程的招标范围。

1. 必须进行招标的项目范围

根据《招标投标法》的规定,在中华人民共和国境内进行的下列工程项目必须进行招标:

(1)大型基础设施、公用事业等关系社会公共利益、公众安全的项目。

(2)全部或者部分使用国有资金或者国家融资的项目。

(3)使用国际组织或者外国政府贷款、援助资金的项目。

2. 可以不进行招标的项目范围

按照《招标投标法》和有关规定,属于下列情形之一的,经县级以上地方人民政府建设行政主管部门批准,可以不进行招标:

(1)涉及国家安全、国家秘密的工程。

(2)抢险救灾工程。

(3)利用扶贫资金实行以工代赈、需要使用农民工等特殊情况的工程。

(4)建筑造型有特殊要求的设计。

(5)采用特定专利技术、专有技术进行设计或施工。

(6)停建或者缓建后恢复建设的单位工程,且承包人未发生变更的。

(7)施工企业自建自用的工程,且施工企业资质等级符合工程要求的。

(8)在建工程追加的附属小型工程或者主体加层工程,且承包人未发生变更的。

(9)法律、法规、规章规定的其他情形。

二、园林工程项目招标方式与程序

(一)工程项目招标方式

1. 公开招标

公开招标又称为无限竞争招标,是指由招标人以招标公告的方式邀请不特定的法人或者其他组织投标,并通过国家指定的报刊、广播、电视及信息网络等媒介发布招标公告,有意的投标人接受资格预审、购买招标文件,参加投标的招标方式。

2. 邀请招标

邀请招标又称为有限竞争性招标,是指招标人以投标邀请书的方式邀请特定的法人或其他组织投标。这种方式不发布公告,招标人根据自己的经验和所掌握的各种信息资料,向具备承接该项工程施工能力、资信良好的三个以上承包人发出投标邀请书,收到邀请书的单位参加投标。由于投标人的数量是招标人确定的,有限制的,所以又将其称之为"有限竞争性招标"。招标人采用邀请招标方式时,特邀的投标人必须能胜任招标工程项目的实施任务。

邀请招标中所选投标人应具备的条件：

（1）投标人当前和过去的财务状况均良好。

（2）投标人近期内成功地承包过与招标工程类似的项目，有较丰富的经验。

（3）投标人有较好的信誉。

（4）投标人的技术装备、劳动力素质、管理水平等均符合招标工程的要求。

（5）投标人在施工期内有足够的力量承担招标工程的任务。

总之，被邀请的投标人必须具有经济实力、信誉实力、技术实力、管理实力，能胜任招标工程。

3. 协议招标

协议招标又称为非竞争性招标、指定性招标、议标、谈判招标，是招标人邀请不少于两家（含两家）的承包人，通过直接协商谈判，选择承包人的招标方式。

业主不必发布招标公告，直接选择有能力承担建设工程项目的企业投标，实质上是更小范围的邀请招标。首先招标人选定某几个工程承包人进行谈判，双方可以相互协商，投标人通过修改标价与招标人取得一致，业主通常采取多角协商、货比三家的原则，择优选择投标人，商定工程价款，签订工程承包合同。实质是一种谈判合同，是一般意义上的建设工程承发包。接近传统的商务方式，是招标方式与传统商务方式的结合，兼顾两者的优点，既节省了时间和招标成本，又可以获取有竞争力的标价。议标必须经过三个基本阶段：第一是报价阶段，第二是比较阶段，第三是评定阶段。不过有的时候采用单项议标的方法也比较多见，如小型改造维修工程。国家对不宜公开招标或邀请招标的特殊工程，应报主管机构，经批准后可以议标。议标在我国新兴的建设工程招标中还有着用武之地，尤其是针对广大的中小房地产开发商，议标为建设工程招标投标事业在我国的发展壮大起到了先锋作用。因此，如何规范和完善议标的法律地位，是一个值得研究的问题。

议标方式不是法定的招标形式，招标投标法也未进行规范。但议标方式不同于直接发包。从形式上看，直接发包没有"标"，而议标是有"标"的。议标的招标人事先须编制议标招标文件，有时还要有标底，议标的投标人必须有议标投标文件。议标方式还是在一定范围内存在，各地的招标投标管理机构把议标纳入管理范围。依法必须招标的建设项目，采用议标方式招标必须经招标投标管理机构审批。议标的文件、程序和中标结果也须经招标投标管理机构审查。

4. 综合性招标

综合性招标是指招标人将公开招标和邀请招标相结合（有时将技术标和商务标分成两个阶段评选）的方式。首先进行公开招标，开标后（有时先评技术标），按照一定的标准，淘汰其中不合格的投标人，选出若干家合格的投标人（一般选三四家），再进行邀请招标（有时只评选商务标）。通过对被邀请投标人投标书的评价，最后决定中标人。如果同时投技术标和商务标，须将两者分开密封包装，先评审技术标，再评技术标合格的投标人的商务标,在公开招标和邀请招标中可分别或组合进行。综合性招标有时相当于传统招标方法的两阶段招标法。

5. 两阶段招标

在招标中,常采用两阶段招标方式。所谓两阶段招标,是指在工程招标投标时将技术标和商务标分阶段评选,先评技术标,被选中技术标的单位,才有权参加商务标的竞争,如同时投技术标、商务标的,也须将两者分开密封包装。先开、先评技术标,经评标淘汰其中技术标不合格的投标人,然后再由技术标通过的投标人投商务标,或再开、再评技术标通过的投标人的商务标。两阶段招标不是一种独立的招标方式,两阶段招标既可用在公开招标中,也可用在邀请招标中。

(二)工程施工招标程序

《招标投标法》规定的招标投标的程序为招标、投标、开标、评标、定标和订立合同六个程序。建设工程招标过程参照国际招标投标惯例,整个招标程序划分为招标的准备、招标的实施和定标签约三个阶段。招标准备阶段的主要工作是办理工程报建手续、落实所需的资金、选择招标方式、编制招标有关文件和招标控制价、办理招标备案等。招标投标实施阶段的工作包括发布招标公告或发出投标邀请书、资格预审、发放招标文件、踏勘现场、标前会议和接收投标文件等。定标签约阶段的工作是开标、评标、定标和签订合同。

依法必须进行施工招标的工程,一般应遵循下列程序:

(1)招标单位自行办理招标事宜的,应当建立专门的招标工作机构。

(2)招标单位在发布招标公告或发出投标邀请书的前5天,向工程所在地县级以上地方人民政府建设行政主管部门备案。

(3)准备招标文件和招标控制价,报建设行政主管部门审核或备案。

(4)发布招标公告或发出投标邀请书。

(5)投标单位申请投标。

(6)招标单位审查申请投标单位的资格,并将审查结果通知申请投标单位。

(7)向合格的投标单位分发招标文件。

(8)组织投标单位踏勘现场,召开答疑会,解答投标单位就招标文件提出的问题。

(9)建立评标组织,制定评标、定标办法。

(10)召开开标会,当场开标。

(11)组织评标,决定中标单位。

(12)发出中标和未中标通知书,收回发给未中标单位的图纸和技术资料,退还投标保证金或保函。

(13)招标单位与中标单位签订施工承包合同。

工程施工公开招标的程序参见图2-1。

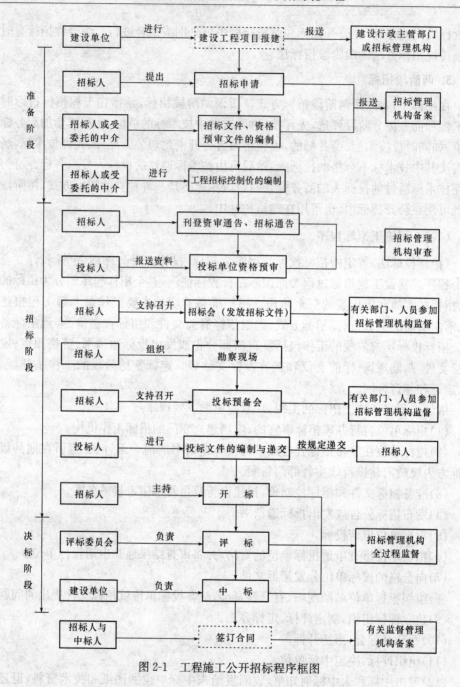

图 2-1　工程施工公开招标程序框图

三、园林工程项目招标实务

(一)招标公告发布或投标邀请书发送

公开招标的投标机会必须通过公开广告的途径予以通告,使所有合格的投标者都有同等的机会了解投标要求,以形成尽可能广泛的竞争局面。世界银行贷款项目采用国际竞争性招标,要求招标广告送交世界银行,免费安排在联合国出版的《发展商务报》上刊登,送交世界银行的时间,最迟应不晚于招标文件将向投标人公开发售前60天。

我国规定,依法应当公开招标的工程,必须在主管部门指定的媒介上发布招标公告。招标公告的发布应当充分公开,任何单位和个人不得非法限制招标公告的发布地点和发布范围。指定媒介发布依法必须发布的招标公告,不得收取费用。

招标公告的内容主要包括:

(1)招标人名称、地址、联系人姓名、电话;委托代理机构进行招标的,还应注明该机构的名称和地址。

(2)工程情况简介,包括项目名称、建筑规模、工程地点、结构类型、装修标准、质量要求、工期要求。

(3)承包方式,材料、设备供应方式。

(4)对投标人资质的要求及应提供的有关文件。

(5)招标日程安排。

(6)招标文件的获取办法,包括发售招标文件的地点、文件的售价及开始和截止出售的时间。

(7)其他要说明的问题。

依法实行邀请招标的工程项目,应由招标人或其委托的招标代理机构向拟邀请的投标人发送投标邀请书。邀请书的内容与招标公告大同小异。

《简明标准施工招标文件》(2012版)的招标公告和投标邀请书的样式分别如表2-1和表2-2所示。

表2-1 **招标公告(适用于公开招标)**

招 标 公 告

_____(项目名称)施工招标公告

1. 招标条件

本招标项目_____(项目名称)已由_____(项目审批、核准或备案机关名称)以_____(批文名称及编号)批准建设,项目业主为_____,建设资金来自_____(资金来源),项目出资比例为_____,招标人为_____。项目已具备招标条件,现对该项目施工进行公开招标。

2. 项目概况与招标范围

_____

_____

(说明本次招标项目的建设地点、规模、计划工期、招标范围等)。

3. 投标人资格要求

本次招标要求投标人须具备_____资质,并在人员、设备、资金等方面具有相应的施工能力。

4. 招标文件的获取

4.1 凡有意参加的投标者,请于_____年_____月_____日至_____年_____月_____日,每日上午_____时至_____时,下午_____时至_____时(北京时间,下同),在_____(详细地址)持单位介绍信购买招标文件。

4.2　招标文件每套售价_____元,售后不退。图纸押金_____元,在退还图纸资料时退还(不计利息)。

4.3　邮购招标文件的,需另加手续费(含邮费)_____元。招标人在收到单位介绍信和邮购款(含手续费)后_____日内寄送。

5. 投标文件的递交

5.1　投标文件递交的截止时间(投标截止时间,下同)为_____年_____月_____日_____时_____分,地点为_____。

5.2　逾期送达的或者未送达指定地点的投标文件,招标人不予受理。

6. 发布公告的媒介

本次招标公告同时在_____(发布公告的媒介名称)上发布。

7. 联系方式

招　标　人:_____	招标代理机构:_____
地　　　址:_____	地　　　址:_____
邮　　　编:_____	邮　　　编:_____
联　系　人:_____	联　系　人:_____
电　　　话:_____	电　　　话:_____
传　　　真:_____	传　　　真:_____
电子邮件:_____	电子邮件:_____
网　　　址:_____	网　　　址:_____
开户银行:_____	开户银行:_____
账　　　号:_____	账　　　号:_____

_____年_____月_____日

表 2-2　　　　　　　**投标邀请书(适用于邀请招标)**

投标邀请书(适用于邀请招标)

_____(项目名称)施工投标邀请书

_____(被邀请单位名称):

1. 招标条件

本招标项目_____(项目名称)已由_____(项目审批、核准或备案机关名称)以_____(批文名称及编号)批准建设,项目业主为_____,建设资金来自_____(资金来源),出资比例为_____,招标人为_____。项目已具备招标条件,现邀请你单位参加该项目施工投标。

2. 项目概况与招标范围

_____(说明本次招标项目的建设地点、规模、计划工期、招标范围等)。

3. 投标人资格要求

本次招标要求投标人具备_____资质,并在人员、设备、资金等方面具有相应的施工的能力。

4. 招标文件的获取

4.1　请于_____年_____月_____日至_____年_____月_____日,每日上午_____时至_____时,下午_____时至_____时(北京时间,下同),在_____(详细地址)持本投标邀请书购买招标文件。

续表

4.2 招标文件每套售价_____元,售后不退。图纸资料押金_____元,在退还图纸资料时退还(不计利息)。

4.3 邮购招标文件的,需另加手续费(含邮费)_____元。招标人在收到邮购款(含手续费)后_____日内寄送。

5. 投标文件的递交

5.1 投标文件递交的截止时间(投标截止时间,下同)为_____年_____月_____日_____时_____分,地点为_____。

5.2 逾期送达的或者未送达指定地点的投标文件,招标人不予受理。

6. 确认

你单位收到本投标邀请书后,请于_____(具体时间)前以传真或快递方式予以确认是否参加投标。

7. 联系方式

招 标 人:_____   招标代理机构:_____
地　　址:_____   地　　址:_____
邮　　编:_____   邮　　编:_____
联 系 人:_____   联 系 人:_____
电　　话:_____   电　　话:_____
传　　真:_____   传　　真:_____
电子邮件:_____   电子邮件:_____
网　　址:_____   网　　址:_____
开户银行:_____   开户银行:_____
账　　号:_____   账　　号:_____

_____年_____月_____日

(二)资格预审

1. 资格预审的概念和意义

(1)资格预审的概念。资格预审是指招标人在招标开始前或者开始初期,由招标人对申请参加的投标人进行资格审查。认定合格后的潜在投标人,得以参加投标。一般来说,对于大中型建设项目、"交钥匙"项目和技术复杂的项目,资格预审程序是必不可少的。

(2)资格预审的意义。

1)招标人可以通过资格预审程序了解潜在投标人的资信情况。

2)资格预审可以降低招标人的采购成本,提高招标工作的效率。

3)通过资格预审,招标人可以了解到潜在的投标人对项目的招标有多大兴趣。如果潜在的投标人兴趣大大低于招标人的预料,招标人可以修改招标条款,以吸引更多的投标人参加投标。

4)资格预审可吸引实力雄厚的承包人或者供应商进行投标。而通过资格预审程序,不合格的承包人或者供应商便会被筛选掉。这样,真正有实力的承包人和供应商也愿意参加合格的投标人之间的竞争。

2. 资格预审的种类及程序

(1)资格预审的种类。资格预审可分为定期资格预审和临时资格预审。

1)定期资格预审。是指在固定的时间内集中进行全面的资格预审。大多数国家的政府采购使用定期资格预审的办法,审查合格者被资格审查机构列入资格审查合格者名单。

2)临时资格预审。是指招标人在招标开始之前或者开始之初,由招标人对申请参加投标的潜在投标人进行资质条件、业绩、信誉、技术、资金等方面的情况进行资格审查。

(2)资格预审的程序。资格预审主要包括三个程序:一是资格预审公告;二是编制、发出资格预审文件;三是对投标人资格的审查和确定合格者名单。

1)资格预审公告。资格预审公告是指招标人向潜在的投标人发出的参加资格预审的广泛邀请。该公告可以在购买资格预审文件前一周内至少刊登两次,也可以考虑通过规定的其他媒介发出资格预审公告。

2)发出资格预审文件。资格预审公告后,招标人向申请参加资格预审的申请人发放或者出售资格预审文件。资格预审文件通常由资格预审须知和资格预审表两部分组成。

①资格预审须知内容一般为比招标广告更详细的工程概况说明;资格预审的强制性条件;发包的工作范围;申请人应提供的有关证明和材料;当为国际工程招标时,对通过资格预审的国内投标者的优惠以及指导申请人正确填写资格预审表的有关说明等。

②资格预审表,是招标单位根据发包工作的内容、特点,需要对投标单位资质条件、实施能力、技术水平、商业信誉等方面的情况加以全面了解,以应答式表格形式给出的调查文件。资格预审表中开列的内容应能反映投标单位的综合素质。

只要投标申请人通过了资格预审就说明他具备承担发包工作的资质和能力,凡资格预审中评定过的条件在评标的过程中就不再重新加以评定,因此资格预审文件中的审查内容要完整、全面,避免不具备条件的投标人承担项目的建设任务。

3)评审资格预审文件。对各申请投标人填报的资格预审文件评定,大多采用加权打分法。

①依据工程项目特点和发包工作的性质,划分出评审的几大方面,如资质条件、人员能力、设备和技术能力、财务状况、工程经验、企业信誉等,并分别给予不同的权重。

②对各方面再细划分评定内容和分项打分标准。

③按照规定的原则和方法逐个对资格预审文件进行评定和打分,确定各投标人的综合素质得分。为了避免出现投标人在资格预审表中出现言过其实的情况,在有必要时还可辅以对其已实施过的工程现场调查。

④确定投标人短名单。依据投标申请人的得分排序,以及预定的邀请投标人数目,从高分向低分录取。此时还需注意,若某一投标人的总分排在前几名之内,但某一方面的得分偏低较多,招标单位应适当考虑若他一旦中标后,实施过程中会有哪些风

险,最终再确定他是否有资格进入短名单之内。对短名单之内的投标单位,招标单位分别发出投标邀请书,并请他们确认投标意向。如果某一通过资格预审的单位又决定不再参加投标,招标单位应以得分排序的下一名投标单位递补。对没有通过资格预审的单位,招标单位也应发出相应通知,他们就无权再参加投标竞争。

(3)资格预审的评审方法。资格预审的评审标准必须考虑到评标的标准,一般凡属评标时考虑的因素,资格预审评审时可不必考虑。反过来,也不应该把资格预审中已包括的标准再列入评标的标准(对合同实施至关重要的技术性服务、工作人员的技术能力除外)。

资格预审的评审方法一般采用评分法。将预审应该考虑的各种因素分类,确定它们在评审中应占的比分。如:

机构及组织	10分
人 员	15分
设备、车辆	15分
经 验	30分
财务状况	30分
总 分	100分

一般申请人所得总分在70分以下,或其中有一项得分不足最高分的50%者,应视为不合格。各类因素的权重应根据项目性质以及它们在项目实施中的重要性而定。

评审时,在每一因素下面还可以进一步分若干参数,常用的参数如下:

1)组织及计划。

①总的项目实施方案;

②分包给分包商的计划;

③以往未能履约导致诉讼、损失赔偿及延长合同的情况;

④管理机构情况以及总部对现场实施指挥的情况。

2)人员。

①主要人员的经验和胜任的程度;

②专业人员胜任的程度。

3)主要施工设施及设备。

①适用性(型号、工作能力、数量);

②已使用年份及状况;

③来源及获得该设施的可能性。

4)经验(过去3年)。

①技术方面的介绍;

②所完成相似工程的合同额;

③在相似条件下完成的合同额;

④每年工作量中作为承包人完成的百分比平均数。

5)财务状况。

①银行介绍的函件；

②保险公司介绍的函件；

③平均年营业额；

④流动资金；

⑤流动资产与目前负债的比值；

⑥过去5年中完成的合同总额。

资格预审的评审标准应视项目性质及具体情况而定。如财务状况中，为了说明申请人在实施合同期间现金流动的需要，也可以采用申请人能取得银行信贷额多少来代替流动资金或其他参数的办法。

(三)勘查现场

招标单位组织投标单位勘查现场的目的在于了解工程场地和周围环境情况，以获取投标单位认为有必要的信息。勘查现场一般安排在投标预备会的前1~2天。

投标单位在勘查现场中如有疑问，应在投标预备会前以书面形式向招标单位提出，但应给招标单位留有解答时间。

勘查现场主要涉及如下内容：

(1)施工现场是否达到招标文件规定的条件。

(2)施工现场的地理位置、地形和地貌。

(3)施工现场的地质、土质、地下水位、水文等情况。

(4)施工现场的气候条件，如气温、湿度、风力、年雨雪量等。

(5)现场环境，如交通、饮水、污水排放、生活用电、通信等。

(6)工程在施工现场的位置与布置。

(7)临时用地、临时设施搭建等。

(四)标前会议

标前会议是指在投标截止日期以前，按招标文件中规定的时间和地点，召开的解答投标人质疑的会议，又称交底会。在标前会议上，招标单位负责人除了向投标人介绍工程概况外，还可对招标文件中的某些内容加以修改(但须报请招标投标管理机构核准)或予以补充说明，并口头解答投标人书面提出的各种问题，以及会议上即席提出的有关问题。会议结束后，招标单位应将其口头解答的会议记录加以整理，用书面补充通知(又称"补遗")的形式发给每一位投标人。补充文件作为招标文件的组成部分，具有同等的法律效力。补充文件应在投标截止日期前一段时间发出，以便让投标者有时间做出反应。

标前会议主要议程如下：

(1)介绍参加会议的单位和主要人员。

(2)介绍问题解答人。

(3)解答投标单位提出的问题。

（4）通知有关事项。

在有的招标中，对于既不参加现场勘查，又不前往参加标前会议的投标人，可以认为他已中途退出，因而取消其投标的资格。

（五）开标、评标与定标

投标截止日期以后，业主应在投标的有效期内开标、评标、定标并签订合同。

投标有效期是指从投标截止之日起到公布中标之日止的一段时间。有效期的长短根据工程的大小、繁简而定。按照国际惯例，一般为 90～120 天，我国在施工招标管理办法中规定为 10～30 天，投标有效期是要保证招标单位有足够的时间对全部投标进行比较和评价。如世界银行贷款项目需考虑报世界银行审查和报送上级部门批准的时间。

投标有效期一般不应该延长，但在某些特殊情况下，招标单位要求延长投标有效期是可以的，但必须征得投标者的同意。投标者有权拒绝延长投标有效期，业主不能因此而没收其投标保证金。同意延长投标有效期的投标者不得要求在此期间修改其投标书，而且投标者必须同时相应延长其投标保证金的有效期，对于投标保证金的各有关规定在延长期内同样有效。

1. 开标

开标是指招标人将所有投标人的投标文件启封揭晓。我国《招标投标法》规定，开标应当在招标通告中约定的地点，招标文件确定的提交投标文件截止时间的同一时间公开进行。

开标由招标人主持，邀请所有投标人参加。开标时，要当众宣读投标人名称、投标价格、有无撤标情况以及招标单位认为合适的其他内容。

（1）开标程序。开标一般应按照下列程序进行：

1）主持人宣布开标会议开始，介绍参加开标会议的单位、人员名单及工程项目的有关情况。

2）请投标单位代表确认投标文件的密封性。

3）宣布公证、唱标、记录人员名单和招标文件规定的评标原则、定标办法。

4）宣读投标单位的名称、投标报价、工期、质量目标、主要材料用量、投标担保或保函以及投标文件的修改、撤回等情况，并做当场记录。

5）与会的投标单位法定代表人或者其代理人在记录上签字，确认开标结果。

6）宣布开标会议结束，进入评标阶段。

（2）无效投标的情形。投标单位法定代表人或授权代表未参加开标会议的视为自动弃权。投标文件有下列情形之一的将视为无效：

1）投标文件未按照招标文件的要求予以密封的。

2）投标文件中的投标函未加盖投标人的企业及企业法定代表人印章的，或者企业法定代表人委托代理人没有合法、有效的委托书（原件）及委托代理人印章的。

3）投标文件的关键内容字迹模糊、无法辨认的。

4)投标人未按照招标文件的要求提供投标保函或者投标保证金的。

5)组成联合体投标的,投标文件未附联合体各方共同投标协议的。

6)逾期送达。对未按规定送达的投标书,应视为废标,原封退回。但对于因非投标者的过失(因邮政、战争、罢工等原因)而在开标之前未送达的,投标单位可考虑接受该迟到的投标书。

2. 评标

开标后进入评标阶段。即采用统一的标准和方法,对符合要求的投标进行评比,来确定每项投标对招标人的价值,最后达到选定最佳中标人的目的。

(1)评标机构。《招标投标法》规定,评标由招标人依法组建的评标委员会负责。依法必须招标的项目,评标委员会由招标人的代表和有关技术、经济等方面的专家组成,成员人数为 5 人以上的单数,其中技术、经济等方面的专家不得少于成员总数的 2/3。

技术、经济等方面的专家应当从事相关领域工作满 8 年且具有高级职称或具有同等专业水平,由招标人从国务院有关部门或省、自治区、直辖市人民政府有关部门提供的专家名册或者招标代理机构的专家库内的相关专业的专家名单中确定;一般招标项目可以采取随机抽取方式,特殊招标项目可以由招标人直接确定。与投标人有利害关系的人不得进入相关项目的评标委员会,已经进入的应当更换。评标委员会成员的名单在中标结果确定前应当保密。

(2)评标的保密性与独立性。按照我国《招标投标法》规定,招标人应当采取必要措施,保证评标在严格保密的情况下进行。所谓评标的严格保密,是指评标在封闭状态下进行,评标委员会在评标过程中有关检查、评审和授标的建议等情况均不得向投标人或与该程序无关的人员透露。

由于招标文件中对评标的标准和方法进行了规定,列明了价格因素和价格因素之外的评标因素及其量化计算方法,因此,所谓评标保密,并不是在这些标准和方法之外另搞一套标准和方法进行评审和比较,而是这个评审过程是招标人及其评标委员会的独立活动,有权对整个过程保密,以免投标人及其他有关人员知晓其中的某些意见、看法或决定,而想方设法干扰评标活动的进行,也可以制止评标委员会成员对外泄漏和沟通有关情况,造成评标不公。

(3)投标文件的澄清和说明。评标时,评标委员会可以要求投标人对投标文件中含义不明确的内容做必要的澄清或者说明,比如投标文件有关内容前后不一致、明显打字(书写)错误或纯属计算上的错误等,评标委员会应通知投标人做出澄清或说明,以确认其正确的内容。澄清的要求和投标人的答复均应采用书面形式,且投标人的答复必须经法定代表人或授权代表人签字,作为投标文件的组成部分。

但是,投标人的澄清或说明,仅仅是对上述情形的解释和补充,不得有下列行为:

1)超出投标文件的范围。比如,投标文件中没有规定的内容,澄清的时候加以补充,投标文件提出的某些承诺条件与解释不一致等。

2)改变或谋求、提议改变投标文件中的实质性内容。所谓实质性内容,是指改变投标文件中的报价、技术规格或参数、主要合同条款等内容。这种实质性内容的改变,其目的就是为了使不符合要求的或竞争力较差的投标变成竞争力较强的投标。实质性内容的改变将会引起不公平的竞争,因此是不允许发生的。

在实际操作中,部分地区采取"询标"的方式来要求投标单位进行澄清和解释。询标一般由受委托的中介机构来完成,通常包括审标、提出书面询标报告、质询与解答、提交书面询标经济分析报告等环节。提交的书面询标经济分析报告将作为评标委员会进行评标的参考,有利于评标委员会在较短的时间内完成对投标文件的审查、评审和比较。

(4)评标原则和程序。为保证评标的公平、公正性,评标必须按照招标文件确定的评标标准、步骤和方法,不得采用招标文件中未列明的任何评标标准和方法,也不得改变招标确定的评标标准和方法。设有标底的,应当参考标底。评标委员会完成评标后,应当向招标人提出书面评标报告,并推荐合格的中标候选人。招标人根据评标委员会提出的书面评标报告和推荐的中标候选人确定中标人。招标人也可授权评标委员会直接确定中标人。

1)评标原则。评标只对有效投标进行评审。在建设工程中,评标应遵循下列原则:

①平等竞争,机会均等。制定评标定标办法要对各投标人一视同仁,在评标定标的实际操作和决策过程中,要用一个标准衡量,保证投标人能平等地参加竞争。对投标人来说,在评标定标办法中不存在对某一方有利或不利的条款,大家在定标结果正式出来之前,中标的机会是均等的,不允许针对某一特定的投标人在某一方面的优势或弱势而在评标定标具体条款中带有倾向性。

②客观公正,科学合理。对投标文件的评价、比较和分析,要客观公正,不以主观好恶为标准,不带成见,真正在投标文件的响应性、技术性、经济性等方面评出客观的差别和优劣。采用的评标定标方法,对评审指标的设置和评分标准的具体划分,都要在充分考虑招标项目的具体特点和招标人的合理意愿的基础上,尽量避免和减少人为因素,做到科学合理。

③实事求是,择优定标。对投标文件的评审,要从实际出发,实事求是。评标定标活动既要全面,也要有重点,不能泛泛进行。任何一个招标项目都有自己的具体内容和特点,招标人作为合同的一方主体,对合同的签订和履行负有其他任何单位和个人都无法替代的责任,所以,在其他条件等同的情况下,应该允许招标人选择更符合招标工程特点和自己招标意愿的投标人中标。招标评标办法可根据具体情况,侧重于工期或价格、质量、信誉等一两个招标工程客观上需要注意的重点,在全面评审的基础上做出合理取舍。这应该说是招标人的一项重要权利,招标投标管理机构对此应予尊重。但招标的根本目的在于择优,而择优决定了评标定标办法中的突出重点、照顾工程特点和招标人意图,只能是在同等的条件下,针对实际存在的客观因素而不是纯粹招标人主观上的需要,才被允许,才是公正合理的。所以,在实践中,也要注意避免将招标人的主观好恶掺入评标定标办法中,防止影响和损害招标的择优宗旨。

2)中标人的投标应当符合的条件。《招标投标法》规定,中标人的投标应当符合下列条件之一：

①能够最大限度地满足招标文件中规定的各项综合评价标准。

②能够满足招标文件的实质性要求，并经评审的投标价格最低；但是投标价格低于成本的除外。

3)评标程序。评标程序一般分为初步评审和详细评审两个阶段。

①初步评审，包括对投标文件的符合性评审、技术性评审和商务性评审。

a. 符合性评审，包括商务符合性评审和技术符合性鉴定。投标文件应实质性响应招标文件的所有条款、条件，无显著差异和保留。所谓显著差异和保留包括以下情况：对工程的范围、质量以及使用性能产生实质性影响；对合同中规定的招标单位的权利及投标单位的责任造成实质性限制；纠正或保留这种差异，将会对其他实质性响应的投标单位的竞争地位产生不公正的影响。

b. 技术性评审，主要包括对投标人所报的方案或组织设计、关键工序、进度计划、人员和机械设备的配备、技术能力、质量控制措施、临时设施的布置和临时用地情况、施工现场周围环境污染的保护措施等进行评估。

c. 商务性评审，指对确定为实质上响应招标文件要求的投标文件进行投标报价评估，包括对投标报价进行校核，审查全部报价数据是否有计算上或累计上的算术错误，分析报价构成的合理性。发现报价数据上有算术错误，修改的原则是：如果用数字表示的数额与用文字表示的数额不一致时，以文字数额为准；当单价与工程量的乘积与合价之间不一致时，通常以标出的单价为准，除非评标组织认为有明显的小数点错位，此时应以标出的合价为准，并修改单价。按上述原则调整投标书中的投标报价，经投标人确认同意后，修改的内容将对投标人起约束作用；如果投标人不接受修正后的投标报价，则其投标将被拒绝。

初步评审中，评标委员应当根据招标文件，审查并逐项列出投标文件的全部投资偏差。投标偏差分为重大偏差和细微偏差。出现重大偏差视为未能实质性响应招标文件，作废标处理；细微偏差指实质上响应招标文件要求，但在个别地方存在漏项或者提供了不完整的技术信息和资料等情况，且补正这些遗漏或不完整不会对其他投标人造成不公正的结果。细微偏差不影响投标文件的有效性。

②详细评审。经过初步评审合格的投标文件，评标委员会应当根据招标文件确定的评标标准和方法，对其技术部分和商务部分作进一步评审、比较。

(5)评标方法。对于通过资格预审的投标者，对他们的财务状况、技术能力、经验及信誉在评标时可不必再评审。评标时主要考虑报价、工期、施工方案、施工组织、质量保证措施、主要材料用量等方面的条件。对于在招标过程中未经过资格预审的，在评标中首先进行资格后审，剔除在财务、技术和经验方面不能胜任的投标者。在招标文件中应加入资格审查的内容，投标者在递交投标书时，同时递交资格审查的资料。

评标方法的科学性对于实施平等的竞争、公正合理地选择中标者是极其重要的。评标涉及的因素很多，应在分门别类、有主有次的基础上，结合工程的特点确定科学的评标方法。

评标的方法,目前国内外采用较多的是专家评议法、低标价法和打分法。

1)专家评议法。评标委员会根据预先确定的评审内容,如报价、工期、施工方案、企业的信誉和经验以及投标者所建议的优惠条件等,对各标书进行认真的分析比较后,评标委员会的各成员进行共同的协商和评议,以投票的方式确定中选的投标者。这种方法实际上是定性的优选法。由于缺少对投标书的量化的比较,因而易产生众说纷纭,意见难于统一的现象。但是其评标过程比较简单,在较短时间内即可完成,一般适用于小型工程项目。

2)低标价法。所谓低标价法,就是以标价最低者为中标者的评标方法,世界银行贷款项目多采用这种方法。但该标价是指评估标价,也就是考虑了各评审要素以后的投标报价,而非投标者投标书中的投标报价。采用这种方法时,一定要采用严谨的招标程序,严格的资格预审,所编制招标文件一定要严密,详评时对标书的技术评审等工作要扎实全面。

3)打分法。这种方法是由评标委员会事先将评标的内容进行分类,并确定其评分标准,然后由每位委员无记名打分,最后统计投标者的得分。得分超过及格标准分最高者为中标单位。这种定量的评标方法,是在评标因素多而复杂,或投标前未经资格预审就投标时,常采用的一种公正、科学的评标方法,能充分体现平等竞争、一视同仁的原则,定标后分歧意见较小。

3. 定标和签订合同

评标结束后,评标委员会应写出评标报告,提出中标单位的建议,交业主或其主管部门审核。评标报告一般由下列内容组成:

(1)招标情况。主要包括工程说明、招标过程等。

(2)开标情况。主要有开标时间、地点、参加开标会议人员、唱标情况等。

(3)评标情况。主要包括评标委员会的组成及评标委员会人员名单、评标工作的依据及评标内容等。

(4)推荐意见。评标委员会提出中标候选人推荐意见。

(5)附件。主要包括评标委员会人员名单;投标单位资格审查情况表;投标文件符合情况鉴定表;投标报价评比报价表;投标文件质询澄清的问题等。

业主或其主管部门根据评标委员会提出的评标报告及其推荐意见,确定中标人,并在法定期限内与中标人签订合同。

第二节 《建设工程工程量清单计价规范》简介

一、《建设工程工程量清单计价规范》的内容及适用范围

2012 年 12 月 25 日,住房和城乡建设部发布了《建设工程工程量清单计价规范》(GB 50500—2013)(以下简称"13 计价规范")和《房屋建筑与装饰工程工程量计算规

范》(GB 50854—2013)、《仿古建筑工程工程量计算规范》(GB 50855—2013)、《通用安装工程工程量计算规范》(GB 50856—2013)、《市政工程工程量计算规范》(GB 50857—2013)、《园林绿化工程工程量计算规范》(GB 50858—2013)、《矿山工程工程量计算规范》(GB 50859—2013)、《构筑物工程工程量计算规范》(GB 50860—2013)、《城市轨道交通工程工程量计算规范》(GB 50861—2013)、《爆破工程工程量计算规范》(GB 50862—2013)等 9 本计量规范(以下简称"13 工程计量规范"),全部 10 本规范于 2013 年 7 月 1 日起实施。

"13 计价规范"及"13 工程计量规范"是在《建设工程工程量清单计价规范》(GB 50500—2008)(以下简称"08 计价规范")基础上,以原建设部发布的工程基础定额、消耗量定额、预算定额以及各省、自治区、直辖市或行业建设主管部门发布的工程计价定额为参考,以工程计价相关的国家或行业的技术标准、规范、规程为依据,收集近年来新的施工技术、工艺和新材料的项目资料,经过整理,在全国广泛征求意见后编制而成。

"13 计价规范"共设置 16 章、54 节、329 条,各章名称为:总则、术语、一般规定、工程量清单编制、招标控制价、投标报价、合同价款约定、工程计量、合同价款调整、合同价款期中支付、竣工结算与支付、合同解除的价款结算与支付、合同价款争议的解决、工程造价鉴定、工程计价资料与档案和工程计价表格。相比"08 计价规范"而言,分别增加了 11 章、37 节、192 条。

"13 计价规范"适用于建设工程发承包及实施阶段的招标工程量清单、招标控制价、投标报价的编制、工程合同价款的约定、竣工结算的办理以及施工过程中的工程计量、合同价款支付、施工索赔与现场签证、合同价款调整和合同价款争议的解决等计价活动。相对于"08 计价规范","13 计价规范"将"建设工程工程量清单计价活动"修改为"建设工程发承包及实施阶段的计价活动",从而对清单计价规范的适用范围进一步进行了明确,表明了不分何种计价方式,建设工程发承包及实施阶段的计价活动必须执行"13 计价规范"。之所以规定"建设工程发承包及实施阶段的计价活动",主要是因为工程建设具有周期长、金额大、不确定因素多的特点,从而决定了建设工程计价具有分阶段计价的特点,建设工程决策阶段、设计阶段的计价要求与发承包及实施阶段的计价要求是有区别的,这就避免了因理解上的歧义而发生纠纷。

"13 计价规范"规定:"建设工程发承包及实施阶段的工程造价应由分部分项工程费、措施项目费、其他项目费、规费和税金组成。"这说明了不论采用什么计价方式,建设工程发承包及实施阶段的工程造价均由这五部分组成,这五部分也称之为建筑安装工程费。

根据原人事部、原建设部《关于印发〈造价工程师执业制度暂行规定〉的通知》(人发[1996]77 号)、《注册造价工程师管理办法》(建设部第 150 号令)以及《全国建设工程造价员管理办法》(中价协[2011]021 号)的有关规定,"13 计价规范"规定:"招标工程量清单、招标控制价、投标报价、工程计量、合同价款调整、合同价款结算与支付以及工程造价鉴定等工程造价文件的编制与核对,应由具有专业资格的工程造价人员承担。""承担工程造价文件的编制与核对的工程造价人员及其所在单位,应对工程造价文件的质量负责。"

另外,由于建设工程造价计价活动不仅要客观反映工程建设的投资,更应体现工程建设交易活动的公正、公平的原则,因此"13 计价规范"规定,工程建设双方,包括受其委托的工程造价咨询方,在建设工程发承包及实施阶段从事计价活动均应遵循客观、公正、公平的原则。

二、《建设工程工程量清单计价规范》的特点

《建设工程工程量清单计价规范》具有明显的强制性、竞争性、通用性和实用性。

1. 强制性

强制性主要表现在:一是由建设主管部门按照强制性国家标准的要求批准发布,规定使用国有资金投资的建设工程发承包,必须采用工程量清单计价,非国有资金投资的建设工程,宜采用工程量清单计价;二是明确招标工程量清单必须作为招标文件的组成部分,其准确性和完整性由招标人负责。规定招标人在编制分部分项工程项目和单价措施项目清单时必须载明项目编码、项目名称、项目特征、计量单位和工程量五个要件,并明确安全文明施工费、规费和税金,应按国家或省级、行业建设主管部门的规定计价,不得作为竞争性费用,为建立全国统一的建设市场和规范计价行为提供了依据。

2. 竞争性

竞争性一方面表现在:《建设工程工程量清单计价规范》中从政策性规定到一般内容的具体规定,充分体现了工程造价由市场竞争形成价格的原则。对于"13 工程计量规范"中的总价措施项目,在工程量清单中只列出"项目编码"和"项目名称",具体采用什么措施,由投标人根据企业的施工组织设计,视具体情况报价;另一方面,《建设工程工程量清单计价规范》中人工、材料和施工机械没有具体的消耗量,为企业报价提供了自主的空间。

3. 通用性

通用性主要表现在:一是《建设工程工程量清单计价规范》中对工程量清单计价表格规定了统一的表达格式,这样,不同省市、地区和行业在工程施工招投标过程中,互相竞争就有了统一标准,利于公平、公正竞争;二是《建设工程工程量清单计价规范》编制考虑了与国际惯例的接轨,工程量清单计价是国际上通行的计价方法。

《建设工程工程量清单计价规范》的相关规定符合工程量计算方法标准化、工程量计算规则统一化、工程造价确定市场化的要求。

4. 实用性

实用性表现在:在"13 工程计量规范"中,工程量清单项目及工程量计算规则的项目名称表现的是工程实体项目,项目名称明确清晰,工程量计算规则简洁明了。

第三节　园林工程工程量清单编制

一、工程量清单的概念

工程量清单是载明建设工程分部分项工程项目、措施项目、其他项目的名称和相应数量以及规费、税金项目等内容的明细清单。

工程量清单体现了招标人要求投标人完成的工程及相应的工程数量,全面反映了投标报价要求,是投标人进行报价的依据,是招标文件不可分割的一部分。工程量清单的内容应完整、准确,合理的清单项目设置和准确的工程数量是清单计价的前提和基础。对于招标人来讲,工程量清单是进行投资控制的前提和基础,工程量清单编制的质量直接关系和影响到工程建设最终结果。

二、工程量清单编制依据

招标工程量清单的内容体现了招标人要求投标人完成的工程项目、工程内容及相应的工程数量。编制工程量清单应依据:

(1)"13计价规范"和相关工程的国家计量规范。

(2)国家或省级、行业建设主管部门颁发的计价定额和办法。

(3)建设工程设计文件及相关资料。

(4)与建设工程有关的标准、规范、技术资料。

(5)拟定的招标文件。

(6)施工现场情况、地勘水文资料、工程特点及常规施工方案。

(7)其他相关资料。

三、工程量清单编制程序

工程量清单编制程序如下:

(1)熟悉图纸和招标文件。

(2)了解施工现场的有关情况。

(3)划分项目、确定分部分项工程项目清单和单价措施项目清单的项目名称、项目编码。

(4)确定分部分项工程项目清单和单价措施项目清单的项目特征。

(5)计算分部分项工程项目清单和单价措施项目的工程量。

(6)编制清单(分部分项工程项目清单、措施项目清单、其他项目清单)。

(7)复核、编写总说明。

(8)装订。

四、工程量清单编制方法

(一)填写工程量清单封面

封面应填写招标工程项目的具体名称,招标人应盖单位公章,如委托工程造价咨询人编制,还应由其加盖相同单位公章,其具体填写方法见表 2-3。

表 2-3　　　　　　　　　　　　招标工程量清单封面

_____某园区园林绿化_____工程

招标工程量清单

招　标　人:_____××公司_____

(单位盖章)

造价咨询人:_____××工程造价咨询事务所_____

(单位盖章)

××××年××月××日

封-1

(二)填写招标工程量清单扉页

扉页由招标人或招标人委托的工程造价咨询人编制招标控制价时填写。

招标人自行编制招标控制价时,编制人员必须是在招标人单位注册的造价人员,由招标人盖单位公章,法定代表人或其授权人签字或盖章;当编制人是注册造价工程师时,由其签字盖执业专用章;当编制人是造价员时,由其在编制人栏签字盖专用章,并应由注册造价工程师复核,在复核人栏签字盖执业专用章。

招标人委托工程造价咨询人编制招标控制价时,编制人员必须是在工程造价咨询人单位注册的造价人员。由工程造价咨询人盖单位资质专用章,法定代表人或其授权人签字或盖章;当编制人是注册造价工程师时,由其签字盖执业专用章;当编制人是造价员时,由其在编制人栏签字盖专用章,并应由注册造价工程师复核,在复核人栏签字盖执业专用章。其具体填写方法见表 2-4。

表 2-4　　　　　　　　　　　　招标工程量清单扉页

<table>
<tr><td colspan="2" align="center">　　　　　<u>某园区园林绿化</u>　工程

招标工程量清单</td></tr>
<tr>
<td>招　标　人:<u>　××公司　</u>
　　　　　　　　（单位盖章）</td>
<td>咨　询　人:<u>　　　××　　</u>
　　　　　　　　（单位资质专用章）</td>
</tr>
<tr>
<td>法定代表人
或其授权人:<u>　　××　　</u>
　　　　　　　（签字或盖章）</td>
<td>法定代表人
或其授权人:<u>　　　××　　</u>
　　　　　　　（签字或盖章）</td>
</tr>
<tr>
<td>编　制　人:<u>　　×××　　</u>
　　　　　（造价人员签字盖专用章）</td>
<td>复　核　人:<u>　　　×××　　</u>
　　　　　　（造价工程师签字盖专用章）</td>
</tr>
<tr>
<td>编制时间:××××年××月××日</td>
<td>复核时间:××××年××月××日</td>
</tr>
</table>

(三)工程计价总说明

工程计价总说明适用于工程计价的各个阶段。对工程计价的不同阶段,《总说明》中说明的内容是有差别的,要求也有所不同。

(1)工程量清单编制阶段。工程量清单中总说明应包括的内容有:①工程概况:如建设地址、建设规模、工程特征、交通状况、环保要求等;②工程招标和专业工程发包范围;③工程量清单编制依据;④工程质量、材料、施工等的特殊要求;⑤其他需要说明的问题。

(2)招标控制价编制阶段。招标控制价中总说明应包括的内容有:①采用的计价依据;②采用的施工组织设计;③采用的材料价格来源;④综合单价中风险因素、风险范围(幅度);⑤其他等。

(3)投标报价编制阶段。投标报价中总说明应包括的内容有:①采用的计价依据;②采用的施工组织设计;③综合单价中包含的风险因素,风险范围(幅度);④措施项目的依据;⑤其他有关内容的说明等。

(4)竣工结算编制阶段。竣工结算中总说明应包括的内容有:①工程概况;②编制依据;③工程变更;④工程价款调整;⑤索赔;⑥其他等。

(5)工程造价鉴定阶段。工程造价鉴定书中总说明应包括的内容有:①鉴定项目委托人名称、委托鉴定的内容;②委托鉴定的证据材料;③鉴定的依据及使用的专业技术手段;④对鉴定过程的说明;⑤明确的鉴定结论;⑥其他需说明的事宜等。

其具体填写方法见表 2-5。

表 2-5　　　　　　　　　　　　　　**总说明**

工程名称:某园区园林绿化工程　　　　　　　　　　　　　　第1页　共1页

1. 工程概况:本园区位于××区,交通便利,园区中建筑与市政建设均已完成。园林绿化面积为 $1850m^2$,整个工程由圆形花坛、伞亭、连做花坛、花架、八角花坛以及绿地等组成。栽种的植物主要有桧柏、法桐、龙爪槐、国槐、白皮松、珍珠梅、月季等。

2. 招标范围:绿化工程、庭院工程。

3. 工程量清单编制依据:本工程依据《建设工程工程量清单计价规范》、《园林绿化工程工程量计算规范》编制工程量清单,依据××单位设计的本工程施工设计图纸计算实务工程量。

4. 其他:略

表-01

(四)编制分部分项工程项目

分部分项工程项目清单应根据《园林绿化工程工程量计算规范》(GB 50858—2013)附录规定的项目编码、项目名称、项目特征、计量单位和工程量计算规则进行编制。

1. 项目编码

工程量清单的项目编码,应采用十二位阿拉伯数字表示,一至九位应按附录的规定设置,十至十二位应根据拟建工程的工程量清单项目名称和项目特征设置,同一招标工程的项目编码不得有重码。

(1)第一、二位专业工程代码。房屋建筑与装饰工程为 01,仿古建筑为 02,通用安装工程为 03,市政工程为 04,园林绿化工程为 05,矿山工程为 06,构筑物工程为 07,城市轨道交通工程为 08,爆破工程为 09。

(2)第三、四位为附录分类顺序码。在《园林绿化工程工程量计算规范》(GB 50858—2013)附录中,园林绿化工程共分为 4 部分,其各自专业工程附录分类顺序码分别为:附录 A 绿化工程,附录分类顺序码 01;附录 B 园林、园桥工程,附录分类顺序码 02;附录 C 园林景观工程,附录分类顺序码 03;附录 D 措施项目工程,附录分类顺序码 04。

(3)第五、六位为分部工程顺序码。以园林绿化中绿化工程为例,在《园林绿化工程工程量计算规范》(GB 50858—2013)附录 A 中,绿化工程共分为 3 节,其各自分部工程顺序码分别为:A.1 绿地整理,分部工程顺序码 01;A.2 栽植花木,分部工程顺序码 02;A.3 绿地喷灌,分部工程顺序码 03。

(4)第七、八、九位为分项工程项目名称顺序码。以绿化工程中以绿地整理为例,在《园林绿化工程工程量计算规范》(GB 50858—2013)附录 A.1 中,绿地整理共分为 12 项,其各自分项工程项目名称顺序码分别为:砍伐乔木 001,挖树根(蔸)002,砍挖灌木丛及根 003,砍挖竹及根 004,砍挖芦苇(或其他水生植物及根)005,清除草皮 006,清除地被植物 007,屋面清理 008,种植土回(换)填 009,整理绿化用地 010,绿地起坡造型 011,屋顶花园基底处理 012。

(5)十至十二位为清单项目名称顺序码。以绿地整理工程中种植土回(换)填为例,按《园林绿化工程工程量计算规范》(GB 50858—2013)的有关规定,种植土回(换)填需描述的清单项目特征包括回填土质要求、取土运距、回填厚度、弃土运距。清单编制人在对种植土回(换)填进行编码时,即可在全国统一九位编码 050101009 的基础上,根据不同的填土质要求、取土运距、回填厚度、弃土运距等因素,对十至十二位编码自行设置,编制出清单项目名称顺序码 001、002、003、004…。

当同一标段(或合同段)的一份工程量清单中含有多个单位工程且工程量清单是以单位工程为编制对象时,在编制工程量清单时应特别注意对项目编码十至十二位的设置不得有重码的规定。例如一个标段(或合同段)的工程量清单中含有 3 个单位工程,每一单位工程中都有项目特征相同的栽植乔木项目,在工程量清单中又需反映

3个不同单位工程的栽植乔木工程量时,则第一个单位工程的栽植乔木的项目编码应为050102001001,第二个单位工程的栽植乔木的项目编码应为050102001002,第三个单位工程的栽植乔木的项目编码应为050102001003,并分别列出各单位工程栽植乔木的工程号。

2. 项目名称

项目名称应按《园林绿化工程工程量计算规范》(GB 50858—2013)的规定,根据拟建工程实际确定。在实际填写过程中,"项目名称"有两种填写方法:一是完全保持《园林绿化工程工程量计算规范》(GB 50858—2013)的项目名称不变;二是根据工程实际在工程量计算规范项目名称下另行确定详细名称。

3. 项目特征

工程量清单的项目特征是确定一个清单项目综合单价不可缺少的重要依据,在编制工程量清单时,必须对项目特征进行准确和全面地描述。但有些项目特征用文字往往又难以准确和全面地描述清楚。因此,为达到规范、简洁、准确、全面描述项目特征的要求,在描述工程量清单项目特征时应按以下原则进行。

(1)项目特征描述的内容应按《园林绿化工程工程量计算规范》(GB 50858—2013)附录中的规定,结合拟建工程的实际,能满足确定综合单价的需要。

(2)若采用标准图集或施工图能够全部或部分满足项目特征描述的要求,项目特征描述可直接采用详见××图集或××图号的方式。对不能满足项目特征描述要求的部分,仍应用文字描述。

4. 计量单位

工程量清单的计量单位应按《园林绿化工程工程量计算规范》(GB 50858—2013)附录中规定的计量单位确定。当计量单位有两个或两个以上时,应根据所编工程量清单项目的特征要求,选择最适宜表现该项目特征并方便计量和组成综合单价的单位。例如:点风景石的计量单位为"块"、"t"两个计量单位,实际工作中,就应选择最适宜、最方便计量和组价的单位来表示。

5. 工程量

工程量清单中所列工程量应按《园林绿化工程工程量计算规范》(GB 50858—2013)附录中规定的计量单位确定。

工程计量时每一项目汇总的有效位数应遵守下列规定:

(1)以"t"为单位,应保留小数点后三位数字,第四位小数四舍五入。

(2)以"m"、"m²"、"m³"为单位,应保留小数点后两位数字,第三位小数四舍五入。

(3)以"株"、"丛"、"缸"、"套"、"个"、"支"、"只"、"块"、"根"、"座"等为单位,应取整数。

6. 编制实例

表2-6所示为某园区园林绿化工程的分部分项工程量清单编制。

表 2-6　　　　　　　　　　**分部分项工程和单价措施项目清单与计价表**

工程名称:某园区园林绿化工程　　　　　　　　　　标段:　　　　　　　　　　第　页共　页

序号	项目编码	项目名称	项目特征描述	计量单位	工程量	金额/元		
						综合单价	合价	其中暂估价
			绿化工程					
1	050101010001	整理绿化用地	普坚土	m²	834.32			
2	050102001001	栽植乔木	桧柏,高 1.2~1.5m,土球苗木	株	3			
3	050102001002	栽植乔木	垂柳,胸径 10.0~12.0cm,露根乔木	株	6			
4	050102001003	栽植乔木	龙爪槐,胸径 6.0~10.0cm,露根乔木	株	5			
5	050102001004	栽植乔木	大叶黄杨,胸径 1~1.2m,露根乔木	株	5			
6	050102002005	栽植乔木	金银木,高 1.5~1.8m,露根灌木	株	90			
7	050102002001	栽植灌木	珍珠梅,高 1~1.2m,露根灌木	株	60			
8	050102008001	栽植花卉	月季,各色月季,二年生,露地花卉	株	120			
9	050102012001	铺种草皮	野牛草,草皮	m²	466.00			
10	050103001001	喷灌管线安装	主管 75UPVC 管长 21m,直径 40YPVC 管长 35m;支管直径 32UPVC 管长 98.6m	m	154.60			
			分部小计					
			园路、园桥工程					
11	050201001001	园路	200mm 厚砂垫层,150mm 厚 3∶7 灰土垫层,水泥方格砖路面	m²	180.25			
12	040101001001	挖一般土方	普坚土,挖土平均深度 350mm,弃土运距 100m	m³	61.79			
13	050201003001	路牙铺设	3∶7 灰土垫层 150mm 厚,花岗石	m	96.23			
			(其他略)					
			分部小计					
			本页小计					
			合　计					

表-08

表 2-6 分部分项工程和单价措施项目清单与计价表

工程名称:某园区园林绿化工程　　　　　　　标段:　　　　　　　第 页共 页

序号	项目编码	项目名称	项目特征描述	计量单位	工程量	综合单价	合价	暂估价
						金额/元		其中
14	050304001001	现浇混凝土花架柱、梁	柱 6 根,高 2.2m	m³	2.22			
15	050305005001	预制混凝土桌凳	C20 预制混凝土桌凳,水磨石面	m	7.00			
16	011203003001	零星项目一般抹灰	檩架抹水泥砂浆	m²	60.04			
17	010101003001	挖沟槽土方	挖八角花坛土方,人工挖地槽,土方运距 100m	m³	10.64			
18	010507007001	其他构件	八角花坛混凝土池壁,C10 混凝土现浇	m³	7.30			
19	011204001001	石材墙面	圆形花坛混凝土池壁贴大理石	m²	11.02			
20	010101003002	挖沟槽土方	连座花坛土方,平均挖土深度 870mm,普坚土,弃土运距 100m	m³	9.22			
21	010501003001	现浇混凝土独立基础	3:7 灰土垫层,100mm 厚	m³	1.06			
22	011202001001	柱面一般抹灰	混凝土柱水泥砂浆抹面	m²	10.13			
23	010401003001	实心砖墙	M5 混合砂浆砌筑,普通砖	m³	4.87			
24	010507007002	其他构件	连座花坛混凝土花池,C25 混凝土现浇	m³	2.68			
25	010101003003	挖沟槽土方	挖坐凳土方,平均挖土深度 80mm,普坚土,弃土运距 100m	m³	0.03			
26	010101003004	挖沟槽土方	挖花台土方,平均挖土深度 640mm,普坚土,弃土运距 100m	m³	6.65			
27	010501003002	现浇混凝土独立基础	3:7 灰土垫层,300mm 厚	m³	1.02			
28	010401003002	实心砖墙	砖砌花台,M5 混合砂浆,普通砖	m³	2.37			
			本页小计					
			合　计					

表-08

表 2-6　　　　　　　分部分项工程和单价措施项目清单与计价表

工程名称:某园区园林绿化工程　　　　　　　　标段:　　　　　　　　第　页共　页

序号	项目编码	项目名称	项目特征描述	计量单位	工程量	综合单价	合 价	其中 暂估价
29	010507007003	其他构件	花台混凝土花池,C25混凝土现浇	m³	2.72			
30	011204001002	石材墙面	花台混凝土花池池面贴花岗石	m²	4.56			
31	010101003005	挖沟槽土方	挖花墙花台土方,平均深度940mm,普坚土,弃土运距100m	m³	11.73			
32	010501002001	带形基础	花墙花台混凝土基础,C25混凝土现浇	m³	1.25			
33	010401003003	实心砖墙	砖砌花台,M5混合砂浆,普通砖	m³	8.19			
34	011204001003	石材墙面	花墙花台墙面贴青石板	m²	27.73			
35	010606013001	零星钢构件	花墙花台铁花式,60×6,2.83kg/m	t	0.11			
36	010101003006	挖沟槽土方	挖圆形花坛土方,平均深度800mm,普坚土,弃土运距100m	m³	3.82			
37	010507007004	其他构件	圆形花坛混凝土池壁,C25混凝土现浇	m³	2.63			
38	011204001004	石材墙面	圆形花坛混凝土池壁贴大理石	m²	10.05			
39	010502001001	矩形柱	钢筋混凝土柱,C25混凝土现浇	m³	1.80			
40	011202001002	柱面一般抹灰	混凝土柱水泥砂浆抹面	m²	10.20			
41	011407001001	墙面喷刷涂料	混凝土柱面刷白色涂料	m²	10.20			
		(其他略)						
		分部小计						
		措施项目						
42	050401002001	抹灰脚手架	柱面一般抹灰	m²	11.00			
			(其他略)					
		分部小计						
		本页小计						
		合　计						

表-08

(五)编制措施项目

措施项目清单是指为完成工程项目施工,发生于该工程施工准备和施工过程中的技术、生活、安全、环境保护等方面的项目。《园林绿化工程工程量计算规范》(GB 50858—2013)中有关措施项目的规定和具体条文比较少。投标人可根据施工组织设计中采取的措施增加项目。

措施项目清单的设置,首先要参考拟建工程的施工组织设计,以确定安全文明施工、材料的二次搬运等项目。其次参阅施工技术方案,以确定夜间施工增加费、大型机械进出场及安拆费、脚手架工程费等项目。参阅相关的工程施工规范及工程验收规范,可以确定施工技术方案没有表达的,但是为了实现施工规范及工程验收规范要求而必须发生的技术措施。

(1)措施项目清单应根据拟建工程的实际情况列项。

(2)措施项目中可以计算工程量的项目清单宜采用分部分项工程量清单的方式编制,列出项目编码、项目名称、项目特征、计量单位和工程量计算规则;不能计算工程量的项目清单,以"项"为计量单位。

(3)《园林绿化工程工程量计算规范》(GB 50858—2013)将实体性项目划分为分部分项工程量清单,非实体性项目划分为措施项目。所谓非实体性项目,一般来说,其费用的发生和金额的大小与使用时间、施工方法或者两个以上工序相关,与实际完成的实体工程量的多少关系不大,典型的是大中型施工机械、文明施工和安全防护、临时设施等。但有的非实体性项目,则是可以计算工程量的项目,典型的建筑工程是混凝土浇筑的模板工程,用分部分项工程量清单的方式采用综合单价,更有利于措施费的确定和调整,更有利于合同管理。

总价措施项目清单与计价表的格式见表2-7。

表 2-7   **总价措施项目清单与计价表**

工程名称:某园区园林绿化工程   标段: 第1页 共1页

序号	项目编码	项目名称	计算基础	费率/%	金额/元	调整费率/%	调整后金额/元	备注
1	050405001001	安全文明施工费						
2	050405002001	夜间施工增加费						
3	050405004001	二次搬运费						
4	050405005001	冬雨季施工增加费						
5	050405007001	地上、地下设施的临时保护设施						
6	050405008001	已完工程及设备保护费						
	合计							

编制人(造价人员):   复核人(造价工程师):

注:1. "计算基础"中安全文明施工费可为"定额基价"、"定额人工费"或"定额人工费+定额机械费",其他项目可为"定额人工费"或"定额人工费+定额机械费"。

    2. 按施工方案计算的措施费,若无"计算基础"和"费率"的数值,也可只填"金额"数值,但应在备注栏说明施工方案出处或计算方法。

表-11

(六)其他项目

其他项目清单是指分部分项清单项目和措施项目以外,该工程项目施工中可能发生的其他费用项目和相应数量的清单。

(1)其他项目清单宜按照下列内容列项:

1)暂列金额。暂列金额是招标人在工程量清单中暂定并包括在合同价款中的一笔款项。清单计价规范中明确规定暂列金额用于施工合同签订时尚未确定或者不可预见的所需材料、设备、服务的采购,施工中可能发生的工程变更、合同约定调整因素出现时的工程价款调整以及发生的索赔、现场签证确认等的费用。

2)暂估价。暂估价是指招标阶段直至签订合同协议时,招标人在招标文件中提供的用于支付必然发生但暂时不能确定价格的材料以及专业工程的金额。暂估价包括材料暂估单价、工程设备暂估单价和专业工程暂估价。暂估价类似于 FIDIC 合同条款中的 Prime Cost Items,在招标阶段预见肯定要发生,只是因为标准不明确或者需要由专业承包人完成,暂时无法确定价格。暂估价数量和拟用项目应当结合工程量清单中的"暂估价表"予以补充说明。

3)计日工。计日工是为解决现场发生的零星工作的计价而设立的,其为额外工作和变更的计价提供了一个方便快捷的途径。计日工适用的所谓零星工作一般是指合同约定之外的或者因变更而产生的、工程量清单中没有相应项目的额外工作,尤其是那些时间不允许事先商定价格的额外工作。计日工以完成零星工作所消耗的人工工时、材料数量、机械台班进行计量,并按照计日工表中填报的适用项目的单价进行计价支付。

4)总承包服务费。总承包服务费是为了解决招标人在法律、法规允许的条件下进行专业工程发包,以及自行供应材料、设备,并需要总承包人对发包的专业工程提供协调和配合服务,对供应的材料、设备提供收、发和保管服务以及进行施工现场管理时发生,并向总承包人支付的费用。招标人应预计该项费用并按投标人的投标报价向投标人支付该项费用。

(2)为保证工程施工建设的顺利实施,投标人在编制招标工程量清单时应对施工过程中可能出现的各种不确定因素对工程造价的影响进行估算,列出一笔暂列金额。暂列金额可根据工程的复杂程度、设计深度、工程环境条件(包括地质、水文、气候条件等)进行估算,一般可按分部分项工程费的 10%~15% 作为参考。

(3)暂估价中的材料、工程设备暂估单价应根据工程造价信息或参照市场价格估算,列出明细表;专业工程暂估价应分不同专业,按有关计价规定估算,列出明细表。

(4)计日工应列出项目名称、计量单位和暂估数量。

(5)总承包服务费应列出服务项目及其内容等。

(6)出现上述第(1)条中未列的项目,应根据工程实际情况补充。如办理竣工结算时需将索赔及现场鉴证列入其他项目中。

其他项目清单与计价汇总表格式见表 2-8~表 2-13。

表 2-8 其他项目清单与计价汇总表

工程名称:某园区园林绿化工程　　　　　　　标段:　　　　　　　　第1页 共1页

序号	项目名称	金额/元	结算金额/元	备注
1	暂列金额	50000.00		明细详见表-12-1
2	暂估价	1000000.00		
2.1	材料(工程设备)暂估价/结算价	—		明细详见表-12-2
2.2	专业工程暂估价/结算价	100000.00		明细详见表-12-3
3	计日工			明细详见表-12-4
4	总承包服务费			明细详见表-12-5
	合计	150000.00		

注:材料(工程设备)暂估单价计入清单项目综合单价,此处不汇总。

表-12

表 2-9 暂列金额明细表

工程名称:某园区园林绿化工程　　　　　　　标段:　　　　　　　　第1页 共1页

序号	项目名称	计量单位	暂定金额/元	备注
1	政策性调整和材料价格风险	项	15000.00	
2	工程量清单中工程量变更和设计变更	项	25000.00	
3	其他	项	10000.00	
	合计		50000.00	—

注:此表由招标人填写,如不能详列,也可只列暂定金额总额,投标人应将上述暂列金额计入投标总价中。

表-12-1

表 2-10　　　　　　　　　**材料(工程设备)暂估单价及调整表**

工程名称:某园区园林绿化工程　　　　　　　　标段:　　　　　　　第 1 页　共 1 页

序号	材料(工程设备)名称、规格、型号	计量单位	数量		暂估/元		确认/元		差额±/元		备注
			暂估	确认	单价	合价	单价	合价	单价	合价	
1	桧柏	株	3		600.00	1800.00					用于栽植桧柏项目
2	龙爪槐	株	5		750.00	3750.00					用于栽植龙爪槐项目
	合计					5550.00					

注:此表由招标人填写"暂估单价",并在备注栏说明暂估单价的材料、工程设备拟用在哪些清单项目上,投标人应将上述材料、工程设备暂估单价计入工程量清单综合单价报价中。

表-12-2

表 2-11　　　　　　　　　**专业工程暂估价及结算价表**

工程名称:某园区园林绿化工程　　　　　　　　标段:　　　　　　　第　页共　页

序号	工程名称	工程内容	暂估金额/元	结算金额/元	差额±/元	备注
1	园林广播系统	合同图纸中标明及技术说明中规定的系统中的设备、线缆等的供应、安装和调试工作	100000.00			
	合计		100000.00			

注:此表"暂估金额"由招标人填写,投标人应将"暂估金额"计入投标总价中。结算时按合同约定结算金额填写。

表-12-3

表 2-12 计日工表

工程名称：某园区园林绿化工程　　　　　　　　　标段：　　　　　　　　第 页共 页

编号	项目名称	单位	暂定数量	实际数量	综合单价/元	合价/元	
						暂定	实际
一	人工						
1	技工	工日	40				
2							
3							
4							
	人工小计						
二	材料						
1	42.5级普通水泥	t	15.00				
2							
3							
4							
	材料小计						
三	施工机械						
1	汽车起重机20t	台班	5				
2							
3							
	施工机械小计						
四、企业管理费和利润							
	总计						

注:此表项目名称、暂定数量由招标人填写,编制招标控制价时,单价由招标人按有关规定确定;投标时,单价由投标人自主确定,按暂定数量计算合价计入投标总价中;结算时,按发承包双方确定的实际数量计算合价。

表-12-4

表 2-13 总承包服务费计价表

工程名称：某园区园林绿化工程　　　　　　　　　标段：　　　　　　　　第1页 共1页

序号	项目名称	项目价值/元	服务内容	计算基础	费率/%	金额/元
1	发包人发包专业工程	100000.00	1. 工作面并对施工现场进行统一管理,对竣工资料进行统一整理汇总。 2. 为专业工程承包人提供垂直运输机械和焊接电源接入点,并承担垂直运输费和电费			
2	发包人提供材料	5550.00	对发包人供应的材料进行验收及保管和使用发放			
	合计	—		—		—

注:此表项目名称、服务内容由招标人填写,编制招标控制价时,费率及金额由招标人按有关计价规定确定;投标时,费率及金额由投标人自主报价,计入投标总价中。

表-12-5

(四)规费和税金

1. 规费

规费是根据省级政府或省级有关权力部门规定必须缴纳的,应计入建筑安装工程造价的费用。根据住房和城乡建设部、财政部"关于印发《建筑安装工程费用项目组成》的通知"(建标[2013]44号)的规定,规费主要包括社会保险费、住房公积金、工程排污费,其中社会保险费包括养老保险费、医疗保险费、失业保险费、工伤保险费和生育保险费;税金主要包括营业税、城市维护建设税、教育费附加和地方教育附加。规费作为政府和有关权力部门规定必须缴纳的费用,政府和有关权力部门可根据形势发展的需要,对规费项目进行调整,因此,清单编制人对《建筑安装工程费用项目组成》中未包括的规费项目,在编制规费项目清单时应根据省级政府或省级有关权力部门的规定列项。

规费项目清单应按照下列内容列项:

(1)社会保险费:包括养老保险费、失业保险费、医疗保险费、工伤保险费、生育保险费。

(2)住房公积金。

(3)工程排污费。

相对于"08计价规范","13计价规范"对规费项目清单进行了以下调整:

(1)根据《中华人民共和国社会保险法》的规定,将"08计价规范"使用的"社会保障费"更名为"社会保险费",将"工伤保险费、生育保险费"列入社会保险费。

(2)根据十一届全国人大常委会第20次会议将《中华人民共和国建筑法》第四十八条由"建筑施工企业必须为从事危险作业的职工办理意外伤害保险,支付保险费"修改为"建筑施工企业应当依法为职工参加工伤保险缴纳工伤保险费。鼓励企业为从事危险作业的职工办理意外伤害保险,支付保险费"。由于建筑法将意外伤害保险由强制改为鼓励,因此,"13计价规范"中规费项目增加了工伤保险费,删除了意外伤害保险,将其列入企业管理费中列支。

(3)根据《财政部、国家发展改革委关于公布取消和停止征收100项行政事业性收费项目的通知》(财综[2008]78号)的规定,工程定额测定费从2009年1月1日起取消,停止征收。因此,"13计价规范"中规费项目取消了工程定额测定费。

2. 税金

根据住房和城乡建设部、财政部"关于印发《建筑安装工程费用项目组成》的通知"(建标[2013]44号)的规定,目前我国税法规定应计入建筑安装工程造价的税种包括营业税、城市建设维护税、教育费附加和地方教育附加。如国家税法发生变化,税务部门依据职权增加了税种,应对税金项目清单进行补充。

税金项目清单应按下列内容列项:

(1)营业税。

(2)城市维护建设税。

（3）教育费附加。

（4）地方教育附加。

根据《财政部关于统一地方教育政策有关内容的通知》（财综［2011］98 号）的有关规定，"13 计价规范"相对于"08 计价规范"，在税金项目增列了地方教育附加项目。

规费项目清单与计价表的格式见表 2-14。

表 2-14　　　　　　　　　　　规费、税金项目计价表

工程名称：某园区园林绿化工程　　　　　　　　标段：　　　　　　　　第 1 页　共 1 页

序号	项目名称	计算基础	计算基数	计算费率/%	金额/元
1	规费	定额人工费			
1.1	社会保险费	定额人工费			
(1)	养老保险费	定额人工费			
(2)	失业保险费	定额人工费			
(3)	医疗保险费	定额人工费			
(4)	工伤保险费	定额人工费			
(5)	生育保险费	定额人工费			
1.2	住房公积金	定额人工费			
1.3	工程排污费	按工程所在地环境保护部门收取标准，按实计入			
2	税金	分部分项工程费＋措施项目费＋其他项目费＋规费－按规定不计税的工程设备金额			
合　　计					

编制人（造价人员）：　　　　　　　　　　　　　复核人（造价工程师）：

表-13

第四节　园林工程招标控制价编制

招标控制价是招标人根据国家或省级、行业建设主管部门颁发的有关计价依据和办法，以及拟定的招标文件和招标工程量清单，结合工程具体情况编制的工程的最高投标限价。

一、招标控制价的作用

（1）我国对国有资金投资项目的投资控制实行的是投资概算审批制度，国有资金投资的工程原则上不能超过批准的投资概算。因此，在工程招标发包时，当编制的招标控制价超过批准的概算，招标人应当将其报原概算审批部门重新审核。

(2)国有资金投资的工程进行招标,根据《中华人民共和国招标投标法》的规定,招标人可以设标底。当招标人不设标底时,为有利于客观、合理地评审投标报价和避免哄抬标价,造成国有资产流失,招标人应编制招标控制价。

(3)国有资金投资的工程,招标人编制并公布的招标控制价相当于招标人的采购预算,同时要求其不能超过批准的概算,因此,招标控制价是招标人在工程招标时能接受投标人报价的最高限价。

二、招标控制价的编制人员

招标控制价应由具有编制能力的招标人编制或受其委托具有相应资质的工程造价咨询人编制,当招标人不具有编制招标控制价的能力时,可委托具有相应资质的工程造价咨询人编制。工程造价咨询人不得同时接受招标人和投标人对同一工程的招标控制价和投标报价进行编制。

所谓具有相应工程造价咨询资质的工程造价咨询人是指根据《工程造价咨询企业管理办法》(建设部令第 149 号)的规定,依法取得工程造价咨询企业资质,并在其资质许可的范围内接受招标人的委托,编制招标控制价的工程造价咨询企业。即取得甲级工程造价咨询资质的咨询人可承担各类建设项目的招标控制价编制,取得乙级(包括乙级暂定)工程造价咨询资质的咨询人,则只能承担 5000 万元以下的招标控制价的编制。

三、招标控制价编制依据

招标控制价的编制应根据下列依据进行:

(1)"13 计价规范"。

(2)国家或省级、行业建设主管部门颁发的计价定额和计价办法。

(3)建设工程设计文件及相关资料。

(4)拟定的招标文件及招标工程量清单。

(5)与建设项目相关的标准、规范、技术资料。

(6)施工现场情况、工程特点及常规施工方案。

(7)工程造价管理机构发布的工程造价信息,当工程造价信息没有发布时,参照市场价。

(8)其他的相关资料。

按上述依据进行招标控制价编制,应注意以下事项:

(1)使用的计价标准、计价政策应是国家或省级、行业建设主管部门颁布的计价定额和相关政策规定。

(2)采用的材料价格应是工程造价管理机构通过工程造价信息发布的材料单价,工程造价信息未发布材料单价的材料,其材料价格应通过市场调查确定。

(3)国家或省级、行业建设主管部门对工程造价计价中费用或费用标准有规定的,应按规定执行。

四、招标控制价编制内容

招标控制价的编制内容包括分部分项工程费、措施项目费、其他项目费、规费和税金，各个部分有不同的计价要求。

(1)分部分项工程费的编制要求。

1)分部分项工程费应根据招标文件中的分部分项工程量清单及有关要求，按"13计价规范"有关规定确定综合单价计价。

2)工程量依据招标文件中提供的分部分项工程量清单确定。

3)招标文件提供了暂估单价的材料，应按暂估单价计入综合单价。

4)综合单价中应包括招标文件中划分的应由投标人承担的风险范围及其费用。招标文件中没有明确的，如是工程造价咨询人编制，应提请招标人明确；如是招标人编制，应予明确。

(2)措施项目费的编制要求。

1)措施项目中的安全文明施工费必须按国家或省级、行业建设主管部门的规定计算，不得作为竞争性费用。

2)措施项目应按招标文件中提供的措施项目清单确定，措施项目分为以"量"计算和以"项"计算两种。对于可精确计量的措施项目，以"量"计算，即按其工程用量与分部分项工程工程量清单单价相同的方式确定综合单价；对于不可精确计量的措施项目，则以"项"为单位，采用费率法按有关规定综合取定，采用费率法时需确定某项费用的计费基数及其费率，结果应是包括除规费、税金以外的全部费用。

(3)其他项目费的编制要求。

1)暂列金额。暂列金额应按招标工程量清单中列出的金额填写。

2)暂估价。暂估价包括材料暂估单价、工程设备暂估单价和专业工程暂估价。暂估价中的材料、工程设备单价应根据招标工程量清单列出的单价计入综合单价。

3)计日工。计日工包括计日工人工、材料和施工机械。在编制招标控制价时，对计日工中的人工单价和施工机械台班单价应按省级、行业建设主管部门或其授权的工程造价管理机构公布的单价计算；材料应按工程造价管理机构发布的工程造价信息中的材料单价计算，工程造价信息未发布材料单价的材料，其价格应按市场调查确定的单价计算。

①总承包服务费。招标人编制招标控制价时，总承包服务费应根据招标文件中列出的内容和向总承包人提出的要求，按照省级或行业建设主管部门的规定或参照下列标准计算：

a. 招标人仅要求对分包的专业工程进行总承包管理和协调时，按分包的专业工程估算造价的 1.5% 计算；

b. 招标人要求对分包的专业工程进行总承包管理和协调，并同时要求提供配合

服务时,根据招标文件中列出的配合服务内容和提出的要求,按分包的专业工程估算造价的 3%～5%计算;

c. 招标人自行供应材料的,按招标人供应材料价值的 1%计算。

(4)规费和税金的编制要求。招标控制价的规费和税金必须按国家或省级、行业建设主管部门的规定计算。

五、投诉与投诉处理

(1)投标人经复核认为招标人公布的招标控制价未按照"13 计价规范"的规定进行编制的,应在招标控制价公布后 5 天内向招投标监督机构和工程造价管理机构投诉。

(2)投诉人投诉时,应当提交由单位盖章和法定代表人或其委托人签名或盖章的书面投诉书。投诉书应包括下列内容:

1)投诉人与被投诉人的名称、地址及有效联系方式;

2)投诉的招标工程名称、具体事项及理由;

3)投诉依据及有关证明材料;

4)相关的请求及主张。

(3)投诉人不得进行虚假、恶意投诉,阻碍招投标活动的正常进行。

(4)工程造价管理机构在接到投诉书后应在 2 个工作日内进行审查,对有下列情况之一的,不予受理:

1)投诉人不是所投诉招标工程招标文件的收受人;

2)投诉书提交的时间不符合上述"第(1)条"规定的;

3)投诉书不符合上述"第(2)条"规定的;

4)投诉事项已进入行政复议或行政诉讼程序的。

(5)工程造价管理机构应在不迟于结束审查的次日将是否受理投诉的决定书面通知投诉人、被投诉人以及负责该工程招投标监督的招投标管理机构。

(6)工程造价管理机构受理投诉后,应立即对招标控制价进行复查,组织投诉人、被投诉人或其委托的招标控制价编制人等单位人员对投诉问题逐一核对。有关当事人应当予以配合,并应保证所提供资料的真实性。

(7)工程造价管理机构应当在受理投诉的 10 天内完成复查,特殊情况下可适当延长,并作出书面结论通知投诉人、被投诉人及负责该工程招投标监督的招投标管理机构。

(8)当招标控制价复查结论与原公布的招标控制价误差大于±3%时,应当责成招标人改正。

(9)招标人根据招标控制价复查结论需要重新公布招标控制价的,其最终公布的时间至招标文件要求提交投标文件截止时间不足 15 天的,应相应延长投标文件的截止时间。

第三章 园林工程建筑面积计算

第一节 建筑面积概述

一、建筑面积的组成

建筑面积是指房屋建筑物各层水平面积之和。即外墙勒脚以上外围结构各层水平投影面积的总和，它是以平方米反映房屋建筑建设规模的实物量指标。外围结构不包括外墙装饰抹灰层的厚度。建筑面积包括使用面积、辅助面积和结构面积三部分。

$$建筑面积＝使用面积＋辅助面积＋结构面积$$

（1）使用面积。指建筑物各层平面中直接为生产或生活使用的净面积之和。例如，住宅建筑中的各居室、客厅等。

（2）辅助面积。指建筑物各层平面中为辅助生产或生活所占净面积之和。例如，住宅建筑中的楼梯、走道、厨房、厕所等。使用面积与辅助面积的总和称为有效面积。

（3）结构面积。指建筑物各层平面中的墙、柱等结构所占面积的总和。

二、建筑面积的作用

1. 重要的管理指标

建筑面积是建设投资、建设项目可行性研究、建设项目勘查设计、建设项目评估、建设项目招标投标、建筑工程施工和竣工验收、建设工程造价管理、建筑工程造价控制等一系列工作的重要管理指标。

2. 重要的技术指标

建筑设计在进行方案比选时，常常依据一定的技术指标，如容积率、建筑密度、建筑系数等；建设单位和施工单位在办理报审手续时，经常用到开工面积、竣工面积、优良工程率、建筑规模等技术指标。这些重要的技术指标都要用到建筑面积。其中：

$$容积率＝\frac{建筑总面积}{建筑占地面积}×100\%$$

$$建筑密度＝\frac{建筑物底层面积}{建筑占地面积}×100\%$$

$$房屋建筑系数＝\frac{房屋建筑面积}{房屋使用面积}×100\%$$

3. 重要的经济指标

建筑面积是评价国民经济建设和人民物质生活水平的重要经济指标。建筑面积也是施工单位计算单位工程或单项工程的单位面积工程造价、人工消耗量、材料消耗量和机械台班消耗量的重要指标。各种经济指标的计算公式如下：

$$每平方米工程造价 = \frac{工程造价}{建筑面积}(元/m^2)$$

$$每平方米人工消耗 = \frac{单位工程用工量}{建筑面积}(工日/m^2)$$

$$每平方米材料消耗 = \frac{单位工程某材料用量}{建筑面积}(kg/m^2、m^3/m^2 \ 等)$$

$$每平方米机械台班消耗 = \frac{单位工程某机械台班用量}{建筑面积}(台班/m^2 \ 等)$$

$$每平方米工程量 = \frac{单位工程某工程量}{建筑面积}(m^2/m^2、m/m^2 \ 等)$$

4. 对建筑施工企业内部管理的意义

建筑面积对于建筑施工企业实行内部经济承包责任制、投标报价、编制施工组织设计、配备施工力量、成本核算及物资供应等，都具有重要意义。

综上所述，建筑面积是重要的技术经济指标，在全面控制建筑工程造价，衡量和评价建设规模、投资效益、工程成本等方面起着重要的作用。但是，建筑面积指标也存在着一些不足，主要是不能反映其高度因素。例如，计取暖气费用以建筑面积为单位就不尽合理。

三、建筑面积的计算方法

建筑面积计算应首先看图分析，看图分析是计算建筑面积的重要环节。然后分类计算，根据图纸平面的具体情况，按照单层、多层、走廊、阳台和附属建筑等进行分类，以横轴的起止编号和纵轴的起止编号加以标注，列出计算建筑面积的计算式，并计算出结果，以便查找和核对。最后汇总，将分类计算结果相加得出建筑物总面积。建筑面积计算，不是简单的各层平面面积的累加，应采用"分块分层计算、最终合计"的计算方法，如一层建筑面积、标准层建筑面积、顶层建筑面积等。建筑面积的计算形式要统一，排列要有规律，以便于检查、纠正错误。

四、建筑面积计算中的有关术语

(1)层高。上下两层楼面或楼面与地面之间的垂直距离。

(2)自然层。按楼板、地板结构分层的楼层。

(3)架空层。建筑物深基础或坡地建筑吊脚架空部位不回填土石方形成的建筑空间。

(4)走廊。建筑物的水平交通空间。

(5)挑廊。挑出建筑物外墙的水平交通空间。

(6)檐廊。设置在建筑物底层出檐下的水平交通空间。

(7)回廊。指建筑物门厅、大厅内设置在二层或二层以上的回形走廊。

(8)门斗。指在建筑物出入口设置的起分隔、挡风、御寒等作用的建筑过渡空间。

(9)建筑物通道。为道路穿过建筑物而设置的建筑空间。

(10)勒脚。建筑物的外墙与室外地面,或散水接触部位墙体的加厚部分。

(11)围护结构。指围合建筑空间四周的墙体、门、窗等。

(12)围护性幕墙。指直接作为外墙起围护作用的幕墙。

(13)装饰性幕墙。指设置在建筑物墙体外,起装饰作用的幕墙。

(14)落地橱窗。指突出外墙面根基落地的橱窗。

(15)阳台。指供使用者进行活动和晾晒衣物的建筑空间。

(16)眺望间。指设置在建筑物顶层或挑出房间的,供人们远眺或观察周围情况的建筑空间。

(17)雨篷。指设置在建筑物进出口上部的遮雨、遮阳篷。

(18)地下室。房间地平面低于室外地平面的高度,超过该房间净高的1/2者。

(19)半地下室。房间地平面低于室外地平面的高度,超过该房间净高的1/3,且不超过1/2者。

(20)变形缝。指伸缩缝(温度缝)、沉降缝和抗震缝的总称。

(21)永久性顶盖。指经规划批准设计的永久使用的顶盖。

(22)飘窗。指为房间采光和美化造型而设置的突出外墙的窗。

(23)骑楼。指楼层部分跨在人行道上的临街楼房。

(24)过街楼。指有道路穿过建筑空间的楼房。

第二节　建筑面积计算

一、建筑面积的计算规则

1. 单层建筑物

(1)单层建筑物的建筑面积。单层建筑物的建筑面积,应按其外墙勒脚以上结构的外围水平面积计算,并应符合以下规定:

1)单层建筑物高度在2.20m及2.20m以上者应计算全面积;高度不足2.20m者应计算1/2面积。

2)利用坡屋顶内空间时净高超过2.10m的部位应计算全面积;净高在1.20至2.10m的部位应计算1/2面积;净高不足1.20m的部位不应计算面积。

注:建筑面积的计算是以勒脚以上外墙结构外边线计算,勒脚是墙根部很矮的一部分墙体加厚,不能代表整个外墙结构,因此要扣除勒脚墙体加厚的部分。

(2)单层建筑物内设有局部楼层的建筑面积。单层建筑物内设有局部楼层者,局部楼层及其以上楼层,有围护结构的应按其围护结构外围水平面积计算,无围护结构的应按其底板水平面积计算。层高在2.20m及2.20m以上者应计算全面积;层高不足 2.20m 者应计算 1/2 面积。

2. 多层建筑物

（1）多层建筑物首层的建筑面积。多层建筑物首层应按其外墙勒脚以上结构的外围水平面积计算；二层及以上楼层应按其外墙结构外围水平面积计算。层高在 2.20m 及 2.20m 以上者应计算全面积；层高不足 2.20m 者应计算 1/2 面积。

说明：多层建筑物的建筑面积应按不同的层高分别计算。建筑物最底层的层高，有基础底板的指基础底板上表面结构标高至上层楼面的结构标高之间的垂直距离；没有基础底板的指地面标高与上层楼面结构标高之间的垂直距离。最上一层的层高是指楼面结构标高至屋面板板面结构标高之间的垂直距离，遇有以屋面板找坡的屋面，层高指楼面结构标高至屋面板最低处板面结构标高之间的垂直距离。

（2）多层建筑坡屋顶和场馆看台的建筑面积。多层建筑坡屋顶内和场馆看台下，当设计加以利用时，净高超过 2.10m 的部位应计算全面积；净高在 1.20～2.10m 的部位应计算 1/2 面积；当设计不利用或室内净高不足 1.20m 时不应计算面积。

3. 地下室

地下室、半地下室（车间、商店、车站、车库、仓库等），包括相应的有永久性顶盖的出入口，应按其外墙上口（不包括采光井、外墙防潮层及其保护墙）外边线所围水平面积计算。层高在 2.20m 及以上者应计算全面积；层高不足 2.20m 者应计算 1/2 面积。

4. 坡地吊脚架空层和深基础架空层

坡地的建筑物吊脚架空层（图 3-1）、深基础架空层，设计加以利用并有围护结构的，层高在 2.20m 及以上的部位应计算全面积；层高不足 2.20m 的部位应计算 1/2 面积。设计加以利用、无围护结构的建筑吊脚架空层，应按其利用部位水平面积的 1/2 计算；设计不利用的深基础架空层、坡地吊脚架空层、多层建筑坡屋顶内、场馆看台下的空间不应计算面积。

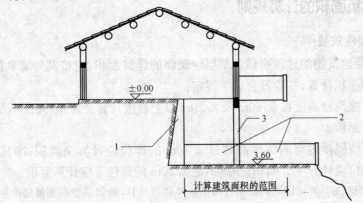

图 3-1　坡地建筑吊脚架空层
1—挡土墙；2—吊脚架空层；3—柱

5. 建筑物的门厅、大厅

门厅、大厅内设有回廊时,应按其结构底板水平面积计算。层高在 2.20m 及 2.20m 以上者应计算全面积,层高不足 2.20m 者应计算 1/2 面积。"门厅、大厅内设有回廊"是指建筑物大厅、门厅的上部(一般该大厅、门厅占两个或两个以上建筑物层高)四周向大厅、门厅、中间挑出的走廊。

6. 建筑物间有围护结构的架空走廊

建筑物间有围护结构的架空走廊,应按其围护结构外围水平面积计算。层高在 2.20m 及 2.20m 以上者应计算全面积;层高不足 2.20m 者应计算 1/2 面积。有永久性顶盖、无围护结构的应按其结构底板水平面积的 1/2 计算。架空走廊是指建筑物与建筑物之间在二层或二层以上专门为水平交通设置的走廊,如图 3-2 所示。

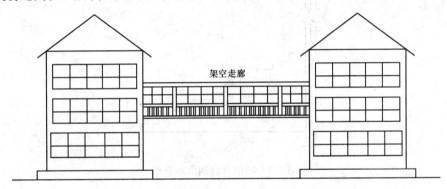

图 3-2　架空走廊

7. 立体书库、立体车库、立体仓库

立体书库、立体车库、立体仓库,无结构层的应按一层计算,有结构层的应按其结构层面积分别计算。层高在 2.20m 及 2.20m 以上者应计算全面积;层高不足 2.20m 者应计算 1/2 面积。立体车库、立体书库、立体仓库不规定是否有围护结构,均按是否有结构层区分不同的层高确定建筑面积计算的范围,改变过去按书架层和货架层计算面积的规定。

8. 舞台灯光控制室

有围护结构的舞台灯光控制室,应按其围护结构外围水平面积计算。层高在 2.20m 及 2.20m 以上者应计算全面积;层高不足 2.20m 者应计算 1/2 面积。如果舞台灯光控制室有围护结构且只有一层,那么就不能另外计算面积,因为整个舞台的面积计算已经包含了该灯光控制室的面积。

9. 落地橱窗、门斗、挑廊、走廊、檐廊

建筑物外有围护结构的落地橱窗、门斗、挑廊、走廊、檐廊,应按其围护结构外围水平面积计算。层高在 2.20m 及 2.20m 以上者应计算全面积;层高不足 2.20m 者应计

算 1/2 面积。有永久性顶盖、无围护结构的应按其结构底板水平面积的 1/2 计算。落地橱窗是指突出外墙面,根基落地的橱窗。门斗是指在建筑物出入口设置的起隔风、挡风、御寒等作用的建筑过渡风间,保温斗一般有围护结构。挑廊是指挑出建筑物外墙的水平交通空间。走廊是指建筑物底层的水平交通空间。檐廊是指设置在建筑物底层檐下的水平交通空间。

10. 有永久性顶盖、无围护结构的场馆看台

有永久性顶盖、无围护结构的场馆看台应按其顶盖水平投影面积的 1/2 计算,如图 3-3 所示。

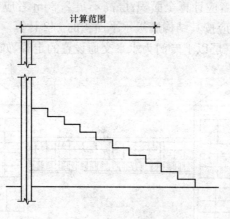

图 3-3　场馆看台剖面示意图

注:场馆主要是指体育场等场所,如体育场主席台部分的看台,一般是有永久性顶盖而无围护结构,应按其顶盖水平投影面积的 1/2 计算。"馆"是有永久性顶盖和围护结构的,应按单层或多层建筑面积计算规定来计算。

11. 建筑物顶部有围护结构的楼梯间、水箱间、电梯机房

建筑物顶部有围护结构的楼梯间、水箱间、电梯机房等,层高在 2.20m 及 2.20m 以上者应计算全面积;层高不足 2.20m 者应计算 1/2 面积,如图 3-4 所示。

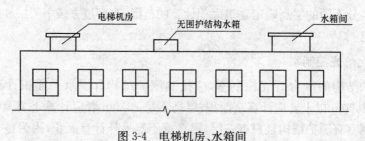

图 3-4　电梯机房、水箱间

注:如遇建筑物屋顶的楼梯间是坡屋顶时,应按坡屋顶的相关规定计算面积。单独放在建筑物屋顶上没有围护结构的混凝土水箱或钢板水箱,不计算面积。

12. 不垂直于水平面而超出底板外沿的建筑物

设有围护结构、不垂直于水平面而超出底板外沿的建筑物,应按其底板面的外围水平面积计算。层高在 2.20m 及 2.20m 以上者应计算全面积,层高不足 2.20m 者应计算 1/2 面积。设有围护结构、不垂直于水平面而超出底板外沿的建筑物是指向建筑物外倾斜的墙体,若遇有向建筑物内倾斜的墙体,应视为坡屋顶,应按坡屋顶有关规定计算面积。

13. 楼梯间、电梯井、垃圾道、附墙烟囱

建筑物内的室内楼梯间、电梯井、观光电梯井、提物井、管道井、通用排气竖井、垃圾道、附墙烟囱应按建筑物的自然层计算。室内楼梯间的面积计算,应按楼梯依附的建筑物的自然层数计算并在建筑物面积内。遇跃层建筑,其共用的室内楼梯应按自然层计算面积;上下两错层户室共用的室内楼梯,应选上一层的自然层计算面积(图 3-5)。

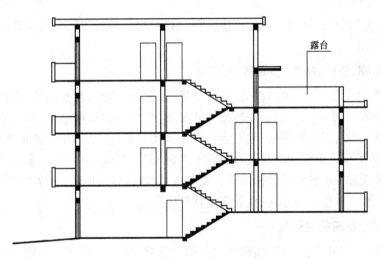

图 3-5　户室错层剖面示意图

14. 雨篷

雨篷结构的外边线至外墙结构外边线的宽度超过 2.10m 者,应按雨篷结构板水平投影面积的 1/2 计算。不超过者不计算。上述规定不管雨篷有柱或无柱,计算应一致。

15. 室外楼梯

有永久性顶盖的室外楼梯,应按建筑物自然层的水平投影面积的 1/2 计算,如图 3-6所示。室外楼梯,最上层楼梯无永久性顶盖,或不能完全遮盖楼梯的雨篷,上层楼梯不计算面积,可视为是下层楼梯的永久性顶盖,下层楼梯应计算面积。

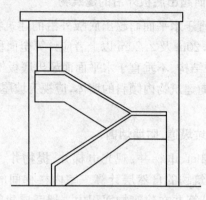

图 3-6　室外楼梯示意图

16. 建筑物阳台

建筑物的阳台,不论是凹阳台、挑阳台、封闭阳台、不封闭阳台均按其水平投影面积的 1/2 计算。

17. 车棚、货棚、站台、加油站、收费站

有永久性顶盖、无围护结构的车棚、货棚、站台、加油站、收费站等,应按其顶盖水平投影面积的 1/2 计算。由于建筑技术的发展,出现许多新型结构,如柱不再是单纯的直立的柱,而出现正 V 形柱、倒 ∧ 形柱等不同类型的柱,给面积计算带来许多争议。因此,《建筑工程建筑面积计算规范》(GB/T 50353—2005)中不以柱来确定面积的计算,而依据顶盖的水平投影面积计算。在车棚、货棚、站台、加油站、收费站内设有围护结构的管理室、休息室等,另按相关规定计算面积。

18. 高低联跨的建筑物

高低联跨的建筑物,应以高跨结构外边线为界,分别计算建筑面积。高低跨内部连通时,其变形缝应计算在低跨面积内。

19. 以幕墙作为围护结构的建筑物

以幕墙作为围护结构的建筑物,应按幕墙外边线计算建筑面积。

20. 外墙外侧有保温隔热层的建筑物

建筑物外墙外侧有保温隔热层的,应按保温隔热层外边线计算建筑面积,如图 3-7 所示。

21. 变形缝

建筑物内的变形缝,应按其自然层合并在建筑面积内计算,如图 3-8 所示。

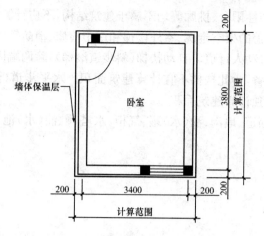

图 3-7 外墙保温隔热层示意图

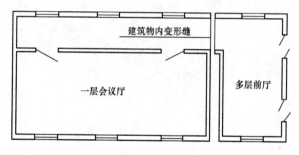

图 3-8 建筑物内的变形缝示意图

注:这里所指的变形缝是与建筑物相连通的变形缝,即暴露在建筑物内,在建筑物内可以看得见的变形缝。

二、不计算建筑面积的范围

(1)建筑物通道(骑楼、过街楼的底层)。骑楼是指楼层部分跨在人行道上的临街楼房;过街楼是指有道路穿过建筑空间的楼房。

(2)建筑物内的设备管道夹层。高层建筑的宾馆、写字楼等,通常在建筑物高度的中间部分设置管道及设备层,主要用于集中放置水、暖、电、通风管道及设备。这一设备管道层不应计算建筑面积。

(3)建筑物内分隔的单层房间,舞台及后台悬挂幕布、布景的天桥、挑台等。

(4)屋顶水箱、花架、凉棚、露台、露天游泳池。

(5)建筑物内的操作平台、上料平台、安装箱和罐体的平台。建筑物外的操作平台、上料平台等应该按有关规定,确定是否计算建筑面积。

(6)突出墙外的勒脚、附墙柱垛、台阶、墙面抹灰、装饰面、镶贴块料面层、装饰性幕墙、空调室外机搁板(箱)、飘窗、构件、配件、宽度在 2.10m 及以内的雨篷以及与建筑物内不相连通的装饰性阳台、挑廊等均不属于建筑结构，不应计算建筑面积。

(7)无永久性顶盖的架空走廊、室外楼梯和用于检修、消防等的室外钢楼梯、爬梯。

(8)自动扶梯、自动人行道。自动扶梯(斜步道滚梯)，除两端固定在楼层板或梁之外，扶梯本身属于设备，为此扶梯不宜计算建筑面积。水平步道(滚梯)属于安装在楼板上的设备，不应单独计算建筑面积。

(9)独立烟囱、烟道、地沟、油(水)罐、气柜、水塔、贮油(水)池、贮仓、栈桥、地下人防通道、地铁隧道。

第四章 园林绿化工程工程量计算

第一节 绿化工程

一、绿化工程概述

园林绿化是为人们提供一个良好的休息、文化娱乐、亲近大自然、满足人们回归自然愿望的场所,是保护生态环境、改善城市生活环境的重要措施。园林绿化泛指园林城市绿地和风景名胜区中涵盖园林建筑工程在内的环境建设工程,包括园林建筑工程、土方工程、园林筑山工程、园林理水工程、园林铺地工程、绿化工程等,它是应用工程技术来表现园林艺术,使地面上的工程构筑物和园林景观融为一体。

绿化工程常用图例如下:

(1)园林绿地规划设计图例。园林绿地规划设计图例见表 4-1。

表 4-1 园林绿地规划设计图例

序　号	名　　称	图　　例	说　　明
1	规划的建筑物		用粗实线表示
2	原有的建筑物	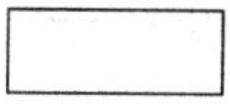	用细实线表示
3	规划扩建的预留地或建筑物		用中虚线表示
4	拆除的建筑物	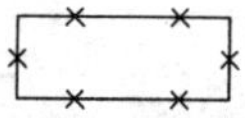	用细实线表示
5	地下建筑物		用粗虚线表示
6	坡屋顶建筑	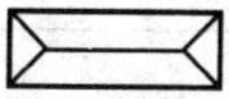	包括瓦顶、石片顶、饰面砖顶等
7	草顶建筑或简易建筑		
8	温室建筑		玻璃等透光材料作屋顶

序　号	名　　称	图　例	说　　明
9	自然形水体		
10	规则形水体		
11	跌水、瀑布		
12	旱涧		旱季一般无水或断续有水的山洞
13	溪涧	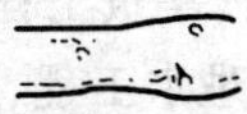	山间两岸多石滩的小溪
14	护坡		
15	挡土墙	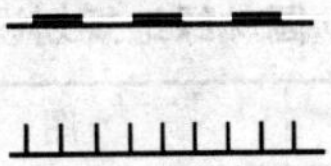	突出的一侧表示被挡土的一方
16	排水明沟	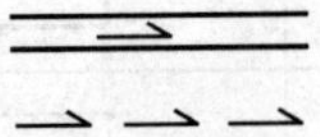	上图用于比例较大的图面 下图用于比例较小的图面
17	有盖的排水沟	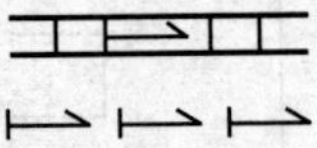	上图用于比例较大的图面 下图用于比例较小的图面
18	雨水井		
19	消火栓井		
20	喷灌点		固定设置在绿地中的喷水灌溉设备点
21	道　路	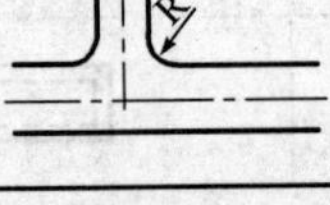	

续表

序号	名称	图例	说明
22	铺装路面	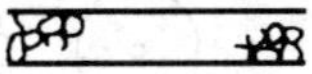	铺砌装饰性材料的路面
23	台阶		箭头指向表示向上
24	铺砌场地	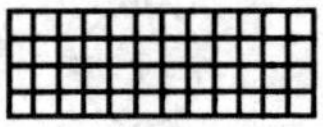	可依据设计形态表示
25	车行桥	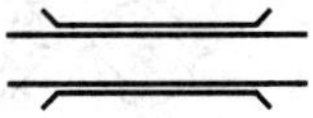	可依据设计形态表示
26	人行桥	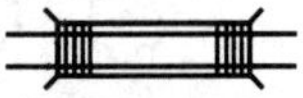	
27	亭桥	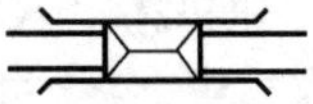	
28	铁索桥		
29	汀步	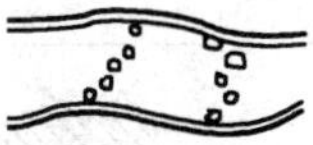	
30	涵洞	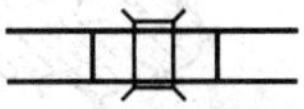	
31	水闸	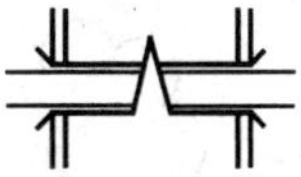	
32	码头	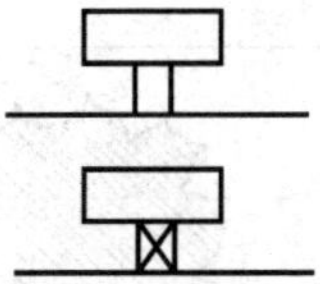	上图为固定码头 下图为浮动码头
33	驳岸	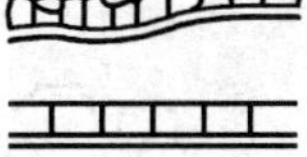	上图为假山石自然式驳岸 下图为整形砌筑规划式驳岸

(2)种植工程常用图例。种植工程常用图例见表 4-2～表 4-4。

表 4-2　　　　　　　　　　　　　　　　植物形态

序　号	名　　称	图　　例	说　　明
1	落叶阔叶乔木		落叶乔、灌木均不填斜线；常绿乔、灌木加画 45°细斜线。
2	常绿阔叶乔木	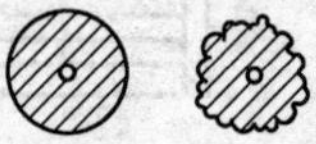	阔叶树的外围线用弧裂形或圆形线；针叶树的外围线用锯齿形或斜刺形线。
3	落叶针叶乔木	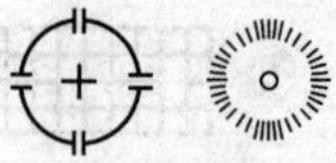	乔木外形成圆形；灌木外形成不规则形。
4	常绿针叶乔木	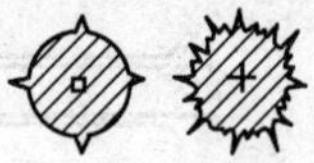	乔木图例中粗线小圆表示现有乔木，细线小十字表示设计乔木；灌木图例中黑点表示种植位置。
5	落叶灌木		凡大片树林可省略图例中的小圆、小十字及黑点
6	常绿灌木		
7	阔叶乔木疏林		
8	针叶乔木疏林		
9	阔叶乔木密林		
10	针叶乔木密林		
11	落叶灌木疏林	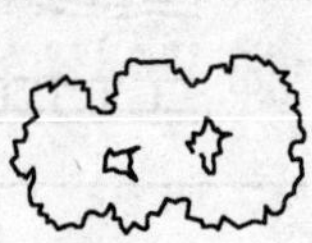	

续表

序 号	名 称	图 例	说 明
12	落叶花灌木疏林	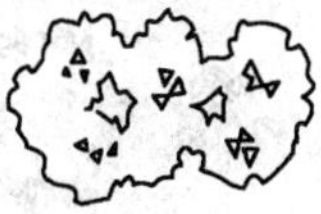	
13	常绿灌木密林	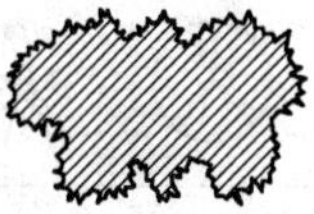	
14	常绿花灌木密林	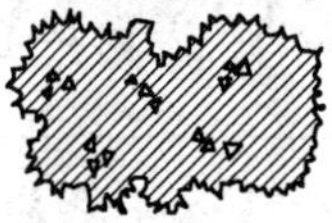	
15	自然形绿篱	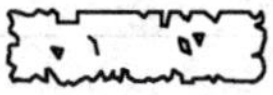	
16	整形绿篱		席纹线
17	镶边植物		泛指装饰路边或花坛边缘的带状花卉
18	一、二年生草木花卉	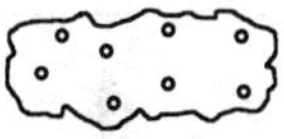	
19	多年生及宿根草木花卉		
20	一般草皮	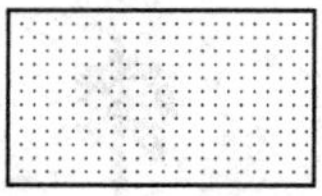	
21	缀花草皮	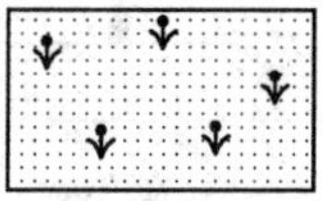	
22	整形树木	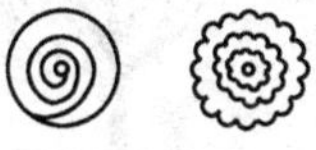	

续表

序　号	名　称	图　例	说　明
23	竹　丛		
24	棕榈植物		
25	仙人掌植物		
26	藤本植物		
27	水生植物	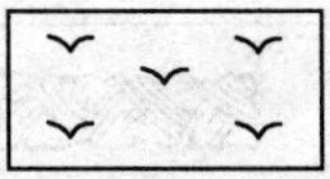	

表 4-3　　　　　　　　　　　　　　　枝干形态

序　号	名　称	图　例	说　明
1	主轴干侧分枝形		
2	主轴干无分枝形		
3	无主轴干多枝形		

序 号	名 称	图 例	说 明
4	无主轴干垂枝形		
5	无主轴干丛生形		
6	无主轴干匍匐形		

表 4-4   树冠形态

序 号	名 称	图 例	说 明
1	圆锥形		树冠轮廓线,凡针叶树用锯齿形;凡阔叶树用弧裂形表示
2	椭圆形		
3	圆球形		
4	垂枝形		
5	伞 形		
6	匍匐形		

（3）城市绿地系统规划图例。城市绿地系统规划图例见表 4-5。

表 4-5　　　　　　　　　　　　城市绿地系统规划图例

序　号	名　　称	图　　例	说　　明
工程设施			
1	电视差转台		
2	发电站		
3	变电所		
4	给水厂		
5	污水处理厂		
6	垃圾处理站		
7	公路、汽车游览路	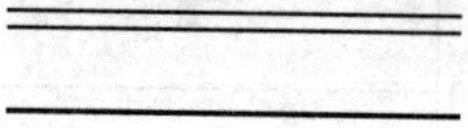	上图以双线表示，用中实线 下图以单线表示，用粗实线
8	小路、步行游览路	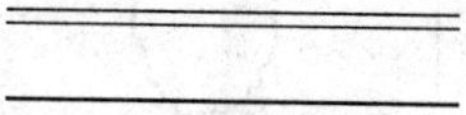	上图以双线表示，用细实线 下图以单线表示，用中实线
9	山地步行小路	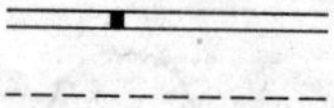	上图以双线加台阶表示，用细实线；下图以单线表示，用虚线
10	隧　道	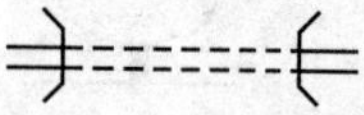	
11	架空索道线		
12	斜坡缆车线		
13	高架轻轨线	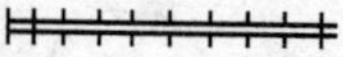	
14	水上游览线		用细虚线表示
15	架空电力电信线	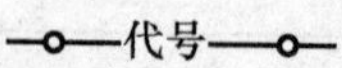 ━○━代号━○━	粗实线中插入管线代号，管线代号按现行国家有关标准的规定标注
16	管　线	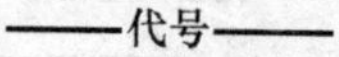 ━━━代号━━━	

续表

序 号	名 称	图 例	说 明
用地类型			
17	村镇建设地	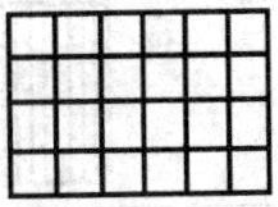	
18	风景游览地	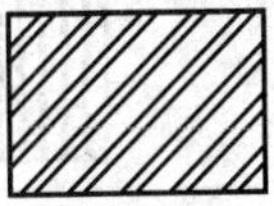	图中斜线与水平线成45°角
19	旅游度假地		
20	服务设施地	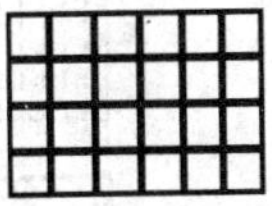	
21	市政设施地	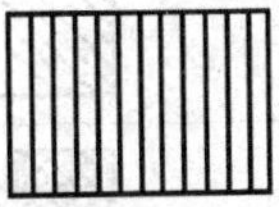	
22	农业用地		
23	游憩、观赏绿地	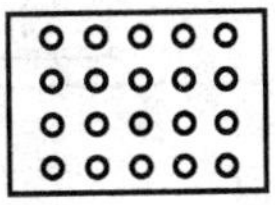	
24	防护绿地		
25	文物保护地	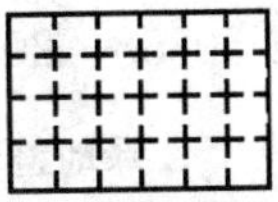	包括地面和地下两大类,地下文物保护地外框用粗虚线表示
26	苗圃花圃用地	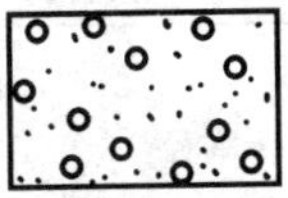	
27	特殊用地		

续表

序号	名称	图例	说明
用地类型			
28	针叶林地		需区分天然林地、人工林地时,可用细线界框表示天然林地,粗线界框表示人工林地
29	阔叶林地		
30	针阔混交林地		
31	灌木林地	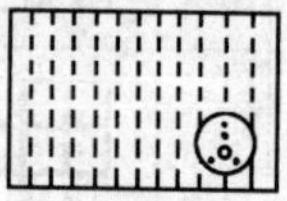	
32	竹林地		
33	经济林地		
34	草原、草甸	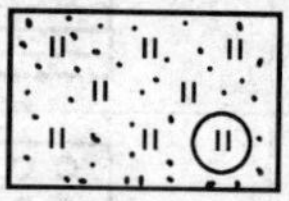	

二、绿地整理

(一)绿地整理清单项目设置

绿地整理工程清单项目设置、项目特征描述的内容、计量单位、工作内容应按《园林绿化工程工程量计算规范》(GB 50858—2013)中 A.1 的规定执行,内容详见表 4-6。

表 4-6　　　　　　　　　　　　　　绿地整理

项目编码	项目名称	项目特征	计量单位	工作内容
050101001	砍伐乔木	树干胸径	株	1. 砍伐 2. 废弃物运输 3. 场地清理
050101002	挖树根(蔸)	地径		1. 挖树根 2. 废弃物运输 3. 场地清理

项目编码	项目名称	项目特征	计量单位	工作内容
050101003	砍挖灌木丛及根	丛高或蓬径	1. 株 2. m²	1. 砍挖 2. 废弃物运输 3. 场地清理
050101004	砍挖竹及根	根盘直径	株(丛)	
050101005	砍挖芦苇(或其他水生植物)及根	根盘丛径		
050101006	清除草皮	草皮种类	m²	1. 除草 2. 废弃物运输 3. 场地清理
050101007	清除地被植物	植物种类		1. 清除植物 2. 废弃物运输 3. 场地清理
050101008	屋面清理	1. 屋面做法 2. 屋面高度		1. 原屋面清扫 2. 废弃物运输 3. 场地清理
050101009	种植土回(换)填	1. 回填土质要求 2. 取土运距 3. 回填厚度 4. 弃土运距	1. m³ 2. 株	1. 土方挖、运 2. 回填 3. 找平、找坡 4. 废弃物运输
050101010	整理绿化用地	1. 回填土质要求 2. 取土运距 3. 回填厚度 4. 找平找坡要求 5. 弃渣运距	m²	1. 排地表水 2. 土方挖、运 3. 耙细、过筛 4. 回填 5. 找平、找坡 6. 拍实 7. 废弃物运输
050101011	绿地起坡造型	1. 回填土质要求 2. 取土运距 3. 起坡平均高度	m³	1. 排地表水 2. 土方挖、运 3. 耙细、过筛 4. 回填 5. 找平、找坡 6. 废弃物运输
050101012	屋顶花园基底处理	1. 找平层厚度、砂浆种类、强度等级 2. 防水层种类、做法 3. 防水层厚度、材质 4. 过滤层厚度、材质 5. 回填轻质土厚度、种类 6. 屋面高度 7. 阻根层厚度、材质、做法	m²	1. 抹找平层 2. 防水层铺设 3. 排水层铺设 4. 过滤层铺设 5. 填轻质土壤 6. 阻根层铺设 7. 运输

(二)绿地整理清单项目特征描述

1. 砍伐乔木、挖树根(蔸)

乔木是指树身高大、由根部发生独立的主干、树干和树冠有明显区分、有一个直立主干且高达 6m 以上的木本植物。又可依其高度而分为伟乔(31m 以上)、大乔(21～30m)、中乔(11～20m)、小乔(6～10m)四级。乔木与低矮的灌木相对应,通常见到的高大树木都是乔木,如木棉、松树、玉兰、白桦等。乔木按冬季或旱季落叶与否又分为落叶乔木和常绿乔木。

砍伐乔木、挖树根(蔸)常见的方法有预先断根法,又称回根法,适用于一些野生大树或一些具有较高观赏价值的树木的移植,一般是在移植前 1～3 年的春季或秋季,以树干为中心,2.5～3 倍胸径为半径或小于移植时土球尺寸为半径划一个圆形或方形,再在相对的两面向外挖 30～50cm 宽的沟(其深度则视根系分布而定,一般为 60～100cm),对较粗的根应用锋利的锯或剪齐平内壁切断,然后用沃土(最好是沙壤土或壤土)填平,分层踩实,定期浇水,这样便会在沟中长出许多须根。到第二年的春季或秋季时,再以同样的方法挖掘另外相对的两面,到第三年时,在四周沟中均长满了须根,这时便可移走。挖掘时应从沟的外缘开挖,断根的时间因各地气候条件的差异而有所不同。

胸径应为地表面向上 1.2m 高处的树干直径。

地径应为地表面向上 0.1m 高处的树干直径。

2. 砍挖灌木丛及根

落叶花灌木,如玫瑰、珍珠梅、木槿、榆叶梅、碧桃、紫叶李等,掘出根部的直径为苗木高度的 1/3 左右。

砍挖灌木丛前应进行场地清理,场地清理主要内容有拆除所有弃用的建筑物和构筑物以及所有无用的地表杂物;拆除原有架空电线、埋地电缆、自来水管、污水管、煤气管等,必须先与有关部门取得联系,办理好拆除手续之后才能进行。

丛高指灌木丛顶端距地坪的高度。

蓬径应为灌木、灌丛垂直投影面的直径。

3. 砍挖竹及根

丛生竹是指密聚地生长在一起、结构紧凑、株间间隙小的竹子。

挖掘丛生竹母竹。丛生茎竹类无地下鞭茎,其笋芽生长在竹竿两侧。竿基与较其老 1～2 年的植株相连,新竹互生枝伸展方向与其相连的老竹枝条伸展方向正好垂直,而新竹梢部则倾向于老竹外侧。故宜在竹丛周围选取丛生茎竹类母竹,以便挖掘。先在选定的母竹外围距离 17～20cm 处挖,并按前述新老竹相连的规律,找出其竿基与竹丛相连处,用利刀或利锄靠竹丛方向砍断,以保护母竹竿基两侧的笋牙,要挖至自倒为止。母竹倒下后,仍应切竿,包扎或湿润根部,防止根系干燥,否则不易成活。

挖掘散生竹母竹。常用的工具是锋利山锄，挖掘时先在要挖掘的母竹周围轻挖、浅挖，找出鞭茎。宜先按竹株最下一盘枝丫生长方向找，找到后，分清来鞭和去鞭，留来鞭长 33cm，去鞭长 45~60cm，面对母竹方向用山锄将鞭茎截断。这样可使截面光滑，鞭茎不致劈裂。鞭上必须带有 3~5 个健壮鞭芽。截断后再逐渐将鞭两侧土挖松，连同母竹一起掘出。挖出的母竹应留枝丫 5~7 盘，斩去顶梢。

根盘直径指根盘的最大幅度和最小幅度之间的平均直径。

4. 砍挖芦苇(或其他水生植物)及根

芦苇是多年水生或湿生的高大禾草，生长在灌溉沟渠旁、河堤沼泽地等。芦苇有发达的匍匐根茎，茎秆直立，秆高 1~3m，节下常生白粉。叶鞘圆筒形，无毛或有细毛。

芦苇根细长、坚韧，因此，砍挖芦苇的挖掘工具要锋利，芦苇根必须清除干净。

5. 清除草皮

草皮又称草坪，是指以人为栽植、人工选育的草种作为矮生密集型的植被，经养护修剪形成的整齐均匀的起绿化保洁和美化城市作用的草地。

人工中耕除草。是农业上最古老的一种除草方式。仅除草使用的手锄，据考证已有 3000 年以上的历史，但目前不论在农业、林业还是园林中，仍被广泛应用。人工除草灵活方便，适应性强，适合于各种作业区域，而且不会发生各类明显事故。但人工除草效率低，劳动强度大，除草质量差，对苗木伤害严重，极易造成苗木染病。一般只适用于面积比较小的区域。

机械中耕除草。目前广泛使用的是各种类型的手扶园艺拖拉机，也有少部分地区使用高地隙中大型拖拉机进行中耕除草，它可以代替部分笨重的体力劳动，且工作效率较高，尤其在春秋季节，疏松土壤有利于提高地温。但是机械除草，株间是中耕不到的，而株间的杂草由于距苗根较近，对苗木的生长影响也较大。而且在雨季气温高、湿度大，是杂草生长旺季，由于土壤含水量过高，机械不能进田作业。

化学除草。是通过喷撒化学药剂达到杀死杂草或控制杂草生长的一种除草方式。具有简便、及时、有效期长、效果好、成本低、省劳力、便于机械化作业等优点。但化学除草是一项专业技术性很强的工作，要具备化学农药、杂草专业、育苗栽培的知识，另外还要懂得土壤、肥料、农机等专业知识。尤其是园林苗圃，涉及树种、繁殖方法类型多，没有一定的技术能力，推广、使用化学除草是极易发生事故的。因此，推广、使用时必须遵循从小规模开始，先易后难、由浅入深的原则，逐步推广，而且要将实际情况做详细记载，以便不断地总结经验，推动化学除草的发展。

草皮种类有以下几种分类：

(1)按草皮来源区分。

1)天然草皮。这类草皮取自于天然草地上。一般是将自然生长的草地修剪平整，然后平铲为不同大小、不同形状的草皮，以供出售或自己铺设草坪。这类草皮管理比较粗放，一般用于铺植水土保持地或道路绿化。

2)人工草皮。人工种子直播或用营养繁殖体建成的草皮。人工草皮成本要比天然草皮的高,管理较精细,但草皮质量好,整齐美观,能满足不同的需要。

(2)按不同的区域区分。

1)冷季型草皮。由冷季型草坪草繁殖生产的草皮就称为冷季型草皮,也叫做"冬绿型草皮"。这类草皮的耐寒性较强,在部分地区冬期常绿,但夏季不耐炎热,在春、秋两季生长旺盛,非常适合在我国北方地区铺植,如早熟禾草皮、高羊茅草皮、黑麦草草皮等。

2)暖季型草皮。由暖季型草坪草繁殖生产的草皮就称为暖季型草皮,也叫做"夏绿型草皮"。这类草皮冬期呈休眠状态,早春开始返青,复苏后生长旺盛。进入晚秋,一经霜害,其草的茎叶就会枯萎退绿,如天鹅绒草皮、狗牙根草皮、地毯草草皮等。

(3)按培植年限的不同区分。

1)一年生草皮。指草皮的生产与销售在同一年进行。一般是春季播种,经过3~4个月的生长后,就可于夏季出圃。

2)越年生草皮。指在第一年夏末播种,于第二年春天出售的草皮,越年生产草皮既可以减少杂草的危害,降低养护成本,又可以在早春就出售草皮,满足春季建植草坪绿地的需要。

(4)按草皮的使用目的区分。

1)观赏草皮。这类草皮主要是在园林绿地中专门用于欣赏的装饰性草坪。观赏草坪是一种封闭式草坪,一般不允许游人入内游憩或践踏,专供观赏用,因此,铺植此类草坪的草皮管理要求比较精细,严格控制杂草生长和病虫害危害,以防降低观赏价值。所选草种多是低矮、纤细、绿期长的草坪植物,以细叶草类为最佳。

2)休闲草皮。指用来铺植休息性质草坪的草皮,这种草坪的绿地中没有固定的形状,面积可大可小,管理粗放,通常允许人们入内游憩活动。这种性质的草坪一般利用自然地形排水,内部可配植乔木、灌木、花卉及地被植物或小品景观。选用的草皮草种多具有生长低矮、叶片纤细、叶质高、草姿美的特性。

3)运动场草皮。指供体育活动的场所,如足球场、网球场、高尔夫球场、儿童游戏场等用的草皮。生产运动场草皮的草种耐践踏性特别强,弹性好并能耐频繁修剪,如草地早熟禾草皮、高羊茅草皮等。

4)水土保持草皮。指在坡地、水岸、公路、堤坝、陡坡等地铺植的草皮。这类草皮的作用主要是保持水土,因此,一般所选草种需适应性强、根系发达、草层紧密、耐旱、耐寒、抗病虫害能力强等。

(5)按栽培基质的不同区分。

1)普通草皮。指以壤土为栽培基质的草皮,它具有生产成本较低的特点,但因为每出售一茬草皮,就要带走一层表土,如此下去,就会使土壤的生产能力大大减弱,因此对土壤破坏力比较大。这也是草皮生产中有待解决的问题。

2)轻质草皮。又叫无土草皮,主要采用轻质材料或容易消除的材料,如河沙、泥炭、半分解的纤维素、蛭石、炉渣等为栽培基质的草皮。具有重量轻、便于运输、根系保存完好、移植恢复生长快等特点,而且能保护土壤耕作层,所以,是我国发展优质草皮的一个方向。

(6)按草皮植物的组合不同区分。

1)单纯草皮。又称为单一草皮,是指由一种草本植物组成的草皮,单一草皮具有整齐美观、低矮稠密、叶色一致的特点,需要的养护管理比较精细。在我国北方一般选用冷季型草坪草来生产草皮,而对暖季型草坪草的应用还不多,目前也只有结缕草等几个少数的草种。但在南方,生产草皮时不仅可用暖季型草坪草,还可用一些抗热性比较强的冷季型草坪草。

2)混合草皮。指由多种草本植物混合建植而形成的草皮。在我国北方主要是草地早熟禾、紫羊茅和多年生黑麦草,而在南方则主要以狗牙根、地毯草或结缕草为主体草种,混入多年生黑麦草等作为保护草种。混合草皮的适应性和抗撕拉性都很强,非常适合于管理比较粗放的草坪绿地。

另外,还可以根据繁殖材料的不同,分为种子草皮和营养体草皮。而种子草皮又可以依据草种的不同,分为以各草种的名称命名的不同种类的草皮,如早熟禾草皮、黑麦草草皮、狗牙根草皮等。

6. 清除地被植物

地被植物是指用于覆盖地面,防止地面裸露的低矮草本、小灌木、藤本植物等。地被和草坪的功能是一致的,所不同的是大部分地被植物具有花卉的观赏性,很多宿根花卉密植后是很好的地被。

地被植物在园林绿化中应用广泛,除了和草坪一样可以覆盖地面、保持水土、美化装饰外,地被植物还有枝叶、花、果等方面的观赏价值,而且养护便利、低成本、低维护、无须经常修剪。

地被植物种类如下:

(1)草本地被。草坪草为很好的草本地被,但其泛指用作地被的禾本科草种,国内外通称草坪禾草。有相同地被用途的其他草本植物材料则被称之为草本地被,不能称之或罗列为草坪。因为它们的生理特点和管理要求差异很大,在园林概念上最好不要混谈。草本地被的共同特点是生长低矮、丛生、丛叶紧凑、具地上匍匐茎或地下横走茎(根茎),扩展性强。很多宿根花卉经密植和精细管理也可列为草本地被。

(2)木本地被。木本地被一般分为直立生长型和匍匐型两种。按生态习性又可分为阳性和耐阴性两种。绝大多数木本地被耐阴性较强。

华北地区常用的草本地被见表4-7,江南地区常用的草本地被见表4-8,岭南地区常用的草本地被见表4-9。

表 4-7　　　　　　　　　　　华北地区常用的草本地被植物表

序号	中　名	生态习性	观赏特性
1	二月兰	一、二年生,耐寒,耐阴	花期 3～5 月,花紫色或淡红色
2	半支莲	一、二年生,喜干燥沙质土壤	花期 7～8 月,花色丰富
3	紫花地丁	多年生,喜阴耐寒	花期 4～7 月,花紫色
4	八宝景天	多年生,耐寒,耐旱,喜半阴	观花,观叶
5	落新妇	多年生,耐寒,喜半阴	花期 6～9 月,花淡红色或紫色
6	麦冬	多年生,耐寒,耐旱,耐阴	观叶
7	白三叶	多年生,耐旱,耐寒,不耐阴	观花,观叶
8	小冠花	多年生,喜光,耐半阴,耐寒	花期 6～9 月,花紫色、淡红色或白色
9	常夏石竹	多年生,喜光,耐寒,耐旱	花期 5～7 月,花紫色、粉红色或白色
10	萱草	多年生,适应性强	花期 6～7 月,花黄色、橘黄色、橘红色、红色
11	玉簪	多年生,阴性,喜湿,忌强光	花期 6～7 月,花白色
12	鸢尾	多年生,喜光,耐寒,喜温暖湿润	花期 5 月,花白色、蓝紫色
13	垂盆草	宿根,喜光,耐寒	观叶
14	蛇莓	宿根,喜光,耐寒	观叶,观果

表 4-8　　　　　　　　　　　江南地区常用的草本地被植物表

序号	中　名	生态习性	观赏特性
1	二月兰	一、二年生,耐寒,耐阴	花期 2～5 月,花淡蓝色、蓝紫色或淡红色,少量白色
2	半支莲	一年生,喜排水良好的沙质或腐殖质壤土	花期 7～8 月,花色丰富
3	紫花地丁	多年生,耐光,喜半阴,耐寒,耐旱	花期 4～5 月,花紫色
4	八宝景天	多年生,耐寒,耐贫瘠干旱,喜强光干燥	花期 6～10 月,花紫红色、玫红色、淡粉红色、白色
5	落新妇	多年生,耐寒,喜半阴	花期 5～6 月,花淡红色、紫色
6	白三叶	多年生,耐旱,耐寒,喜黏性土,耐半阴	花期 4～7 月,花冠白色或淡红色,可观花、观叶
7	常夏石竹	多年生,喜光,耐寒,耐旱,耐贫瘠	花期 5～10 月,花紫色、粉红色或白色
8	大花萱草	多年生,喜阳,耐半阴,适应多种土壤,耐旱,耐湿	花期 5～9 月,花有大红、粉红、黄、白及复色等色
9	玉簪	多年生,耐寒,喜阴湿,忌强光	花期 6～7 月,花白色
10	鸢尾	多年生,喜阳,耐半阴,耐寒,喜温暖湿润	花期 4～5 月,花有蓝、紫、黄、白、淡红等色
11	垂盆草	多年生,耐寒,耐旱,耐湿,耐瘠薄,喜半阴	花期 5～6 月,花淡黄色,观叶为主
12	佛甲草	多年生,适应性强,喜光,极耐寒,耐旱,怕涝	花期 5～6 月,花淡黄色,观叶为主

续表

序号	中　名	生态习性	观赏特性
13	蛇莓	多年生,喜光,耐阴湿	花期 4 月,黄色;果期 5 月,红色;观叶、果
14	大吴风草	多年生,喜温湿,耐半阴,畏强光	花期 11～12 月,花黄色,以观叶为主
15	白穗花	多年生,喜温凉,喜酸性土壤、湿润,较耐阴	花期 5～6 月,花白色,以观叶为主
16	红花酢浆草	多年生,阳性,耐阴,喜温湿,耐干旱,不耐寒	花期 4～9 月,花淡红色,有深色条纹
17	紫叶酢浆草	多年生,喜温湿,耐半阴,畏严寒,较耐干旱	花期 4～11 月,花粉红带浅白色,叶片为紫红色
18	丛生福禄考	多年生,耐寒,稍耐旱,耐盐碱,喜阳,稍耐阴	花期 4～9 月,花有紫红色、白色、粉红色等
19	虎耳草	多年生,喜阴湿	花期 5～6 月,花白色,以观叶为主
20	吉祥草	多年生,喜阴湿,畏强光,耐寒耐阴性强	花期 8～10 月,花茎紫红色,花淡紫红色
21	沿阶草	多年生,喜温暖,耐旱,抗热,畏寒,忌盐碱	花期 6～7 月,花白色或稍带紫色
22	麦冬	多年生,耐寒,耐旱,耐光,喜阴	花期 6～8 月,花淡紫色,以观叶为主
23	金边阔叶麦冬	多年生,耐寒,耐旱,喜阴湿	叶边金黄、内侧银白与翠绿色相间,观叶
24	美女樱	多年生,喜温湿,喜光,不耐旱,较耐寒	花期 5～10 月,花有蓝、紫、粉红、大红、白、玫瑰红等色
25	金叶过路黄	多年生,喜光,较耐半阴,抗寒性较强	叶色从 3 月至 11 月呈金黄色,冬季红褐色,观叶
26	葱兰	多年生,喜光,耐半阴,耐寒力强	花期 7～9 月,花白色,外被紫红色晕
27	长春花	多年生,喜温暖,喜光,不耐寒,忌水湿	花期 6～9 月,花冠白色、紫红色或粉红色
28	花叶蔓长春	多年生,喜温暖,喜光,也耐阴	花期 4～5 月,花蓝色,以观叶为主
29	活血丹	多年生,喜温暖,不耐寒,喜阴,畏强光	花期 3～4 月,花淡紫红色,以观叶为主
30	马蹄金	多年生,喜温湿,耐寒,耐热	花期 4～5 月,花冠淡黄色,以观叶为主
31	马蔺	多年生,适应性极强,耐盐碱,耐寒,耐旱,耐踏	花期 4～5 月,花蓝紫色
32	花叶燕麦草	多年生,喜光,喜阴凉,耐旱,耐湿,耐贫瘠	叶片中肋绿色,两侧乳黄色,夏季两侧黄色,观叶
33	多花筋骨草	多年生,喜半阴,湿润,耐涝,耐旱,耐阴,耐暴晒	花期 4～5 月、10～12 月,花蓝紫色
34	无毛紫露草	宿根,喜凉湿,耐寒,喜光,耐瘠和偏碱土,怕涝	花期 5～10 月,花冠紫蓝色,花蕊黄色
35	兰花三七	宿根,极耐阴,喜凉湿,耐寒	花期 6～9 月,花紫色

序号	中　名	生态习性	观赏特性
36	天目地黄	多年生,喜阴湿、耐寒、耐阴	花期3～5月,花冠紫红色
37	万年青	宿根,喜阴湿、耐寒、畏强光、忌积水	花期5～6月,黄色,果期11～12月,朱红色,观果、叶

表 4-9　　　　　　　　　　岭南地区常用的草本地被植物表

序号	中　名	生态习性	观赏特性
1	三裂蟛蜞菊	多年生,有一定的耐阴性,适应性强	花期3～11月,花黄色
2	大花马齿苋	多年生,喜排水良好土壤	花期3～11月,花色丰富
3	蔓花生	多年生,喜阳,不大耐寒	花期3～11月,花黄色
4	大叶红草	多年生,不耐寒,耐修剪,可造型	观叶,叶红色
5	假金丝马尾	多年生,耐寒,喜半阴	观叶
6	麦冬	多年生,耐寒,耐旱,耐阴	观花
7	白三叶	多年生,耐旱,耐寒,不耐阴	观叶
8	白蝴蝶	多年生,喜光,耐半阴,耐寒	观叶,叶绿白色
9	马蹄金	多年生,喜光,耐寒	观叶,叶近圆形
10	萱草	多年生,适应性强	花期6～7月,花黄色、橘黄色、橘红色、红色
11	玉簪	多年生,阴性,喜湿,忌强光	花期6～7月,花白色
12	蚌花	多年生,耐阴,喜温暖湿润	观叶,叶背紫红色,花期4～5月,花白色
13	小蚌花	多年生,耐阴	观叶,叶背紫红色
14	吊竹梅	多年生,耐阴	观叶,叶面有白带,叶背紫红色
15	花叶荨麻	多年生,耐阴	观叶,叶面有白色斑纹

7. 屋面清理

屋面也称屋盖,是房屋最上部的围护结构,它可以抵抗自然界的雨、雪、风、霜、太阳辐射、气温变化等不利因素的影响,保证建筑内部有一个良好的使用环境。屋面也是房屋顶部的承重结构,它承受屋面自重、风雪荷载以及施工和检修屋面的各种荷载;同时屋面的不同形式还是体现建筑风格的重要手段。屋面通常由四部分组成,即天棚、结构层、附加层和面层。

(1)天棚。是指房间的顶面,又称顶棚。当承重结构采用梁板结构时,可在梁、板底面抹灰,形成抹灰天棚。当装修要求较高时,可做吊顶处理;有些建筑可不设置天棚(如坡屋面)。

(2)结构层。主要用于承受屋面上所有荷载及屋面自重等,并将这些荷载传递给支撑它的墙或柱。

(3)附加层。为满足其他方面的要求,屋面往往还增加相应的附加构造层,如隔气层、找坡层、保温(或隔热)层、找平层、隔离层等。

(4)面层。面层暴露在外面,直接受自然界(风、雨、雪、日晒和空气中有害介质)的侵蚀和人为(上人和维修)的冲击与摩擦。因此,面层的材料和做法要求具有一定的抗渗性能、抗摩擦性能和承载能力。

屋面施工前应对屋面进行清理,将表面浮浆杂物进行彻底清理,保证干燥无积水。

8. 种植土回(换)填

种植土宜选用土质疏松的地表土,土壤透水性好,土中不能有建筑垃圾、草根,土中的石块含量小于 10%,泥岩石块直径小于 15cm、砂岩小于 10cm。种植土的厚度控制在 60cm,种植土回填完成后的标高与设计图标高的误差应控制在±10cm 以内。

(1)回填土质要求。即土壤的性质,一般分为黏土、砾土、砂土三大类。

(2)弃土运距。是指从拟挖的地方运到倾倒地方的距离。

(3)取土运距。是指从需要填土的处所运到取土场之间的距离。

9. 整理绿化用地

园林绿化所用的土地,都要通过征用、征购或内部调剂来解决,特别是大型综合性公园,征地工作就是园林绿化工程开始之前最重要的事情。不论采取什么方式获得土地,都要做好征地后的拆迁安置、退耕还林和工程建设宣传工作。土地一经征用,就应尽快设置围墙、篱栅或临时性的围护设施,把施工现场保护起来。根据园林规划和园林种植设计的安排,在进行绿化施工之前,绿化用地上所有建筑垃圾和杂物都要清除干净。已经确定的绿化用地范围,施工中最好不要临时挪作他用,特别是不要作为建筑施工的备料、配料场地使用,以免破坏土质。若作为临时性的堆放场地,也要求堆放物对土质无不利影响。若土质已遭碱化或其他污染,应清除恶土,置换肥沃客土,别无选择。

注意:平整绿化用地是指垂直方向处理厚度在 30cm 以内的就地挖填找平。

10. 绿地起坡造型

绿地起坡造型适用于松(抛)填。

11. 屋顶花园基底处理

在屋顶上面进行绿化,要严格按照设计的植物种类、规格和对栽培基质的要求进行施工。

屋顶花园基底在施工前,对屋顶要进行清理,平整顶面,有龟裂或凹凸不平之处应修补平整,有条件者可抹一层水泥砂浆。若原屋顶为预制空心板,应先在其上铺三层沥青,两层油毡做隔水层,以防渗漏。屋顶花园绿化种植区构造层由上至下分别由植被层、基质层、隔离过滤层、排(蓄)水层、隔根层、分离滑动层等组成。

(三)绿地整理工程工程量计算

1. 工程量计算规则

(1)砍伐乔木、挖树根(蔸)、砍挖竹及根:按数量计算。

(2)砍挖灌木丛及根:

　　1)以株计量,按数量计算;

　　2)以平方米计算,按面积计算。

　　(3)砍挖芦苇(或其他水生植物及根)、清除草皮、清除地被植物:按面积计算。

　　(4)屋面清理:按设计图示尺寸以面积计算。

　　(5)种植土回(换)填。

　　1)以立方米计量,按设计图示回填面积乘以回填厚度以体积计算;

　　2)以株计量,按设计图示数量计算。

　　(6)整理绿化用地:按设计图示尺寸以面积计算。

　　(7)绿地起坡造型:按设计图示尺寸以体积计算。

　　(8)屋顶花园基底处理:按设计图示尺寸以面积计算。

2. 工程量计算实例

　　【例 4-1】　如图 4-1 所示,某住宅小区内有一绿地包括树、树根、灌木丛、竹根、芦苇根、草皮的清理,试计算其工程量。

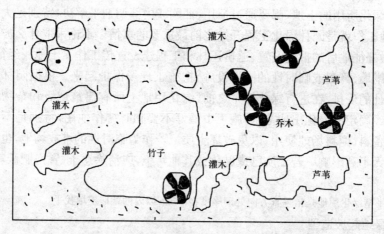

图 4-1　某住宅小区绿地整理局部示意图

注:1. 芦苇面积约 17m²;

2. 草皮面积约 85m²。

　　【解】　工程量计算结果见表 4-10。

表 4-10　　　　　　　　　　　　工程量计算表

序号	项目编码	项目名称	工程量合计	计量单位
1	050101001001	砍伐乔木	5	株
2	050101003001	砍挖灌木丛	4	株
3	050101004001	砍挖竹及根	1	株
4	050101005001	砍挖芦苇	17	m²
5	050101006001	清除草皮	85	m²

【例 4-2】　图 4-2 所示为形状不规则的绿化用地,各尺寸在图中已标出,试计算其工程量(二类土)。

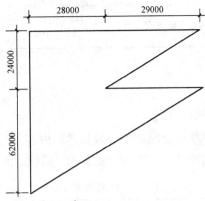

图 4-2　形状不规则绿化用地示意图

注:整理厚度 $t=20$ cm。

【解】　工程量计算结果见表 4-11。

表 4-11　　　　　　　　　　　　　　工程量计算表

项目编码	项目名称	计算式	工程量合计	计量单位
050101010001	整理绿化用地	$S=(62+24)\times(28+29)-\dfrac{1}{2}\times24\times29-\dfrac{1}{2}\times62\times(28+29)$	2787.00	m²

【例 4-3】　如图 4-3 所示为某屋顶花园,试计算屋顶花园基底处理工程量(找平层厚 150mm,防水层厚 140mm,过滤层厚 40mm,需填轻质土壤厚 150mm)。

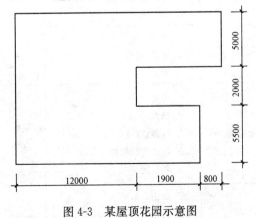

图 4-3　某屋顶花园示意图

【解】　工程量计算结果见表 4-12。

表 4-12　　　　　　　　　　　　**工程量计算表**

项目编码	项目名称	计算式	工程量合计	计量单位
050101012001	屋顶花园基底处理	$S=(12+1.9+0.8)\times5+12\times2+(12+1.9)\times5.5$	173.95	m²

三、栽植花木

(一)栽植花木清单项目设置

栽植花木工程量清单项目设置、项目特征描述的内容、计量单位、工作内容应按《园林绿化工程工程量计算规范》(GB 50858—2013)中 A.2 的规定执行,内容详见表 4-13。

表 4-13　　　　　　　　　　　　**栽植花木**

项目编码	项目名称	项目特征	计量单位	工作内容
050102001	栽植乔木	1. 种类 2. 胸径或干径 3. 株高、冠径 4. 起挖方式 5. 养护期	株	
050102002	栽植灌木	1. 种类 2. 根盘直径 3. 冠丛高 4. 蓬径 5. 起挖方式 6. 养护期	1. 株 2. m²	
050102003	栽植竹类	1. 竹种类 2. 竹胸径或根盘丛径 3. 养护期	株(丛)	1. 起挖 2. 运输 3. 栽植 4. 养护
050102004	栽植棕榈类	1. 种类 2. 株高、地径 3. 养护期	株	
050102005	栽植绿篱	1. 种类 2. 篱高 3. 行数、蓬径 4. 单位面积株数 5. 养护期	1. m 2. m²	
050102006	栽植攀缘植物	1. 植物种类 2. 地径 3. 单位长度株数 4. 养护期	1. 株 2. m	

续表

项目编码	项目名称	项目特征	计量单位	工作内容
050102007	栽植色带	1. 苗木、花卉种类 2. 株高或蓬径 3. 单位面积株数 4. 养护期	m²	
050102008	栽植花卉	1. 花卉种类 2. 株高或蓬径 3. 单位面积株数 4. 养护期	1. 株 （丛、缸） 2. m²	1. 起挖 2. 运输 3. 栽植 4. 养护
050102009	栽植水生植物	1. 植物种类 2. 株高或蓬径或芽数/株 3. 单位面积株数 4. 养护期	1. 丛 （缸） 2. m²	
050102010	垂直墙体绿化种植	1. 种植种类 2. 生长年数或地(干)径 3. 栽植容器材质、规格 4. 栽植基质种类、厚度 5. 养护期	1. m² 2. m	1. 起挖 2. 运输 3. 栽植容器安装 4. 栽植 5. 养护
050102011	花卉立体布置	1. 草木花卉种类 2. 高度或蓬径 3. 单位面积株数 4. 种植形式 5. 养护期	1. 单体 （处） 2. m²	1. 起挖 2. 运输 3. 栽植 4. 养护
050102012	铺种草皮	1. 草皮种类 2. 铺种方式 3. 养护期	m²	1. 起挖 2. 运输 3. 铺底沙(土) 4. 栽植 5. 养护
050102013	喷播植草(灌木)籽	1. 基层材料种类规格 2. 草(灌木)籽种类 3. 养护期		1. 基层处理 2. 坡地细整 3. 喷播 4. 覆盖 5. 养护

续表

项目编码	项目名称	项目特征	计量单位	工作内容
050102014	植草砖内植草	1. 草坪种类 2. 养护期	m²	1. 起挖 2. 运输 3. 覆土(砂) 4. 铺设 5. 养护
050102015	挂网	1. 种类 2. 规格		1. 制作 2. 运输 3. 安放
050102016	箱/钵栽植	1. 箱/钵体材料品种 2. 箱/钵外形尺寸 3. 栽植植物种类、规格 4. 土质要求 5. 防护材料种类 6. 养护期	个	1. 制作 2. 运输 3. 安放 4. 栽植 5. 养护

(二)栽植花木清单项目特征描述

1. 栽植乔木

将苗木的土球或根蔸放入种植穴内,使其居中,再将树干立起,扶正,使其保持垂直,然后分层回填种植土,填土后将树根稍向上提一提,使根群舒展开,每填一层土就要用锄把将土插紧实,直到填满穴坑,并使土面能够盖满树木的根茎部位,初步栽好后还应检查一下树干是否仍保持垂直,树冠有无偏斜,若有偏斜,就要再加扶正。最后,把余下的穴土绕根一周进行培土,做成环形的拦水围堰,其围堰的直径应略大于植穴的直径。堰土要拍压紧实,不能松散。

栽植穴、槽的质量,对植株以后的生长有很大的影响。除按设计确定位置外,应根据根系或土球大小、土质情况来确定坑(穴)径大小(一般应比规定的根系或土球直径大20～30cm);根据树种根系类别,确定坑(穴)的深浅。坑(穴)或沟槽口径应上下一致,以免植树时根系不能舒展或填土不实。栽植穴、槽的规格,可参见表 4-14和表 4-15。

表 4-14　　　　　　　　　常绿乔木类种植穴规格　　　　　　　　　　cm

树　　高	土球直径	种植穴深度	种植穴直径
150	40～50	50～60	80～90
150～250	70～80	80～90	100～110
250～400	80～100	90～110	120～130
400 以上	140 以上	120 以上	180 以上

表 4-15　　　　　　　　　　　　　落叶乔木类种植穴规格　　　　　　　　　　　　　　cm

胸　径	种植穴深度	种植穴直径	胸　径	种植穴深度	种植穴直径
2～3	30～40	40～60	5～6	60～70	80～90
3～4	40～50	60～70	6～8	70～80	90～100
4～5	50～60	70～80	8～10	80～90	100～110

(1)乔木种类。乔木根据其形态特征及计量的标准区分为：按苗高计量的有法桐树、栾树、合欢树等；按冠径计量的有丁香、金银木等。

(2)胸径。为地表面向上 1.2m 高处树干直径。

(3)干径。为地表面向上 0.3m 高处树干直径。

(4)冠径。又称冠幅，应为苗木冠丛垂直投影面的最大直径和最小直径之间的平均值。

(5)株高。为地表面至树顶端的高度。

(6)养护期。为招标文件中要求苗木种植结束后承包人负责养护的时间。

2. 栽植灌木

灌木是树形较为矮小，无明显主干，从根茎部位分枝成丛的木本植物。灌木分为常绿灌木和落叶灌木两大类。常绿灌木如杜鹃、夹竹桃、栀子等；落叶灌木如牡丹、榆叶梅、贴梗海棠等。

(1)根盘直径。为根盘的最大幅度和最小幅度之间的平均直径。

(2)冠丛高。为地表面至乔(灌)木顶端的高度。

(3)蓬径。为灌木、灌丛垂直投影面的直径。

(3)养护期。为招标文件中要求苗木种植结束后承包人负责养护的时间。

3. 栽植竹类

竹类植物属于禾本科竹亚科，是一类再生性很强的植物。用地下茎(竹鞭)分株繁殖，靠竹笋长成新竹，成林速度快，成林后竹林寿命长，可在百年甚至数百年不断调整竹株，以确保新竹青翠强壮。园林配置时对其密度、粗度、高度均可人工控制。竹类是体现我国园林特色的常用树种，也是现代园林常用的优良素材。

(1)竹的种类。竹的种类很多，栽培品种有 500 余种，大多可供庭院观赏，著名的有楠竹、凤尾竹、小琴丝竹、佛肚竹、大佛肚竹、寒竹、湘妃竹、毛竹、紫竹、淡竹、刚竹、苦竹、金竹、罗汉竹等。竹类除观赏外，还是优良的建筑材料。

(2)竹胸径。为地表面向上 1.2m 高处竹干直径。

4. 栽植棕榈类

棕榈类植物为常绿乔木、灌木或藤本。多直立单干，不分枝，并具坚挺大叶聚生于顶，掌状或羽状分裂，多具长柄，叶柄基部常扩大成一纤维状鞘，小而多，两性或单性，雌雄同株或异株，密生于叶丛或叶鞘束下方的肉穗花序，常为大型佛焰苞所包被。浆果、核果或坚果，外果皮常呈纤维状。

棕榈类植物大多喜高温、高湿的热带、亚热带环境,但不同种类的耐寒性、耐旱性有差异。如油棕原产热带非洲,要求年平均温度 24～28℃、年降水量 2000mm 以上的气候条件,不耐霜雪和干旱;而棕榈则能耐－7.1℃低温,且有一定耐旱性。土壤以湿润、肥沃而良好的酸性至中性壤土为宜。多数种类较耐荫。根浅,畏强风,但椰子为深根性,可抗强风。大多为长寿树种,但有些种类如贝叶棕开花结果后植株即死亡。

(1)棕榈特征。树干圆柱形,高可达 10m,干径可达 24cm。叶簇竖于干顶,近似圆形,径宽50～70cm。掌状裂深达中下部,叶柄长 40～100cm,两侧细齿明显。雌雄异株,圆锥状肉穗花絮腋生,花小而黄色。核果呈肾状球形,径约 1cm,蓝黑色,被白粉。花期 4～5 月,10～11 月果熟。

(2)株高。为树顶端距地坪高度。

(3)地径。为地表面向上 0.1m 高处树干直径。

(4)养护期。为招标文件要求苗木种植结束后承包人负责养护的时间。

5. 栽植绿篱

绿篱又称篱垣、植篱或树篱,其功能与作用是划分范围和防护,或用来分隔空间和作为屏障以及美化环境等。

(1)种类。

1)按高度分为高篱(1.2m 以上)、中篱(1～1.2m)和矮篱(0.4m 左右)。

2)按树种习性分为常绿绿篱和落叶绿篱。

3)按形式分为自然式和规则式。

4)按功能和观赏要求不同分为以下几种:

①常绿篱。由常绿树木组成,为园林中最常用的绿篱。主要树种有圆柏、杜松、侧柏、红豆杉、罗汉松、大叶黄杨、女贞、海桐、冬青、锦熟黄杨、雀舌黄杨、珊瑚树、蚊母树、柊树等。

②花篱。由观花树木组成,为园林中比较精美的绿篱。主要树种有桂花、栀子花、米兰、六月雪、宝巾、凌霄、迎春、溲疏、锦带花、木槿、郁李、欧李、黄刺玫、珍珠花、日本线菊等。

③彩叶篱。由红叶或斑叶的观赏树木组成。主要树种有红桑、紫叶小檗、黄斑叶珊瑚、金叶侧柏、金边女贞、白斑叶刺檗、银边刺檗、金边刺檗、白斑叶溲疏、黄斑叶溲疏、彩叶锦带花、银边胡颓子、各种斑叶黄杨及各种斑叶大叶黄杨等。

④观果篱。由观果树种组成的绿篱。主要树种有山里红、金银思冬、小檗、枸骨、火棘等。

⑤刺篱。由带刺的植物组成的具有防护性的绿篱。主要树种有枸骨、小檗、黄刺玫、蔷薇等。

⑥蔓篱。在园林中若要迅速起到防护或区别空间的作用,可用竹笆、木栅、铝网做围墙,再栽植攀缘植物攀附于围墙之上而形成绿篱。主要树种有紫藤、凌霄、木香、地锦、蔷薇、牵牛花、葫芦、何首乌、猕猴桃、金银花、南蛇藤、北五味子、蔓生月季、爬蔓卫矛等。

（2）篱高。为地表面至绿篱顶端的高度。

（3）行数。绿篱的种植密度是根据使用目的、不同树种、苗木规格、绿篱形式、种植地宽度而定。高篱行距100～150cm，中篱行距70cm，矮篱行距20～40cm。

（4）蓬径。指绿篱枝叶所围成的圆的直径。

（5）养护期。为招标文件要求苗木种植结束后承包人负责养护的时间。

6. 栽植攀缘植物

能缠绕或依靠附属器官攀附他物向上生长的植物为攀缘植物。如牵牛、菜豆、菟丝子的茎有缠绕性，葡萄茎有卷须、蔷薇茎上有钩状刺等。攀缘植物自身不能直立生长，需要依附他物。由于适应环境而长期演化，形成了不同的攀缘习性，攀缘能力各不相同，因而有着不同的园林用途。通过对攀缘习性的研究，可以更好地为不同的垂直绿化方式选择适宜的植物材料。据研究，攀缘植物主要依靠自身缠绕或具有特殊的器官而攀缘。有些植物具有两种以上的攀缘方式，称为复式攀缘。如倒地铃既能卷须又能自身缠绕他物。

（1）植物种类。攀缘植物按茎的质地可分为木本（藤木）和草木（蔓草）两大类。按攀缘习性又可分为缠绕类、吸附类、卷须及攀靠类四大类。

1）缠绕类。不具有特殊的攀缘器官，而是依靠植株本身的主茎缠绕在其他植物或物体上，这种茎称为缠绕茎。其缠绕方向，有向右旋的，如薯蓣、啤酒花、葎草等；也有向左旋的，如紫藤、扁豆、牵牛花等；还有左右旋的，缠绕方向不断变化，没有规律，如何首乌。

2）吸附类。由节上生出的许多能分泌胶状物质的气生不定根吸附在其他物体上来支撑自由向上生长。如常青藤、凌霄等。

3）卷须类。借助卷须、叶柄等卷攀他物而使植株向上生长。卷须多由腋生茎、叶生或气生根变态而成，长而卷轴，单条或分叉。

4）攀靠类。植株借助于藤蔓上的钩刺攀附，或以蔓条架靠他物向上生长。

（2）地径。为地表面向上0.1m高处的树干直径。

（3）养护期。为招标文件要求苗木种植结束后承包人负责养护的时间

7. 栽植色带

色带是指由苗木栽成带状，并配置有序，具有一定的观赏价值。色带苗木包括花卉及常绿植物。

栽植色带时，一般选用3～5年生的大苗造林，只有在人迹较少，且又容许造林周期拖长的地方，造林材可选用1～2年生小苗或营养杯幼苗。栽植时，按白灰点标记的种植点挖穴、栽苗、填土、插实、做围堰、灌水。栽植完毕后，最好在色带的一侧设立临时性的护栏，组织行人横穿色带，保护新栽的树苗。

苗木就是在苗圃中培养出一定规格的用于栽植的幼小苗。苗木有土球苗木和木箱苗木两种。

（1）土球苗木。一般常绿树、名贵树种和较大的花灌木常采用带土球掘苗，这类苗

木就称为土球苗木。土球的大小,因苗木大小、根系分布情况、树种成活难易、土壤质地等条件而异。

一般土球应包括大部分根系在内,灌木的土球大小以其冠幅的 1/4~1/2 为标准,在包装运输过程中应进行单株包装。

(2)木箱苗木。放在木制箱中贮藏运输规格较小的树体和需要保护的裸树苗木,叫做木箱苗木。

8. 栽植花卉

从花圃挖起花苗之前,应先灌水浸湿圃地,起苗时根土才不易松散。同种花苗的大小、高矮应尽量保持一致,过于弱小或过于高大的都不宜选用。花卉栽植时间在春、秋、冬三季基本没有限制,但夏季的栽种时间最好在上午 11 时之前和下午 4 时以后,要避开太阳暴晒。

花苗运到后,应及时栽种,不要放置很久才栽。栽植花苗时,一般的花坛都从中央开始栽,栽完中部图案纹样后,再向边缘部分扩展栽下去。在单面观赏花坛中栽植时,则要从后边栽起,逐步栽到前边。宿根花卉与一、二年生花卉混植时,应先种植宿根花卉,后种植一、二年生花卉,大型花坛宜分区、分块种植。若是模纹花坛和标题式花坛,则应先栽模纹、图线、字形,后栽底面的植物。在栽植同一模纹的花卉时,若植株稍有高矮不齐,应以矮植株为准,对较高的植株则栽得深一些,以保持顶面整齐。

花苗的株行距应随植株大小高低而确定,以成苗后不露出地面为宜。植株小的,株行距可为 15cm×15cm;植株中等大小的,可为 20cm×20cm 至 40cm×40cm;对较大的植株,则可采用 50cm×50cm 的株行距。五色苋及草皮类植物是覆盖型的草类,可不考虑株行距,密集铺种即可。

栽植的深度,对花苗的生长发育有很大的影响,栽植过深,花苗根系生长不良,甚至会腐烂死亡;栽植过浅,则不耐干旱,而且容易倒伏,栽植深度以所埋之土刚好与根茎处相齐为最好。球根类花卉的栽植深度,应更加严格掌握,一般覆土厚度应为球根高度的 1~2 倍。栽植完成后,要立即浇一次透水,使花苗根系与土壤密切接合,并应保持植株清洁。

栽植花卉根据其生态、习性分为草本花卉、水生花卉和岩生花卉三大类。

(1)草本花卉。花卉的茎、木质部不发达,支持力较弱,称草质茎。具有草质茎的花卉,叫做草本花卉。草本花卉中,按其生长发育周期长短不同,又可分为一年生、二年生和多年生三类。

1)一年生草本花卉。生活期在一年以内,来年播种,当年开花、结实,当年死亡,如一串红、刺茄、半支莲(细叶马齿苋)等。

2)二年生草本花卉。生活期跨越两个年份,一般是在秋季播种,到第二年春夏开花、结实直至死亡,如金鱼草、金盏花、三色堇等。

3)多年生草本花卉。生长期在二年以上,它们的共同特征是都有永久性的地下部分(地下根、地下茎),常年不死。但它们的地上部分(茎、叶)却存在着两种类型:有的地上部分能保持终年常绿,如文竹、四季海棠、虎皮掌等;有的地上部分,是每年春季从地下根际萌生新芽,长成植株,到冬季枯死,如美人蕉、大丽花、鸢尾、玉簪、晚香玉等。

多年生草本花卉,由于它们的地下部分始终保持着生长能力,所以又概称为宿根类花卉。

(2)水生花卉。在水中或沼泽地生长的花卉,如睡莲、荷花等。

(3)岩生花卉。指耐旱性强,适合在岩石园栽培的花卉。

9. 栽植水生植物

水生植物是指那些能够长期在水中正常生活的植物。它们常年生活在水中,形成了一套适应水生环境的习性。它们的叶子柔软而透明,有的形成丝状(如金鱼藻)。丝状叶可以大大增加与水的接触面积,使叶子能最大限度地得到水里很少能得到的光照和吸收水里溶解得很少的二氧化碳,保证光合作用的进行。

水生植物的种类有以下几种:

(1)浅水植物。生长于水深不超过 0.5m 的浅沼地上,如菖蒲、石菖蒲、泽泻、慈姑、水葱、香蒲、旱伞草等。

(2)挺水植物。一般在水深 0.5～1.5m 左右条件下生长。荷花、王莲及莼菜是其代表。

(3)沉水植物。沉水型水生植物根茎生于泥中,整个植株沉入水中,具有发达的通气组织,利于进行沉水植物气体交换。叶多为狭长或丝状,能吸收水中部分养分,在水下弱光的条件下也能正常生长发育。对水质有一定的要求,因为水质浑浊会影响其光合作用。花小,花期短,以观叶为主。

沉水植物有轮叶黑藻、金鱼藻、马来眼子菜、苦草、菹草等。

(4)漂浮植物。漂浮型水生植物种类较少,这类植株的根不生于泥中,株体漂浮于水面之上,漂浮植物随水流、风浪四处漂泊,多数以观叶为主,为池水提供装饰和绿荫。

(5)浮水植物。其根部悬浮于水中,或者生于水底,只有叶与花漂浮于水面上。如田子草、青萍、水萍、布袋莲等。

10. 垂直墙体绿化种植

垂直墙体绿化种植是指以建筑物、土木构筑物等的垂直或接近垂直的立面(如室外墙面、柱面、架面等)为载体的一种建筑空间绿化形式。

植物种类有以下几种:

(1)吸附攀爬型绿化。即将爬山虎、常春藤、薜荔、地锦类、凌霄类、钓种草等吸附型藤蔓植物栽植在墙面的附近,让藤蔓植物直接吸附满足攀爬的绿化。

(2)缠绕攀爬型绿化。在墙面的前面安装网状物、格栅或设置混凝土花器,栽植如木通、南蛇藤、络石、紫藤、金银花、凌霄类等缠绕型藤蔓植物的绿化。

(3)下垂型绿化。即在墙面的顶部安装种植容器(如花池),种植枝蔓伸长力较强的藤蔓植物,如常春藤、牵牛、地锦、凌霄、扶芳藤等,让枝蔓下垂的绿化。

(4)攀爬下垂并用型绿化。即在墙面的顶端和附近栽种藤蔓植物,从上方让须根下垂的同时,也从下方让根须攀爬的绿化。

（5）树墙型绿化。即将灌木，如法国冬青等，栽植在墙体前面，使树横向生长，呈篱笆装贴附墙面遮掩墙体。即使没有空间也能进行绿化，所以特别适合土地狭小地区。

（6）骨架＋花盆绿化。通常，先紧贴墙面或离开墙面 5～10cm 搭建平行于墙面的骨架，铺以滴管或喷灌系统，再将事先绿化好的花盆嵌入骨架空格中，其优点是对地面或山崖植物均可以选用，自动浇灌，更换植物方便，适用于临时植物花卉布景。不足是需在墙外加骨架，宽度大于 20cm，增大体量可能影响表观。因为骨架须固定在墙体上，在固定点处容易产生漏水隐患、骨架锈蚀等，影响绿化系统整体使用寿命，滴管容易被堵失灵而导致植物缺水死亡。

（7）模块化墙体绿化。其建造工艺与骨架＋花盆绿化相同，但改善之处是花盆变成了方块形、菱形等几何模块。

（8）铺贴式墙体绿化。将平面浇灌系统、墙体种植袋附合在一层 1.5mm 厚的高强度防水膜上，形成一个墙面种植平面系统，在现场直接将该系统固定在墙面上。

11. 花卉立体布置

花卉立体布置中所指的"花卉"并不是专指观花植物，而是指花卉的广义概念中所包括的观花、观果、观形的植物，可以是草本，也可以是乔灌木。而"立体装饰"则指其是平面绿化向三维空间的延伸与拓展，带有空间艺术造型的美化功能，讲究色彩、质地、结构配合的艺术原则，是一种三维的环境绿化艺术形式。

（1）草本花卉种类：有春兰、香堇、慈菇花、风信子、郁金香、紫罗兰、金鱼草、长春菊、瓜叶菊、香豌豆、夏兰、石竹、石蒜、荷花、翠菊、睡莲、芍药、福禄考、晚香玉、万寿菊、千日红、建兰、铃兰、报岁兰、香堇、大岩桐、水仙、小草兰、瓜叶菊、蒲包花、免子花、入腊红、三色堇、百日草、鸡冠花、一串红、孔雀草、大波斯菊、金盏菊、非洲凤仙花、菊花、非洲菊、观赏凤梨类、射干、非洲紫罗兰、天堂鸟、炮竹红、菊花、康乃馨、花烛、满天星、星辰花、三角梅等。

（2）种植形式：常见的种植形式有吊篮、立体花坛、花钵、垂直绿化等。

12. 铺种草皮

草皮是指把草坪平铲为板状或剥离成不同大小、各种形状并附带一定量的土壤，以营养繁殖方式快速建造草坪和草坪造型的原材料。它最大的特点是可移植性。草皮应用于某一场所并按一定的外观形态被固定下来后，它就被称为草坪。草皮是草坪的前期产品，并且草皮是专门用于快速植草的商品性草坪。生产草皮时就以盈利为目的，草坪则是一个具有特定功能的有机整体。

（1）铺草皮法。选择人工培育的生长势强、密度高的草皮，通过人工或机械先将草皮切成平行条状，然后按需要横切成块再铲起。草块的厚度为 3～5cm，大小根据运输方法及操作是否方便而定。这种方法形成草坪快，铺植后灌水滚压即成，且栽后管理容易，一年中除严寒酷暑的月份均可进行，不足之处是需要有大量优质草源，运输和铺植的成本较高。

（2）铺种方式。铺种草坪，分为草茎撒播法、分栽法、铺设法等铺种方法。

1）草茎撒播法。包括播茎法、匍匐枝及根茎播法、匍匐茎撒插繁殖法、匍匐茎撒播式蔓植、匍匐茎植法。凡易发生匍匐茎的草坪,如狗牙根、地毯草、细叶结缕草、匍匐剪股颖等均可用此法。此法是将草茎掘起,抖落根部附土或用水冲洗,将匍匐嫩枝及草茎切成 3～5cm 长的小段,每段均有节。将茎小段均匀撒布在整平耙细的土壤上,然后覆细土约 1cm 厚,稍事按压,立即喷水。以后每日早晚各喷水一次,待生根后逐渐减少喷水次数,一般需连续养护 30～45d。播茎可在春季草种发芽时,但常于 8 月进行。因春播茎要三个月,而秋播则两个月即可长成覆盖地面。播茎法的优点是可得到纯一草种,获纯色均匀草皮。

2）分栽法。此法多用于丛生、分蘖性较强的草类,如细叶结缕草、莎草、苔草等一些种植中。将草皮掘起后,仔细松开株丛,太长的切断,按一定距离穴栽或条栽均可。如细叶结缕草分栽时,可以 30～40cm 距离条植。每 1cm^2 种草可分植 30～50m^2。栽后予以镇压,充分灌水,以后要注意勿使土壤干燥并加强管理。栽植后的草地,两年后即可覆盖土面。如欲快速地形成草皮,则应缩短条间距离。

3）铺设法。用此种铺种方式,是形成草坪最快的方法。按照疏密不同,又分为以下几种形式:

①无缝铺栽。即用草皮将地面全部铺满。切取草皮成长条,宽 25～35cm,厚 4～5cm,不宜过厚,以免太重,铺植时也不方便,可在切草皮时放置一定宽度的木板于草皮上,然后沿木板边缘用草铲切取。切时要二人合作进行,先由一人切取并将草皮自下面铲起,另一人则将草皮卷起。草皮长度不宜超过 2m,否则过重不易握持。也有时为了方便工作切成方块。铺植草皮时,应使草块接缝处留有 1～2cm 的距离相互错缝。草面上用 500～1000kg 左右重的滚筒压紧、压平,使草面与四周土面相平,这样草皮与土壤密接,免受干旱,且草皮易生长。在铺设草皮之前和铺植之后均应充分浇水。如草面有较低处,可覆盖松土使其平整,日后草种仍可穿出土面。凡匍匐茎发达的草种,如狗牙根、细叶结缕草等,在铺植时可先将草皮松成网状,然后覆土压紧,也能在短期内形成草坪。

②有缝铺栽。各草块之间相互留有宽度为 4～6cm 的缝,此法所需草块面积约为草坪总面积的 70%。

③方格形花纹铺栽。将草块相间排列,形似梅花。这种方法虽建成草坪较慢,但草皮的铺植面积为总面积的 50%;若采取铺砖式,则铺植面积只占总面积的 1/3。

④条铺法。将草皮切成 6～12cm 宽的长条,以行距 20～30cm 距离铺植。这样条铺的草皮经半年后可全部密接。

⑤点铺法。将草皮切成长宽均为 6～12cm 的方块,以行距 20～30cm 距离铺植。在铺植时要按草块厚度挖低铺植草块处,使草块与土面平整。铺设后即镇压,随后浇水。

13. 喷播植草（灌木）籽

喷播种草的喷播技术是结合喷播和免灌两种技术而成的新型绿化方法,是将绿化用草籽与保水剂、胶粘剂、绿色纤维覆盖物及肥料等,在搅拌容器中与水混合成胶状的混合浆液,用压力泵将其喷播于待播土地上,适合于大面积的绿化作业,尤其是较为干旱缺少浇灌设施的地区,与传统机械作业相比,其效率高、成本低、对播种环境要求低,由于使用材料均为环保材料,因此,可确保安全无污染。

14. 植草砖内植草

植草砖是指用于专门铺设在城市人行道路及停车场、具有植草孔能够绿化路面及地面工程的砖和空心砌块等,其表面可以是有面层(料)或无面层(料)的本色或彩色。

植草砖作为一种新型的路面材料,在部分住宅区内的次要宅前小道点缀与应用,既增加了宅地泛绿和人们居家小型车辆的停泊空间,又满足了城市宅基地集约化的基本要求,是合理降低商品房成本的基础因素之一,因此,是房地产界广泛使用的路面块材,且有向城市公园等休闲场地、临时“绿色”停车场的路面材料推广的趋向。

15. 挂网

公路、桥梁的建设,形成很多裸露的岩石坡面,既破坏了植被,有损生态景观,又容易造成水土流失。坡面挂网喷混植草是在风化岩质坡面上营造一层既能让植物生长发育的种植基质又耐冲刷的多孔稳定结构,可增加边坡的整体稳定、美观。

16. 箱/钵栽植

目前,不少庭园可直接种植的土地面积不大,为增加绿量,可用箱/钵栽培的植物来补充。特别是有些冬季易冻或夏季怕热的植物,采用箱/钵栽培后移动灵活,可躲避不良的环境。

栽植植物种类:庭园箱/钵栽植花木品种繁多,一般有乔木、灌木、草本、藤本和水生植物等几大类。配置植物前应了解花园朝向、风向、光线等,然后根据植物本身喜阳喜阴、喜干喜湿、喜酸喜碱等做出正确选择。

(三)栽植花木工程工程量计算

1. 工程量计算规则

(1)栽植乔木:按设计图示数量计算。

(2)栽植灌木:

1)以株计量,按设计图示数量计算。

2)以平方米计量,按设计图示尺寸以绿化水平投影面积计算。

(3)栽植竹类、栽植棕榈类:按设计图示数量计算。

(4)栽植绿篱:

1)以米计量,按设计图示长度以延长米计算。

2)以平方米计量,按设计图示尺寸以绿化水平投影面积计算。

(5)栽植攀缘植物:

1)以株计量,按设计图示数量计算。

2)以米计量,按设计图示种植长度以延长米计算。

(6)栽植色带:按设计图示尺寸以绿化水平投影面积计算。

(7)栽植花卉、栽植水生植物:

1)以株(丛、缸)计量,按设计图示数量计算。

2)以平方米计量,按设计图示尺寸以水平投影面积计算。

(8)垂直墙体绿化种植:

1)以平方米计量,按图示尺寸以绿化水平投影面积计算。

2)以米计量,按设计图示种植长度以延长米计算。

(9)花卉立体布置:

1)以单体(处)计量,按设计图示数量计算。

2)以平方米计量,按设计图示尺寸以面积计算。

(10)铺种草皮、喷播植草(灌木)籽、植草砖内植草:按设计图示尺寸以绿化投影面积计算。

(11)挂网:按设计图示尺寸以挂网投影面积计算。

(12)箱/钵栽植:按设计图示箱/钵数量计算。

工程量计算相关说明如下:

(1)苗木移(假)植应按花木栽植相关项目单独编码列项。

(2)土球包裹材料、树体输液保湿及喷洒根剂等费用包含在相应项目内。

(3)墙体绿化浇灌系统按《园林绿化工程工程量计算规范》(GB 50858—2013)中A.3绿地喷灌相关项目单独编码列项。

(4)发包人如有成活率要求时,应在特征描述中加以描述。

2. 工程量计算实例

【例 4-4】 某园林种植绿地如图 4-4 所示,已知人工整理绿地面积为 2400m²,试计算其工程量。

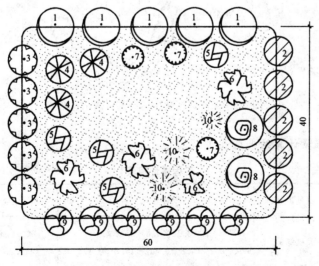

图 4-4 某园林种植绿地示意图

1—法国梧桐;2—香樟;3—广玉兰;4—水杉;5—碧桃;6—棕榈;

7—樱花;8—合欢;9—龙爪槐;10—红枫

【解】 工程量计算结果见表 4-16。

表 4-16　　　　　　　　　　　　　工程量计算表

序号	项目编码	项目名称	工程量合计	计量单位
1	050102001001	栽植乔木:法国梧桐	5	株
2	050102001002	栽植乔木:香樟	5	株
3	050102001003	栽植乔木:广玉兰	5	株
4	050102001005	栽植乔木:水杉	3	株
5	050102002001	栽植乔木:碧桃	4	株
6	050102004001	栽植棕榈类	4	株
7	050102002002	栽植乔木:樱花	3	株
8	050102001004	栽植合欢	2	株
9	050102001006	栽植龙爪槐	6	株
10	050102002003	栽植灌木:红枫	3	株

【例 4-5】 图 4-5 为某小区绿化中的局部绿篱(绿篱为双行,高 50cm,宽 800cm),试计算其工程量。

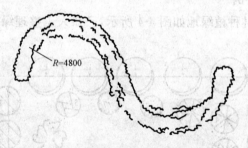

图 4-5　某小区绿化中的局部绿篱示意图

【解】 工程量计算结果见表 4-17。

表 4-17　　　　　　　　　　　　　工程量计算表

项目编码	项目名称	计算式	工程量合计	计量单位
050102005001	栽植绿篱	$L = 3.14 \times 4.8 \times 2 \times 2$ 或 $S = 3.14 \times [(4.8+0.4)^2 - (4.8-0.4)^2] \times 2$	60.29 或 48.23	m 或 m²

【例 4-6】 图 4-6 所示为某园林亭廊里的紫藤共 4 株,试计算其工程量。

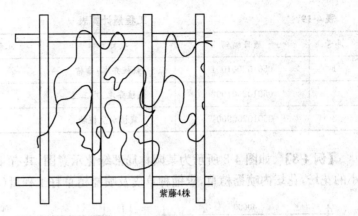

图 4-6　某园林亭廊里的紫藤示意图

【解】　工程量计算结果见表 4-18。

表 4-18　　　　　　　　　　　　　　　工程量计算表

项目编码	项目名称	工程量合计	计量单位
050102006001	栽植攀缘植物:紫藤	4	株

【例 4-7】　图 4-7 所示为某绿地栽植示意图,试计算其工程量。

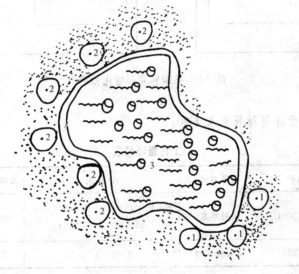

图 4-7　某绿地栽植示意图
1—垂柳;2—广玉兰;3—水生植物
注:垂柳 3 株;广玉兰 6 株;水生植物 100 丛。

【解】　工程量计算结果见表 4-19。

表 4-19   工程量计算表

序号	项目编码	项目名称	工程量合计	计量单位
1	050102001001	栽植乔木：垂柳	3	株
2	050102001002	栽植乔木：广玉兰	6	株
3	050102009001	栽植水生植物	100	丛

【例 4-8】 如图 4-8 所示为某园林局部绿化示意图,共有 4 个入口,有 4 个一样大小的花坛,花坛内喷播植草,求铺种草皮及喷播植草籽工程量(养护期为三年)。

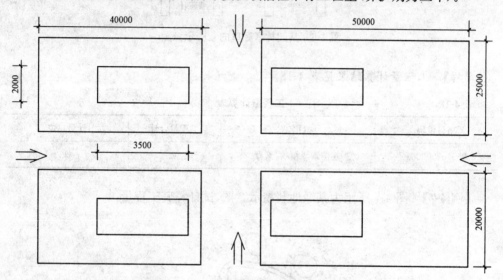

图 4-8 某园林局部绿化示意图

【解】 工程量计算结果见表 4-20。

表 4-20   工程量计算表

序号	项目编码	项目名称	计算式	工程量合计	计量单位
1	050102012001	铺种草皮	$S=40\times25+50\times25+50\times20+40\times20-3.5\times2\times4$	4022.00	m²
2	050102013001	喷播植草籽	$S=2\times3.5\times4$	28.00	m²

四、绿地喷灌

(一)绿地喷灌清单项目设置

绿地喷灌工程量清单项目设置、项目特征描述的内容、计量单位、工作内容应按

《园林绿化工程工程量计算规范》(GB 50858—2013)中 A.3 的规定执行,内容详见表 4-21。

表 4-21　　　　　　　　　　　　　　绿地喷灌

项目编码	项目名称	项目特征	计量单位	工作内容
050103001	喷灌管线安装	1. 管道品种、规格 2. 管件品种、规格 3. 管道固定方式 4. 防护材料种类 5. 油漆品种、刷漆遍数	m	1. 管道铺设 2. 管道固筑 3. 水压试验 4. 刷防护材料、油漆
050103002	喷灌配件安装	1. 管道附件、阀门、喷头品种、规格 2. 管道附件、阀门、喷头固定方式 3. 防护材料种类 4. 油漆品种、刷漆遍数	个	1. 管道附件、阀门、喷头安装 2. 水压试验 3. 刷防护材料、油漆

(二)绿地喷灌清单项目特征描述

1. 喷灌管线安装

喷灌管道布置时,首先对喷灌地进行勘查,根据水源和喷灌地的具体情况,确定主干管的位置,支管一般与干管垂直。

(1)管道品种、规格。管道品种及规格见表 4-22。

表 4-22　　　　　　　　　　　　　管道品种及规格

管道品种	规　格
铸铁管	承压能力强,一般为 1MPa。使用寿命长(30~60 年),管体齐全,加工安全方便
钢管	承压能力强,工作压力 1MPa 以上,韧性好,不易断裂,品种齐全,铺设安装方便,但价格高,易腐蚀,寿命比铸铁管短,约 20 年
硬塑料管	喷灌常用的硬塑料管有聚氯乙烯管、聚乙烯管、聚丙烯管等。承压能力随壁厚和管径不同而不同,一般为 0.4~0.6MPa
钢筋混凝土管	有自应力和预应力两种。可承受 0.4~0.7MPa 的压力,使用寿命较长,节省钢材,运输安装施工方便,输水能力稳定,接头密封性好,使用可靠
铝合金管	承压能力较强,一般为 0.8MPa,韧性好,不易断裂,耐酸性腐蚀,不易生锈,使用寿命长,内壁光滑

（2）管件品种、规格。

管道配件是指在管道系统中起连接、变径、转向和分支等作用的零件，简称管件。不同管道应采用与之相应的管件。

1）钢管管件。包括管箍、弯头、三通、四通、异径管箍、活接头、内外螺纹管接头、外接头等，如图4-9所示。

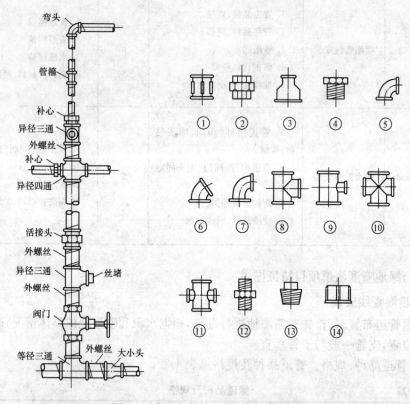

图4-9　常用钢管螺纹连接配件示意图

现将它们的作用分述如下：

①管箍。又称管接头、内螺丝、束结，用于直线连接两根公称直径相同的管道。

②活接头。又称由任，作用与管箍相同，但比管箍装拆方便，用于需要经常装拆或两端已经固定的管路上。

③异径管箍。又称异径管接头、大小头，用来连接两根公称直径不同的直线管道，使管路直径缩小或放大。

④内外螺纹管接头。又称补心，用于直线管路变径处。与异径管箍的不同点在于它的一端是外螺纹，另一端是内螺纹，外螺纹一端通过带有内螺纹的管配件与大管径管子连接，内螺纹一端则直接与小管径管子连接。

⑤90°弯头。又称正弯，用于连接两根公称直径相同的管子，使管路作90°转弯。

⑥45°弯头。又称直弯，用于连接两根公称直径相同的管子，使管路作45°转弯。

⑦异径弯头。又称大小弯,用于连接两根公称直径不同的管道并使管路作 90° 转弯。

⑧等径三通。供由直管中接出垂直支管用,连接的三根管子公称直径相同。

⑨异径三通。包括中小及中大三通,作用与等径三通相似。当支管的公称直径小于直管的公称直径时,用中小三通;若支管的公称直径大于直管的公称直径时,用中大三通。

⑩等径四通。是用来连接四根公称直径相同,并成垂直相交的管道。

⑪异径四通。与等径四通相似,但管道的公称直径有两种,其中相对的两根管道公称直径是相同的。

⑫外接头。又称双头外螺丝、短接,用于连接距离很短的两个公称直径相同的内螺纹管件或阀件。

⑬外放堵头。又称管塞或丝堵,用于堵塞管配件的断头或堵塞管道预留管口。

⑭管帽。用于堵塞管道断头,管帽带有内螺纹。

2)塑料管件。塑料管件按连接方式不同分为粘接式承口管件、弹性密封式承口管件、螺纹接头管件和法兰连接管件等。

3)可锻铸铁管件。可锻铸铁管件有镀锌管件和非镀锌管件两类,如图 4-10 所示。

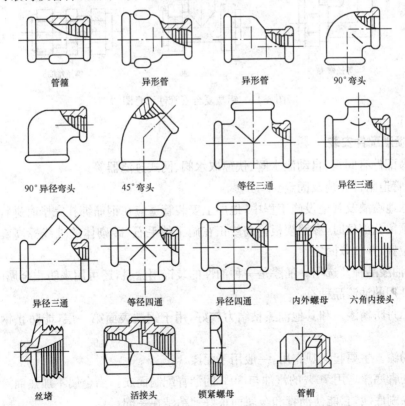

| 管箍 | 异形管 | 异形管 | 90°弯头 |

| 90°异径弯头 | 45°弯头 | 等径三通 | 异径三通 |

| 异径三通 | 等径四通 | 异径四通 | 内外螺母 | 六角内接头 |

| 丝堵 | 活接头 | 锁紧螺母 | 管帽 |

图 4-10　常用可锻铸铁管件示意图

4)铝塑复合管管件。铝塑复合管管件一般用黄铜制造而成,采用卡套式连接。常用铝塑复合管管件如图 4-11 所示。

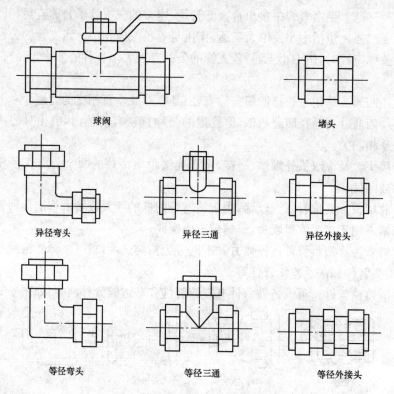

球阀　　　　　　　　　　　　　　　堵头

异径弯头　　　　　异径三通　　　　　异径外接头

等径弯头　　　　　等径三通　　　　　等径外接头

图 4-11　铝塑复合管管件示意图

2. 喷灌配件安装

喷灌配件有阀箱、自动泄水阀、快速取水阀、网式过滤器等。

(1)管道附件安装及固定。

在绿地喷灌及其他设施工程中,地层上安装管道应在钢筋绑扎完毕时进行。工程施工到预留孔部位时,参照模板标高或正在施工的毛石、砖砌体的轴线标高确定孔洞模具的位置,并加以固定。

(2)油漆品种及选用。油漆是一种油性的装饰用涂料,还可用来防止金属的锈蚀。涂刷配件用的油漆品种有:

1)樟丹防锈漆。和其他油漆粘结力较好,用于钢铁表面第一层,能防止钢铁表面生锈。

2)粉漆。主要起美观作用,一般用于面漆。

3)沥青底漆。用70%的汽油与30%的沥青配制而成。当金属不加热而涂刷沥青时应先涂刷底漆,它能使沥青和金属面很好地粘结在一起。

4)沥青黑漆。使用方便,通常用于涂刷阀门等。

(三)绿地喷灌工程工程量计算

1. 工程量计算规则

(1)喷灌管线安装:按设计图示管道中心线长度以延长米计算,不扣除检查(阀门)井、阀门、管件及附件所占的长度。

(2)喷灌配件安装:按设计图示数量计算。

工程量计算规则相关说明如下:

(1)挖填土石方应按现行国家标准《房屋建筑与装饰工程工程量计算规范》(GB 50854)附录 A 相关项目编码列项。

(2)阀门井应按现行国家标准《市政工程工程量计算规范》(GB 50857)相关项目编码列项。

2. 工程量计算实例

【例 4-9】　某小区绿化工程绿地喷灌设施如图 4-12 所示,试计算其工程量。

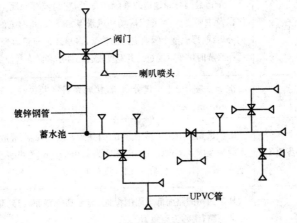

图 4-12　绿地喷灌设施图

注:1. 主管道为镀锌钢管,承压力为 1MPa,管口直径为 26mm。

　　2. 分支管道为 UPVC 管,承压力为 0.5MPa,管口直径为 20mm,管道上装有低压螺旋阀门,直径为 28mm。

　　3. 主管道每根 60mm,管道口装有喇叭口喷头。

【解】　工程量计算结果见表 4-23。

表 4-23　　　　　　　　　　　　　　**工程量计算表**

序号	项目编码	项目名称	工程量合计	计量单位
1	050103001001	喷灌管线安装:DN26 镀锌钢管	52	m
2	050103001002	喷灌管线安装:DN20 UPVC 管	72	m
3	050103002001	喷灌配件安装:阀门	5	个
4	050103002002	喷灌配件安装:喇叭喷头	20	个

第二节　园路、园桥工程

一、园路、园桥工程概述

(一)园路

1. 园路的分类

园路有不同的分类方法,最常见的是根据功能、结构、铺装材料及排水性能分为四类,见表4-24。

表 4-24　　　　　　　　　　　　　　　园路的分类

分类方法	园路类型	功能及特点
根据功能分类	主干道	主干道是园林绿地道路系统的骨干,它与园林绿地主要出入口、各功能分区以及主要建筑物、重点广场和风景点相联系,是游览的主线路,也是各分区的分界线,形成整个绿地道路的骨架,多呈环形布置,它不仅可供行人通行,也可在必要时供车辆通过。其宽度视公园性质和游人量而定,一般为3.5～6.0m
	次干道	次干道是指由主干道分出,直接联系各区及风景点的道路。一般宽度为2.0～3.5m
	游步道	游步道是指由次干道上分出,引导游人深入景点、寻胜探幽,能够伸入并融入绿地及幽景的道路。一般宽度为1.0～2.0m,有些游览小路宽度甚至会小于1.0m,具体因地、因景、因人流多少而定
根据结构类型分类	路堑型	凡是园路的路面低于周围绿地,道牙高于路面,起到阻挡绿地水土作用的一类园路,统称为路堑型
	路堤型	这类园路的路面高于两侧绿地,道牙高于路面,道牙外有路肩,路肩外有明沟和绿地加以过渡
	特殊型	有别于前两种类型且结构形式较多的一类,统称为特殊型,包括步石、汀步、蹬道、攀梯等。这类结构型的道路在现代园林中应用越来越广,但形态变化很大,应用得好,往往能达到意想不到的造景效果
根据铺装材料分类	整体路面	指由水泥混凝土或沥青混凝土整体浇筑而成的路面。这类路面是园林建设中应用最多的一类,具有强度高、结实耐用、整体性好的特点,但不便于维修,且观赏性较差
	块料路面	指用大方砖、石板、各种天然块石或各种预制板铺装而成的路面。这类路面简朴大方、防滑,能够减弱路面反光强度,并能铺装成形态各异的各种图案花纹,同时也便于地下施工时拆补,在现代城镇及绿地中被广泛应用

分类方法	园路类型	功能及特点
根据铺装材料分类	碎料路面	指用各种碎石、瓦片、卵石及其他碎状材料组成的路面。这类路面铺路材料廉价，能铺成各种花纹，一般多用于游步道
	简易路面	指由煤屑、三合土等组成的临时性或过渡路面
根据路面的排水性能分类	透水性路面	透水性路面是指下雨时，雨水能及时通过路面结构渗入地下，或者储存于路面材料的空隙中，减少地面积水的路面。其做法既有直接采用吸水性好的面层材料，也有将不透水的材料干铺在透水性基层上，包括透水混凝土、透水沥青、透水性高分子材料及各种粉粒材料路面、透水草皮路面和人工草皮路面等。这种路面可减轻排水系统负担，保护地下水资源，有利于生态环境，但平整度、耐压性往往存在不足，养护量较大，故主要应用于游步道、停车场、广场等处
	非透水性路面	非透水性路面是指吸水率低，主要靠地表排水的路面。不透水的现浇混凝土路面、沥青路面、高分子材料路面以及各种在不透水基层上用砂浆铺贴砖、石、混凝土预制块等材料铺成的园路都属于此类。这种路面平整度和耐压性较好，整体铺装的可用做机动交通、人流量大的主要园路，块材铺筑的则多用做次要园道、游步道、广场等

2. 园路布局形式

风景园林的道路系统不同于一般城市道路系统，其有独特的布置形式和特点。常见的园路系统布局形式有套环式、条带式和树枝式三种形式，见表 4-25。

表 4-25　　　　　　　　　**园路系统布局形式**

布局形式	园路系统特征	图　示	适用范围
套环式园路系统	这种园路系统的特征是：由主园路构成一个闭合的大型环路或一个"8"字形的双环路，再从主园路上分出很多的次园路和游览小道，并且相互穿插连接与闭合，构成另一些较小的环路。主园路、次园路和小路构成的环路之间的关系，是环环相套、互通互连的关系，其中少有尽端式道路。因此，这样的道路系统可以满足游人在游览中不走回头路的意愿		套环式园路是最能适应公共园林环境，也是最为广泛应用的一种园路系统。但是，在地形狭长的园林绿地中，由于地形的限制，一般不宜采用这种园路布局形式

续表

布局形式	园路系统特征	图　　示	适用范围
条带式园路系统	这种布局形式的特点是：主园路呈条带状，始端和尽端各在一方，并不闭合成环。在主路的一侧或两侧，可以穿插一些次园路和浏览小道。次路和小路相互之间也可以局部闭合成环路，但主路不会闭合成环。条带式园路布局不能保证游人在游园中不走回头路		适用于林荫道、河滨公园等地形狭长的带状公共绿地中
树枝式园路系统	以山谷、河谷地形为主的风景区和市郊公园，主园路一般只能布置在谷底，沿着河沟从下往上延伸。两侧山坡上的多处景点都是从主路上分出一些支路，甚至再分出一些小路加以连接。支路和小路多数只能是尽端式道路，游人到了景点游览之后，要原路返回到主路再向上行。这种道路系统的平面形状，就像是有许多分枝的树枝，游人走回头路的时候很多		这是游览性最差的一种园路布局形式，只适用于在受到地形限制时采用

(二)园桥

园桥是指建筑在庭园内的、主桥孔洞 5m 以内，供游人通行兼有观赏价值的桥梁。园桥最基本的功能就是联系园林水体两岸上的道路，使园路不至于被水体阻断。由于它直接伸入水面，能够集中视线，就自然而然地成为某些局部环境的一种标识点，因而园桥能够起到导游作用，可作为导游点进行布置。低而平的长桥、栈桥还可以作为水面的过道和水面游览线，把游人引到水上，拉近游人与水体的距离，使水景更加迷人。

园林中桥的设计都很讲究造型和美观。为了造景的需要，在不同环境中就要采取不同的造型。园桥的造型形式很多，结构形式也有多种。在规划设计中，完全可以根据具体环境的特点来灵活地选配具有各种造型的园桥。

常见的园桥造型形式，归纳起来主要可分为九类：平桥；平曲桥；拱桥；亭桥；廊桥；吊桥；栈桥与栈道；浮桥；汀步。

(三)驳岸、护岸

驳岸是地面与水堤的连接处，是建设在陆地与水体交接处的构筑物，它起到了维护水体、保护水体的边缘不被水冲刷或水淹的作用。在园林工程中，驳岸除了以上作用外，还是园林水景的主要组成部分。驳岸的形式与其所处的环境、园林景观、绿化配置以及水体的形式密切相关。泉、瀑、溪、涧、池、湖等水体都有驳岸,其形式因其水体的形式不同而不同,且与周围的景色相协调。

驳岸有许多种类和形式,建设在园林景观中的驳岸主要有钢筋混凝土驳岸、块石驳岸、草皮驳岸、仿木桩驳岸、木桩驳岸、景石驳岸、沙滩驳岸等。

(四)园路、园桥工程常用图例

1. 园路及地面工程图例

园路及地面工程图例见表 4-26。

表 4-26　　　　　　　　　　　园路及地面工程图例

序　号	名　　称	图　　例	说　　明
1	道　路		
2	铺装路面		
3	台　阶		箭头指向表示向上
4	铺砌场地		也可依据设计形态表示

2. 驳岸挡土墙工程图例

驳岸挡土墙工程图例见表 4-27。

表 4-27　　　　　　　　　　　驳岸挡土墙工程图例

序　号	名　　称	图　　例
1	护坡	
2	挡土墙	
3	驳岸	
4	台　阶	

序　号	名　　称	图　　例
5	排水明沟	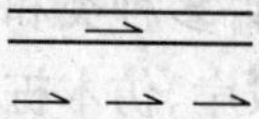
6	有盖的排水沟	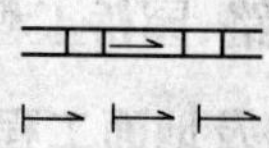
7	天然石材	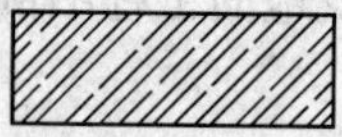
8	毛　石	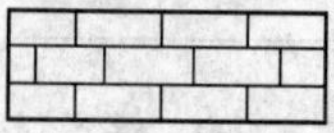
9	普通砖	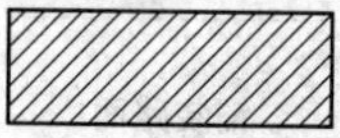
10	耐火砖	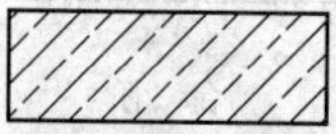
11	空心砖	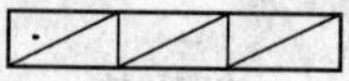
12	饰面砖	
13	混凝土	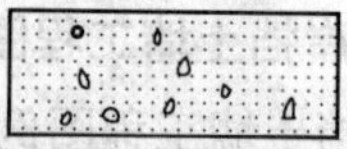
14	钢筋混凝土	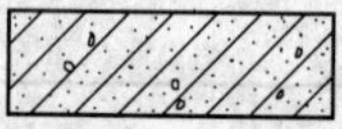
15	焦砟、矿渣	
16	金　属	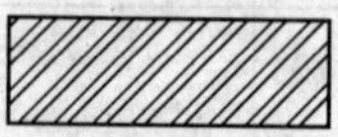
17	松散材料	
18	木　材	
19	胶合板	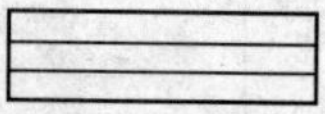

续表

序 号	名 称	图 例
20	石膏板	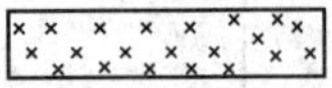
21	多孔材料	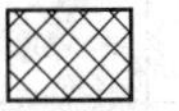
22	玻 璃	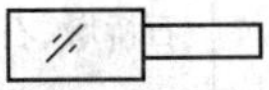
23	纤维材料或人造板	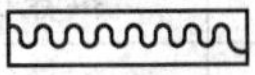

二、园路、园桥

(一)园路、园桥工程清单项目设置

园路、园桥工程量清单项目设置、项目特征描述的内容、计量单位、工作内容应按《园林绿化工程工程量计算规范》(GB 50858—2013)中 B.1 的规定执行,内容详见表 4-28。

表 4-28 园路、园桥工程

项目编码	项目名称	项目特征	计量单位	工作内容
050201001	园路	1. 路床土石类别	m²	1. 路基、路床整理
050201002	踏(蹬)道	2. 垫层厚度、宽度、材料种类 3. 路面厚度、宽度、材料种类 4. 砂浆强度等级		2. 垫层铺筑 3. 路面铺筑 4. 路面养护
050201003	路牙铺设	1. 垫层厚度、材料种类 2. 路牙材料种类、规格 3. 砂浆强度等级	m	1. 基层清理 2. 垫层铺设 3. 路牙铺设
050201004	树池围牙、盖板(箅子)	1. 围牙材料种类、规格 2. 铺设方式 3. 盖板材料种类、规格	1. m 2. 套	1. 清理基层 2. 围牙、盖板运输 3. 围牙、盖板铺设
050201005	嵌草砖(格)铺装	1. 垫层厚度 2. 铺设方式 3. 嵌草砖(格)品种、规格、颜色 4. 漏空部分填土要求	m²	1. 原土夯实 2. 垫层铺设 3. 铺砖 4. 填土

续表

项目编码	项目名称	项目特征	计量单位	工作内容
050201006	桥基础	1. 基础类型 2. 垫层及基础材料种类、规格 3. 砂浆强度等级	m³	1. 垫层铺筑 2. 起重架搭、拆 3. 基础砌筑 4. 砌石
050201007	石桥墩、石桥台	1. 石料种类、规格 2. 勾缝要求 3. 砂浆强度等级、配合比	m³	1. 石料加工 2. 起重架搭、拆 3. 墩、台、券石、券脸砌筑 4. 勾缝
050201008	拱券石			
050201009	石券脸	1. 石料种类、规格 2. 券脸雕刻要求 3. 勾缝要求 4. 砂浆强度等级、配合比	m²	
050201010	金刚墙砌筑		m³	1. 石料加工 2. 起重架搭、拆 3. 砌石 4. 填土夯实
050201011	石桥面铺筑	1. 石料种类、规格 2. 找平层厚度、材料种类 3. 勾缝要求 4. 混凝土强度等级 5. 砂浆强度等级	m²	1. 石材加工 2. 抹找平层 3. 起重架搭、拆 4. 桥面、桥面踏步铺设 5. 勾缝
050201012	石桥面檐板	1. 石料种类、规格 2. 勾缝要求 3. 砂浆强度等级、配合比		1. 石材加工 2. 檐板铺设 3. 铁锔、银锭安装 4. 勾缝
050201013	石汀步 (步石、飞石)	1. 石料种类、规格 2. 砂浆强度等级、配合比	m³	1. 基层整理 2. 石材加工 3. 砂浆调运 4. 砌石
050201014	木制步桥	1. 桥宽度 2. 桥长度 3. 木材种类 4. 各部位截面长度 5. 防护材料种类	m²	1. 木桩加工 2. 打木桩基础 3. 木梁、木桥板、木桥栏杆、木扶手制作、安装 4. 连接铁件、螺栓安装 5. 刷防护材料
050201015	栈道	1. 栈道宽度 2. 支架材料种类 3. 面层材料种类 4. 防护材料种类		1. 凿洞 2. 安装支架 3. 铺设面板 4. 刷防护材料

(二)园路、园桥工程清单项目特征描述

1. 园路、踏(蹬)道

园路是园林绿地构图中的重要组成部分,是联系各景区、景点以及活动中心的纽带,具有引导游览、分散人流的功能,同时也可供游人散步和休息之用。园路本身与植物、山石、水体、亭、廊、花架一样都能起展示景物和点缀风景的作用。园路还需满足园林建设、养护管理、安全防火和职工生活对交通运输的需要。园路布置合适与否,直接影响到公园的布局和利用率,因此需要把道路的功能作用和艺术性结合起来,精心设计,因景设路,因路得景,做到步移景异。

(1)垫层。垫层是承重和传递荷载的构造层,根据需要选用不同的垫层材料。常用垫层材料有两类:一类是用松散材料,如砂、砾石、炉渣、片石或卵石等组成的透水性垫层;另一类是用整体性材料,如石灰土或炉渣石灰土组成的稳定性垫层。一般灰土垫层的厚度不小于100mm,砂垫层的厚度不小于60mm,天然级配砂石垫层的厚度不小于100mm,素混凝土垫层的厚度不应小于60mm。

(2)路面。道路路面是用坚硬材料铺设在路基上的一层或多层的道路结构部分,通常分为刚性路面和柔性路面。

刚性路面主要指现浇的水泥砂浆和混凝土路面。这种路面具有较强的抗压强度,其中又以混凝土路面的强度最大。刚性路面坚固耐久,保养翻修少,但造价较高,一般在公园、风景区的主要园路和最重要的道路上采用。

柔性路面是用黏性、塑性材料和颗粒材料做成的路面,也包括使用土、沥青、草皮和其他结合材料进行表面处理的粒料、块料加固的路面。柔性路面在受力后抗压强度很小,路面强度在很大程度上取决于路基的强度。这种路面的铺路材料种类较多,适应性较大,易于就地取材,造价相对较低,园林中人流量不大的游览道、散步小路、草坪路等,适宜采用柔性路面。

各类路面结构层最小厚度可按表4-29来确定。

表 4-29　　　　　　　　　路面结构层最小厚度表　　　　　　　　　cm

序号	结构层材料		层位	最小厚度	备注
1	水泥混凝土		面层	6	
2	水泥砂浆表面处治		面层	1	1:2 水泥砂浆用粗砂
3	石片、釉面砖表面铺贴		面层	1.5	水泥砂浆作结合层
4	沥青混凝土	细粒式	面层	3	双层式结构的上层为细粒式时其最小厚度为2cm
		中粒式	面层	3.5	
		粗粒式	面层	5	
5	沥青(渣油)表面处治		面层	1.5	
6	石板、预制混凝土板		面层	6	
7	整齐石块、预制砌块		面层	10~12	
8	半整齐、不整齐石块		面层	10~12	

序号	结构层材料	层位	最小厚度	备注
9	砖铺地	面层	6	用 1：2.5 水泥砂浆或 4：6 石
10	砖石镶嵌拼花	面层	5	灰砂浆作结合层
11	泥结碎(砾)石	面层		
12	级配砾(碎)石	面层	6	

（3）砂浆强度等级。砂浆强度等级是以边长 70.7mm 的立方体试件，在标准养护条件下，用标准的试验方法测得 28d 龄期的抗压强度（MPa）来划分的。根据《砌筑砂浆配合比设计规程》(JGJ/T 98—2010)的规定，砌筑砂浆的强度等级共有 M30、M25、M20、M15、M10、M7.5、M5 七个等级，其中的数字代表砂浆抗压强度的平均值（MPa）。

砂浆是砌体的粘结材料，按材料分为水泥砂浆、石灰砂浆和防水砂浆等。以水泥为胶结材料的是水泥砂浆，以石灰膏为胶结材料的是石灰砂浆，也有水泥和石灰膏同时使用的。防水砂浆的配合比一般取水泥：砂＝1：2.5～1：3，砂为洗净的中砂，将一定量的防水剂溶于拌合水中，与事先拌匀的水泥、砂混合料再次拌和均匀即可使用。防水砂浆的施工比一般砂浆要求高，基层需清洁、潮湿，并先抹一层水泥素浆，然后分层涂抹、压实，面层要抹光，还要加强养护，才能获得较好的防水效果。一般防水砂浆需分 4～5 层涂抹，共 20～30mm 厚。

2. 路牙铺设

路牙是指用凿打成长条形的石材、混凝土预制的长条形砌块或砖，铺装在道路边缘，起保护路面作用的构件。机制标准砖铺设路牙，有立栽和侧栽两种形式。路牙的材料一般用砖或混凝土制成，在园林中也可用瓦、大卵石等制成。

3. 树池围牙、盖板（箅子）

树池是指当在有铺装的地面上栽种树木时，应在树木的周围保留一块没有铺装的土地，通常把它叫树池或树穴。树池有平树池和高树池两种。

（1）平树池。树池池壁外缘的高程与铺装地面的高程相平。池壁可用普通机砖直埋，也可以用混凝土预制，其宽×厚为 60cm×120cm 或 80cm×220cm，长度根据树池大小而定。树池周围的地面铺装可向树池方向做排水坡。最好在树池内装上格栅（铁箅子），格栅要有足够的强度，不易折断，地面水可以通过箅子流入树池。可在树池周围的地面做成与其他地面不同颜色的铺装，以防踩踏。平树池既是一种装饰，又可起到提示的作用。

（2）高树池。把种植池的池壁做成高出地面的树珥。树珥的高度一般为 15cm 左右，以保护池内土壤，防止人们误入踩实土壤影响树木生长。

树池围牙是树池四周做成的围牙，类似于路沿石，即树池的处理方法，主要有绿地预制混凝土围牙和树池预制混凝土围牙两种。

(1)绿地预制混凝土围牙。是指将预制的混凝土块(混凝土块的形状、大小、规格依具体情况而定)埋置于有种植花草树木的地段,对有种植花草树木的地段起围护作用,防止人员、牲畜和其他可能的外界因素对花草树木造成伤害的保护性设施。

(2)树池预制混凝土围牙。是指将预制的混凝土块(混凝土块的形状、规格、大小依树的大小和装饰的需要而定)埋置于树池的边缘,对树池起围护作用的保护性设施。

围牙勾缝是指砌好围牙后,先用砖凿刻修砖缝,然后用勾缝器将水泥砂浆填塞于灰缝间。围牙勾缝主要有平缝、凹缝和凸缝三种形状。

4. 嵌草砖(格)铺装

嵌草路面有两种类型:一种是在块料路面铺装时,在块料与块料之间,留有空隙,在其间种草,如冰裂纹嵌草路、空心砖纹嵌草路、人字纹嵌草路等;另一种是制作成可以种草的各种纹样的混凝土路面砖。

(1)铺设方式。

平铺:砖的平铺形式一般采用"直行"、"对角线"或"人字形"铺法。在通道宜铺成纵向的人字纹,同时在边缘的行砖应加工成45°角。铺砌砖时应挂线,相邻两行的错缝应为砖长的1/3~1/2。

倒铺:采用砖的侧面形式铺砌。

砌砖:砌砖一般采用"三一砌筑法",即一铲灰,一块砖,一揉压。

(2)嵌草砖(格)品种。嵌草砖品种如图4-13所示。预制混凝土砌块按照设计可有多种形状,大小规格也有很多种,也可做成各种颜色的砌块。砌块的形状基本可分为实心的和空心的两类。但其厚度都不小于80mm,一般厚度都设计为100~150mm。

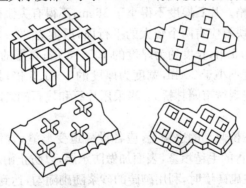

图4-13 嵌草砖示意图

(3)漏空部分填土要求。填土可采用人工填土和机械填土。人工填土一般用手推车运土,人工用锹、耙、锄等工具进行填筑,从最低部分开始由一端向另一端自下而上分层铺填。机械填土可用推土机、铲运机或自卸汽车进行。用自卸汽车填土,需用推土机推开推平。采用机械填土时,可利用行驶的机械进行部分压实工作。

5. 桥基础

桥基础是指把桥梁自重以及作用于桥梁上的各种荷载传至地基的构件。

基础的类型主要有条形基础、独立基础、杯形基础及桩基础等。

(1)条形基础:条形基础又称带形基础,是由柱下独立基础沿纵向串联而成,它与独立基础相比,具有较大的基础底面积,能承受较大的荷载。

(2)独立基础:凡现浇钢筋混凝土独立柱下的基础都称为独立基础,其断面有阶梯形、平板形、角锥形和圆锥形 4 种形式。

(3)杯形基础:杯形基础是独立基础的一种形式,凡现浇钢筋混凝土独立柱下的基础都称为独立基础,独立基础中心预留有安装钢筋混凝土预制柱的孔洞时,称为杯形基础(其形如水杯)。

(4)桩基础:由若干根设置于地基中的桩柱和承接建筑物(或构筑物)上部结构荷载的承台构成的一种基础。桩基础分类如下:

1)按传力及作用性质,可分为端承桩和摩擦桩。

2)按构成材料分为钢筋混凝土预制桩、钢筋混凝土离心管桩、混凝土灌注桩、灰土挤压桩、振动水冲桩、砂(碎石或碎石)桩。

3)按施工方法分为打入桩和灌注桩两种。

6. 石桥墩、石桥台

石桥墩位于两桥台之间,桥梁的中间部位,支承相邻两跨上部结构的构件,其作用是将上部结构的荷载可靠而有效地传递给基础。

石桥台位于桥梁两端,支承桥梁上部结构和路堤相衔接的构筑物,其功能除传递桥梁上部结构的荷载到基础外,还具有抵挡台后的填土压力、稳定桥头路基、使桥头线路和桥上线路可靠而平稳地连接的作用。

(1)石料种类、规格。片石厚度不得小于 15cm,不得有尖锐棱角,否则施工时应敲去其尖锐凸出部分。块石应有两个较大的平行面,厚度为 20～30cm,形状大致方正,宽度约为厚度的 1～1.5 倍,长度约为厚度的 1.5～3 倍;每层的石料高度大致一样并错缝砌筑;粗料石厚度不小于 20cm,宽度为厚度的 1～1.5 倍,长度为厚度的 1.5～4 倍,错缝砌筑。为了美观城市园林桥梁,当采用片石和块石砌筑时,宜采用料石或混凝土块镶面。

(2)勾缝要求。在桥两端的边墙上,应各设一道变形缝(含伸缩缝),缝宽为 15～20mm,缝内用浸过沥青的毛毡填塞,表面加做防水层,以防止雨水浸入或异物堵塞。

墙面勾缝:是指在砌砖墙时,利用砌砖的砂浆随砌随勾,达到合格为准。墙面勾缝分为原浆勾缝和加浆勾缝。

砖墙面勾缝一般采用 1∶1 水泥砂浆(1∶1 指水泥与细砂之比),也可用砌筑砂浆,随砌随勾,缝的深度一般为 4～5mm。墙面勾缝应横平竖直,深浅一致。搭接平整并压实抹光,不得有丢缝、开裂和粘结不平等现象。

采用原浆勾缝,其砂浆与原砌筑体砂浆相同,工料乘以系数 0.55,加浆勾缝的砂浆为 1∶1 水泥砂浆,每 100m² 需水泥砂浆 0.25m³。

(3)砌筑砂浆的配合比。由配合比设计确定,常用砌筑砂浆参考配合比见表 4-30 和表 4-31。

表 4-30　　　　　　　　　　　常用水泥砂浆参考配合比

水泥强度等级	砂浆强度等级			
	M10	M7.5	M5.0	M2.5
42.5 级	1:5.5	1:6.7	1:8.6	1:13.5
32.5 级	1:4.8	1:5.7	1:7.1	1:11.5
27.5 级		1:5.2	1:6.8	1:10.5

表 4-31　　　　　　　　　　　常用混合砂浆参考配合比

砂浆强度等级	水泥强度等级	配合比(体积比) 水泥:石灰膏:砂	每立方米用料/kg		
			水泥	石灰膏	砂子
M1	32.5 级	1:3.0:17.5	88.5	265.5	1500
M2.5	32.5 级	1:2:12.5	120	240	1500
M5.0	32.5 级	1:1:8.5	176	176	1500
M7.5	32.5 级	1:0.8:7.2	207	166	1450
M10	32.5 级	1:0.5:7.5	264	132	1450

防水砂浆的配合比一般采用 1:(2.5～3),水灰比(水与水泥之比例)应在 0.5～0.55 之间,水泥选用 42.5 级以上的普通硅酸盐水泥,砂子最好使用中砂。

7. 拱券石、石券脸、金刚墙砌筑

拱券石应选用质地细密的花岗石、砂岩石等,加工成上宽下窄的楔形石块。石块一侧做有榫头,另一侧有榫眼,拱券时相互扣合,再用 1:2 水泥砂浆砌筑连接。

石券脸是指石券最外端的一圈旋石的外面部位。

金刚墙又称"平水墙",是指券脚下的垂直承重墙。金刚墙是一种加固性质的墙。古建筑中对凡是看不见的加固墙统称为金刚墙。梢孔(即边孔)内侧以内的金刚墙一般做成分水尖形,故称为"分水金刚墙",梢孔外侧的叫"两边金刚墙"。金刚墙砌筑是指将砂浆作为胶结材料将石材结合成墙体的整体,以满足正常使用要求及承受各种荷载。

8. 石桥面铺筑

桥面是指桥梁上构件的上表面。通常布置要求为线型平顺,与路线顺利搭接。桥梁平面布置应尽量采用正交方式,避免与河流或桥上路线斜交。若受条件限制时,跨线桥斜度不宜超过 15°,在通航河流上不宜超过 15°。

石桥面铺筑是指桥面一般用石板、石条铺砌,在桥面铺石层下应做防水层,采用 1mm 厚沥青和石棉沥青各一层做底。石棉沥青用七级石棉 30%、60 号石油沥青 70% 混合而成,在其上铺沥青麻布一层,再敷石棉沥青和纯沥青各一道做防水面层,防止开裂。

9. 石汀步(步石、飞石)

石汀步又称步石、飞石。浅水中按一定间距布设块石,微露水面,使人跨步而过。

园林中运用这种古老渡水设施,质朴自然,别有情趣。

10. 石桥面檐板

建筑物屋顶在檐墙的顶部位置称为檐口,钉在檐口处起封闭作用的板称为檐板。石桥面檐板是指钉在石桥面檐口处起封闭作用的板。桥面板铺设是指桥面板用石板铺设。铺设时,要求横梁间距一般不大于 1.8m,石板厚度应在 80mm 以上。

11. 木制步桥

木制步桥是指建筑在庭园内的、由木材加工制作的、立桥孔洞 5m 以内,供游人通行兼有观赏价值的桥梁。这种桥易与园林环境融为一体,但其承载量有限,且不宜长期保存。

12. 栈道

栈道原指沿悬崖峭壁修建的一种道路。近年来,在一些经济条件较好的大中城市出现了用木材作为面层材料的园路,称为木栈道。因天然木材具有独特的质感、色调和纹理,令步行者感到更为舒适,因此颇受欢迎,但造价和维护费用相对较高。所选的木材一般要经防腐处理,因此,从保护环境和方便养护出发,应尽量选择耐久性强的木材,或加压注入的防腐剂对环境污染小的木材,国内多选用杉木。铺设方法和构造与室内木地板的铺设相似,但所选模板和龙骨材料厚度应大于室内,并应在木材表面涂刷防水剂、表面保护剂,且最好每两年涂刷一次着色剂。

(三)园路、园桥工程工程量计算

1. 工程量计算规则

(1)园路:按设计图示尺寸以面积计算,不包括路牙。

(2)踏(蹬)道:按设计图示尺寸以水平投影面积计算,不包括路牙。

(3)路牙铺设:按设计图示尺寸以长度计算。

(4)树池围牙、盖板(箅子):

1)以米计量,按设计图示尺寸以长度计算。

2)以套计量,按设计图示数量计算。

(5)嵌草砖(格)铺装:按设计图示尺寸以面积计算。

(6)桥基础:按设计图示尺寸以体积计算。

(7)石桥墩、石桥台、拱券石:按设计图示尺寸以体积计算。

(8)石券脸:按设计图示尺寸以面积计算。

(9)金刚墙砌筑:按设计图示尺寸以体积计算。

(10)石桥面铺筑、石桥面檐板:按设计图示尺寸以面积计算。

(11)石汀步(步石、飞石):按设计图示尺寸以体积计算。

(12)木制步桥:按桥面板设计图示尺寸以面积计算。

(13)栈道:按栈道面板设计图示尺寸以面积计算。

工程量计算规则相关说明如下:

(1)园路、园桥工程的挖土方、开凿石方、回填等应按现行国家标准《市政工程工程量计算规范》(GB 50857—2013)的相关项目编码列项。

(2)如遇某些构配件使用钢筋混凝土或金属构件时,应按现行国家标准《房屋建筑与装饰工程工程量计算规范》(GB 50854—2013)或《市政工程工程量计算规范》(GB 50857—2013)的相关项目编码列项。

(3)地伏石、石望柱、石栏杆、石栏板、扶手、撑鼓等应按现行国家标准《仿古建筑工程工程量计算规范》(GB 50855—2013)的相关项目编码列项。

(4)亲水(小)码头各分部分项项目按照园桥的相应项目编码列项。

(5)台阶项目应按现行国家标准《房屋建筑与装饰工程工程量计算规范》(GB 50854—2013)的相关项目编码列项。

(6)混合类构件园桥应按现行国家标准《房屋建筑与装饰工程工程量计算规范》(GB 50854—2013)或《通用安装工程工程量计算规范》(GB 50856—2013)的相关项目编码列项。

2. 工程量计算实例

【例 4-10】 某城市绿化需要进行广场路面的铺设(无路牙),该广场为圆形,其半径为 16.5m,图 4-14 为广场园路局部剖面图。试计算其工程量。

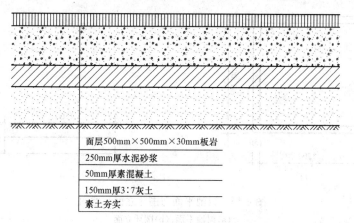

面层500mm×500mm×30mm板岩
250mm厚水泥砂浆
50mm厚素混凝土
150mm厚3:7灰土
素土夯实

图 4-14　某广场园路局部剖面图

【解】 工程量计算结果见表 4-32。

表 4-32　　　　　　　　　　　　　工程量计算表

项目编码	项目名称	计算式	工程量合计	计量单位
050201001001	园路	$S=3.14×16.5^2$	854.87	m²

【例 4-11】 某道路长为 300m,为满足设计要求,需要在其道路的路面两侧安置路牙,平路牙如图 4-15 所示,试计算其工程量。

【解】 工程量计算结果见表 4-33。

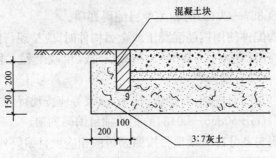

图 4-15　平路牙示意图

表 4-33　　　　　　　　　　　**工程量计算表**

项目编码	项目名称	计算式	工程量合计	计量单位
050201003001	路牙铺设	$L=2×300$	600.00	m

【例 4-12】　如图 4-15 所示为一个树池平面和围牙立面,试计算围牙工程量(围牙平铺)。

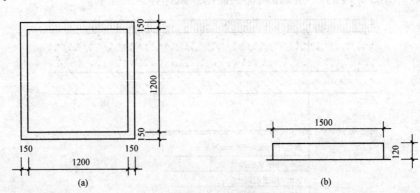

图 4-15　树池平面与围牙立面示意图

(a)树池平面;(b)围牙立面

【解】　工程量计算结果见表 4-34。

表 4-34　　　　　　　　　　　**工程量计算表**

项目编码	项目名称	计算式	工程量合计	计量单位
050201004001	树池围牙、盖板(箅子)	$L=(0.15+1.2+0.15)$ $×2+1.2×2$	5.40	m

【例 4-13】　嵌草砖地面铺装,已知地面宽度为 2.5m,其他尺寸如图 4-16 所示,试计算其工程量。

【解】　工程量计算结果见表 4-35。

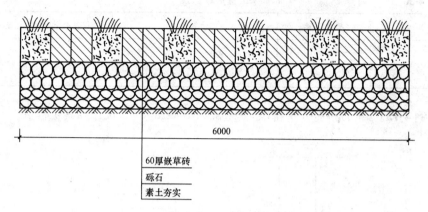

图 4-16　嵌草砖地面铺装局部示意图

表 4-35 　　　　　　　　　　　　　**工程量计算表**

项目编码	项目名称	计算式	工程量合计	计量单位
050201005001	嵌草砖(格)铺装	$S=6×2.5$	15.00	m²

【例 4-14】　图 4-17 所示为某拱桥构造图,试根据其设计要求,计算石券脸工程量。设计要求为:

(1)采用花岗石制作安装拱券石。

(2)采用青白石进行石券脸的制作安装。

(3)桥洞底板为钢筋混凝土处理。

(4)桥基细石安装用金刚墙青白石,厚 20cm。

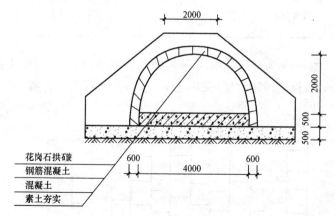

图 4-17　某拱桥构造图

【解】　工程量计算结果见表 4-36。

表 4-36 工程量计算表

项目编码	项目名称	计算式	工程量合计	计量单位
050201009001	石券脸	$S=0.5\times3.14\times(2.6^2-2.0^2)\times2+0.6\times0.5\times2\times2.0$	9.87	m^2

【例 4-15】 某石桥有 6 个桥墩,其基础如图 4-18 所示,试计算其工程量。

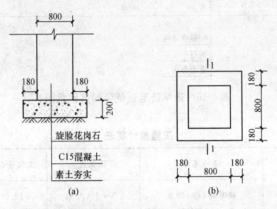

图 4-18　某石桥基础示意图

(a)平面图;(b)1—1 剖面图

【解】 工程量计算结果见表 4-37。

表 4-37 工程量计算表

项目编码	项目名称	计算式	工程量合计	计量单位
050201006001	桥基础	$V=(0.8+0.18+0.18)\times(0.8+0.18+0.18)\times0.2\times6$	1.61	m^3

【例 4-16】 图 4-19 为某园林中的一座平桥,按照设计要求,桥面为青白石石板铺装,石板厚 0.1m,石板下做防水层,采用 1mm 厚沥青和石棉沥青各一层做底,试计算其工程量。

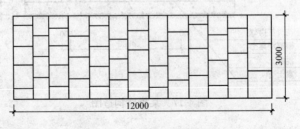

图 4-19　某园林平桥平面图

【解】　工程量计算结果见表 4-38。

表 4-38　　　　　　　　　　　　　　工程量计算表

项目编码	项目名称	计算式	工程量合计	计量单位
050201011001	石桥面铺筑	$S=120\times3$	360.00	m²

【例 4-17】　图 4-20 为某公园步桥平面图，以天然木材为材料，试计算其工程量。

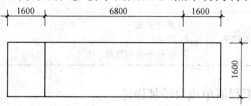

图 4-20　某公园木制步桥平面图

【解】　工程量计算结果见表 4-39。

表 4-39　　　　　　　　　　　　　　工程量计算表

项目编码	项目名称	计算式	工程量合计	计量单位
050201014001	木制步桥	$S=6.8\times1.6$	10.88	m²

三、驳岸、护岸

(一)驳岸、护岸工程清单项目设置

驳岸、护岸工程量清单项目设置、项目特征描述的内容、计量单位、工作内容应按《园林绿化工程工程量计算规范》(GB 50858—2013)中 B.2 的规定执行，内容详见表 4-40。

表 4-40　　　　　　　　　　　　　　驳岸、护岸

项目编码	项目名称	项目特征	计量单位	工作内容
050202001	石(卵石)砌驳岸	1. 石料种类、规格 2. 驳岸截面、长度 3. 勾缝要求 4. 砂浆强度等级、配合比	1. m³ 2. t	1. 石料加工 2. 砌石(卵石) 3. 勾缝
050202002	原木桩驳岸	1. 木材种类 2. 桩直径 3. 桩单根长度 4. 防护材料种类	1. m 2. 根	1. 木桩加工 2. 打木桩 3. 刷防护材料

项目编码	项目名称	项目特征	计量单位	工作内容
050202003	满(散)铺砂卵石护岸(自然护岸)	1. 护岸平均宽度 2. 粗细砂比例 3. 卵石粒径	1. m² 2. t	1. 修边坡 2. 铺卵石
050202004	点(散)布大卵石	1. 大卵石粒径 2. 数量	1. 块(个) 2. t	1. 布石 2. 安砌 3. 成型
050202005	框格花木护岸	1. 展开宽度 2. 护坡材质 3. 框格种类与规格	m²	1. 修边坡 2. 安放框格

(二)驳岸、护岸工程清单项目特征描述

1. 石(卵石)砌驳岸

石(卵石)砌驳岸是指采用天然山石,不经人工整形,顺其自然石形砌筑而成的崎岖、曲折、凹凸变化的自然山石驳岸。这种驳岸适用于水石庭院、园林湖池、假山山涧等水体。

驳岸要求基础坚固,埋入湖底深度不得小于 50cm,基础宽度要求在驳岸高度的0.6~0.8倍范围内。墙身要确保一定的厚度。墙体高度根据最高水位和水面浪高来确定。

2. 原木桩驳岸

原木桩驳岸是指取伐倒木的树干或适用的粗枝,按枝种、树径和作用的不同,横向截断成规定长度的木材打桩成的驳岸。

木桩要求耐腐、耐湿、坚固、无虫蛀,如柏木、松木、橡树、啸树、杉木等。桩木的规格取决于驳岸的要求和地基的土质情况,一般直径 10~15cm,长 1~2m,弯曲度(d/l)小于 1%。

3. 满(散)铺砂卵石护岸(自然驳岸)

满(散)铺砂卵石护岸是指将大量的卵石、砂石等按一定级配与层次堆积、散铺于斜坡式岸边,使坡面土壤的密实度增大,抗坍塌的能力也随之增强。在水体岸坡上采用这种护岸方式,在固定坡土上能起到一定的作用,还能够使坡面得到很好的绿化和美化。

4. 框格花木护岸

框格花木护岸一般是用预制的混凝土框格,覆盖、固定在陡坡坡面,从而固定、保护了坡面,坡面上仍可种草种树。当坡面很高、坡度很大时,采用这种护坡方式的优点比较明显。因此,这种护坡适用于较高的道路边坡、水坝边坡、河堤边坡等陡坡。

(三)驳岸、护岸工程工程量计算

1. 工程量计算规则

(1)石(卵石)砌驳岸:

1)以立方米计量,按设计图示尺寸以体积计算。

2)以吨计量,按质量计算。

(2)原木桩驳岸:

1)以米计量,按设计图示桩长(包括桩尖)计算。

2)以根计量,按设计图示数量计算。

(3)满(散)铺砂卵护岸(自然护岸):

1)以平方米计量,按设计图示尺寸以护岸展开面积计算。

2)以吨计量,按卵石使用质量计算。

(4)点(散)布大卵石:

1)以块(个)计量,按设计图示数量计算。

2)以吨计量,按卵石使用质量计算。

(5)框格花木护岸:按设计图示尺寸展开宽度乘以长度以面积计算。

工程量计算相关说明如下:

(1)驳岸工程的挖土方、开凿石方、回填等应按现行国家标准《房屋建筑与装饰工程工程量计算规范》(GB 50854—2013)附录 A 相关项目编码列项。

(2)木桩钎(梅花桩)按原木桩驳岸项目单独编码列项。

(3)钢筋混凝土仿木桩驳岸,其钢筋混凝土及表面装饰应按现行国家标准《房屋建筑与装饰工程工程量计算规范》(GB 50854—2013)相关项目编码列项,表面"塑松皮"按《园林绿化工程工程量计算规范》(GB 50858—2013)附录 C"园林景观工程"相关项目编码列项。

(4)框格花木护岸的铺草皮、撒草籽等应按《园林绿化工程工程量计算规范》(GB 50858—2013)附录 A"绿化工程"相关项目编码列项。

2. 工程量计算实例

【例 4-18】 如图 4-21 所示为某动物园驳岸局部图,该部分驳岸长 8m、宽 2m,试计算该部分驳岸工程量。

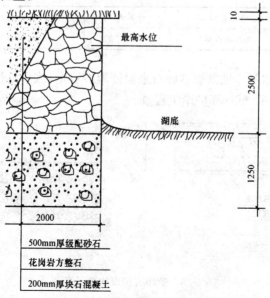

图 4-21 某动物园驳岸局部剖面图

【解】 工程量计算结果见表 4-41。

表 4-41 工程量计算表

项目编码	项目名称	计算式	工程量合计	计量单位
050202001001	石(卵石)砌驳岸	$V=8\times2\times(1.25+2.5)$	60.00	m³

【例 4-19】 如图 4-22 所示,某园林人工湖驳岸为原木桩。根据设计要求,所有木桩为柏木桩,桩高为 1.6m,直径为 13.5cm,共 4 排,桩距为 25cm,试计算其工程量。

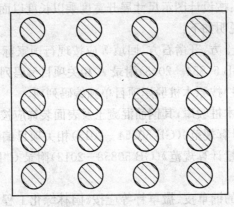

图 4-22 原木桩驳岸平面示意图

【解】 工程量计算结果见表 4-42。

表 4-42 工程量计算表

项目编码	项目名称	计算式	工程量合计	计量单位
050202002001	原木桩驳岸	$L=1.6\times20$	32m 或 20 根	m 或根

【例 4-20】 某水景岸坡散铺砂卵石来保证岸坡稳定,该水池长 12m,宽 8m,岸坡宽 3m,如图 4-23 所示,试计算护岸工程量。

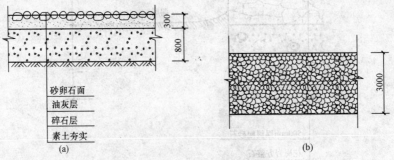

图 4-23 砂卵石护岸构造示意图

(a)剖面图;(b)平面图

【解】 工程量计算结果见表4-43。

表 4-43　　　　　　　　　　　工程量计算表

项目编码	项目名称	计算式	工程量合计	计量单位
050202003001	满(散)铺砂卵石护岸(自然护岸)	$S=(12+8)\times2\times3$	120.00	m²

第三节　园林景观工程

一、园林景观工程概述

园林是人类文化遗产的一个重要组成部分,世界上曾经有过发达文化的民族和地区,必然有其独特的造园风格,因此通常把世界园林分为东方和西方两大体系。东方古典园林主要包括中国古典园林和日本古典园林;西方古典园林主要包括古埃及园林、古巴比伦园林、古希腊园林及古罗马园林。东方园林以自然式为主,西方园林以规则式为主。园林景观的设计要素主要包括植物、道路、地形、水体、园林建筑及小品。各要素之间的组合规律包括多样统一、对称与均衡、对比与协调、比例与尺度、抽象与具象及节奏与韵律。点、线、面、体是园林景观的表现形式,同时还有色彩及质感的变化。传统园林艺术讲求立意,讲求因地制宜、构园得体,要做到虽由人作,却宛自天开。

(一)园林景观的内容和设计类型

园林景观主要包括自然景观和人文景观两部分,自然景观主要是指山体、水系、植被、农田等。人文景观主要是指建筑物、构筑物、街道、广场、园林小品和历史文物遗迹、文物的保护。

园林景观设计的类型主要包括功能性和装饰性两种。功能性类型主要是指建筑物的层数、体量,如附属于街道、广场和公园上的园路、坐凳、石桌、垃圾箱、灯具、亭、廊等。装饰性类型主要是指建筑物的造型、色彩,如附属于街道、广场和公园上的花坛、雕塑、喷泉、小品、灯光等。

(二)园林景观工程常用图例

1. 水池、花架及小品工程图例

水池、花架及小品工程图例见表4-44。

表 4-44　　　　　　　　水池、花架及小品工程图例

序 号	名 称	图 例	说 明
1	雕 塑		
2	花 台		仅表示位置,不表示具体形态,以下同,也可依据设计形态表示
3	坐 凳		
4	花 架		
5	围 墙	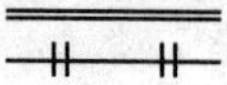	上图为实砌或漏空围墙 下图为栅栏或篱笆围墙
6	栏 杆	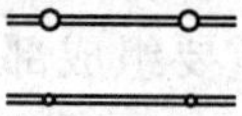	上图为非金属栏杆 下图为金属栏杆
7	园 灯		
8	饮水台		
9	指示牌		

2. 喷泉工程图例

喷泉工程图例见表 4-45。

表 4-45　　　　　　　　喷泉工程图例

序号	名 称	图 例	说 明
1	喷 泉		仅表示位置,不表示具体形态
2	阀门(通用)、截止阀	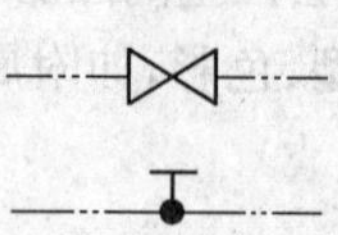	 (1)没有说明时,表示螺纹连接 法兰连接时 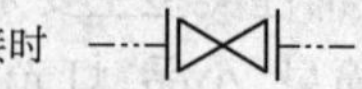 焊接时  (2)轴测图画法: 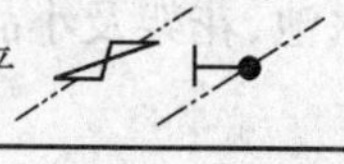
3	闸 阀		阀杆为垂直
4	手动调节阀	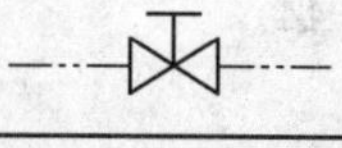	阀杆为水平

续表

序号	名　称	图　例	说　明
5	球阀、转心阀		
6	蝶阀	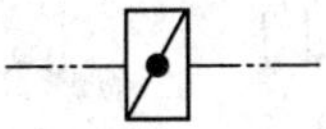	
7	角阀		
8	平衡阀		
9	三通阀	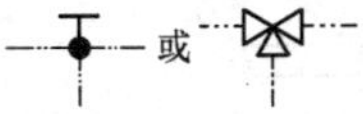	
10	四通阀	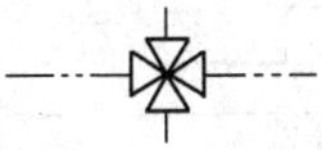	
11	节流阀		
12	膨胀阀	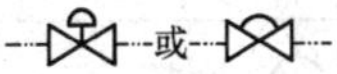	也称"隔膜阀"
13	旋塞		
14	快放阀		也称"快速排污阀"
15	止回阀		左、中为通用画法,流法均由空白三角形至非空白三角形;中也代表升降式止回阀;右代表旋启式止回阀
16	减压阀	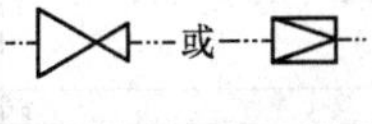	左图小三角为高压端,右图右侧为高压端。其余同阀门类推
17	安全阀		左图为通用,中为弹簧安全阀,右为重锤安全阀
18	疏水阀		在不致引起误解时,也可用——◐——表示,也称"疏水器" 
19	浮球阀	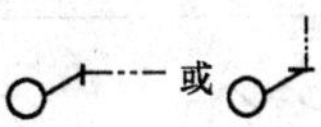	

续表

序号	名　称	图　例	说　明
20	集气罐、排气装置	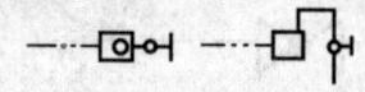	左图为平面图
21	自动排气阀		
22	除污器(过滤器)		左为立式除污器,中为卧式除污器,右为 Y 型过滤器
23	节流孔板、减压孔板	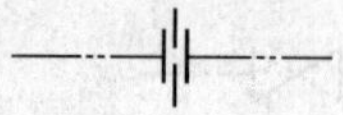	在不致引起误解时,也可用 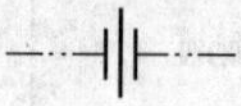 ———||———表示
24	补偿器(通用)		也称"伸缩器"
25	矩形补偿器	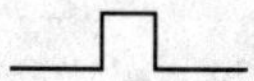	
26	套管补偿器		
27	波纹管补偿器	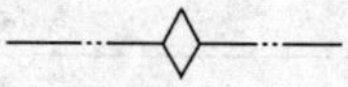	
28	弧形补偿器		
29	球形补偿器	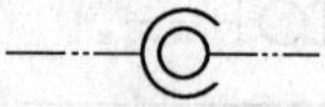	
30	变径管异径管		左图为同心异径管,右图为偏心异径管
31	活接头	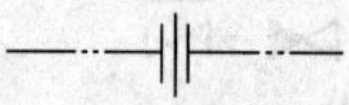	
32	法　兰	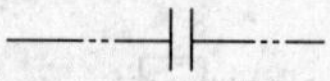	
33	法兰盖	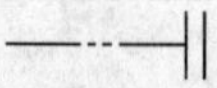	
34	丝　堵	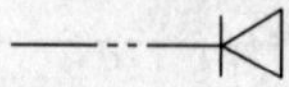	也可表示为: 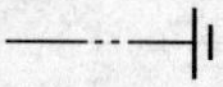 ————||
35	可曲挠橡胶软接头		
36	金属软管		也可表示为:  ——WW|—

续表

序号	名　称	图　例	说　明
37	绝热管		
38	保护套管	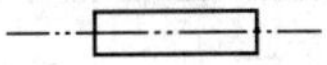	
39	伴热管	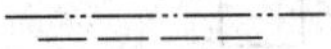	
40	固定支架	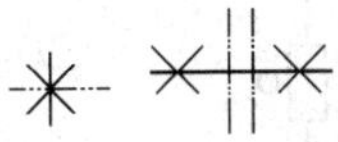	
41	介质流向	→ 或  ⇨	在管道断开处时,流向符号宜标注在管道中心线上,其余可同管径标注位置
42	坡度及坡向	i=0.003 或 → i=0.003	坡度数值不宜与管道起、止点标高同时标注。标注位置同管径标注位置
43	套管伸缩器	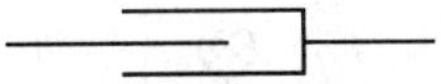	
44	方形伸缩器	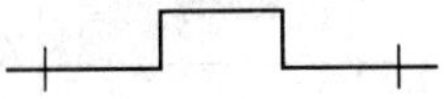	
45	刚性防水套管	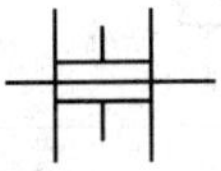	
46	柔性防水套管	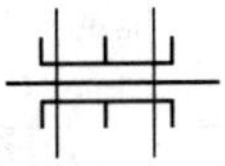	
47	波纹管	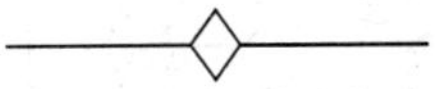	
48	可曲挠橡胶接头		
49	管道固定支架		
50	管道滑动支架	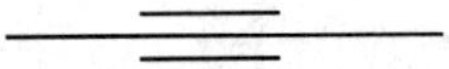	
51	立管检查口		

续表

序号	名　称	图　例	说　明
52	水　泵	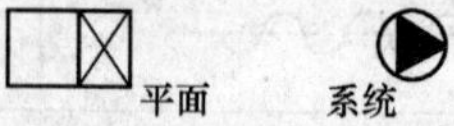 平面　　系统	
53	潜水泵	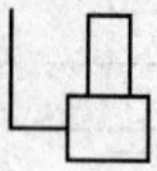	
54	定量泵		
55	管道泵		
56	清扫口	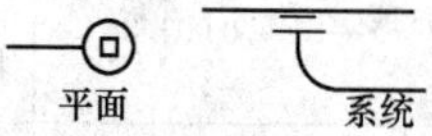 平面　　系统	
57	通气帽	 成品　　铅丝球	
58	雨水斗	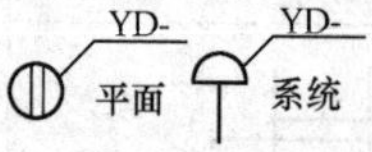 YD-　YD- 平面　系统	
59	排水漏斗	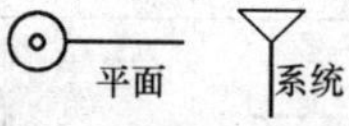 平面　　系统	
60	圆形地漏	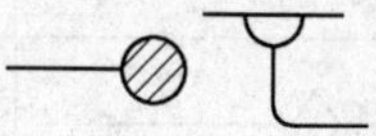	通用。如为无水封,地漏应加存水弯
61	方形地漏	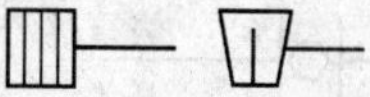	
62	自动冲洗水箱	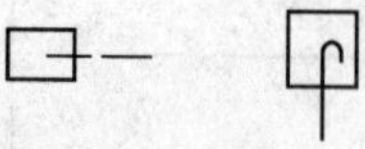	
63	挡　墩		
64	减压孔板	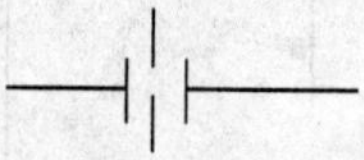	

序号	名　称	图　例	说　明
65	除垢器		
66	水锤消除器	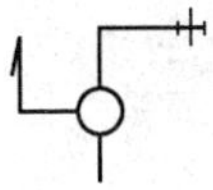	
67	浮球液位器	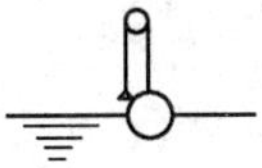	
68	搅拌器	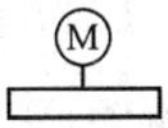	

二、堆塑假山

(一)堆塑假山工程清单项目设置

堆塑假山工程量清单项目设置、项目特征描述的内容、计量单位、工作内容应按《园林绿化工程工程量计算规范》(GB 50858—2013)中 C.1 的规定执行,内容详见表 4-46。

表 4-46　　　　　　　　　　　　　　堆塑假山

项目编码	项目名称	项目特征	计量单位	工作内容
050301001	堆筑土山丘	1. 土丘高度 2. 土丘坡度要求 3. 土丘底外接矩形面积	m³	1. 取土、运土 2. 堆砌、夯实 3. 修整
050301002	堆砌石假山	1. 堆砌高度 2. 石料种类、单块重量 3. 混凝土强度等级 4. 砂浆强度等级、配合比	t	1. 选料 2. 起重机搭、拆 3. 堆砌、修整
050301003	塑假山	1. 假山高度 2. 骨架材料种类、规格 3. 山皮料种类 4. 混凝土强度等级 5. 砂浆强度等级、配合比 6. 防护材料种类	m²	1. 骨架制作 2. 假山胎模制作 3. 塑假山 4. 山皮料安装 5. 刷防护材料

续表

项目编码	项目名称	项目特征	计量单位	工作内容
050301004	石笋	1. 石笋高度 2. 石笋材料种类 3. 砂浆强度等级、配合比	支	1. 选石料 2. 石笋安装
050301005	点风景石	1. 石料种类 2. 石料规格、重量 3. 砂浆配合比	1. 块 2. t	1. 选石料 2. 起重架搭、拆 3. 点石
050301006	池、盆景置石	1. 底盘种类 2. 山石高度 3. 山石种类 4. 混凝土砂浆强度等级 5. 砂浆强度等级、配合比	1. 座 2. 个	1. 底盘制作、安装 2. 池、盆景山石安装、砌筑
050301007	山(卵)石护角	1. 石料种类、规格 2. 砂浆配合比	m³	1. 石料加工 2. 砌石
050301008	山坡(卵)石台阶	1. 石料种类、规格 2. 台阶坡度 3. 砂浆强度等级	m²	1. 选石料 2. 台阶砌筑

(二)堆塑假山工程清单项目特征描述

1. 堆筑土山丘

堆筑土山丘是指山体以土壤堆成,或利用原有凸起的地形、土丘,加堆土以突出其高耸的山形。因此,布置土山需要较大的园地面积。堆筑土山丘项目适用于夯填、堆筑而成。

在堆筑土山丘时为使山体稳固,常需要较宽的山麓。因此,布置土山需要较大的园地面积。《公园设计规范》(CJJ 48)中规定:"地形设计应以总体设计所确定的各控制点的高程为依据。大高差或大面积填方地段的设计标高,应计入当地土壤的自然沉降系数。改造的地形坡度超过土壤的自然安息角时,应采取护坡、固土或防冲刷的工程措施。植草皮的土山最大坡度为 33%,最小坡度为 1%。人力剪草机修剪的草坪坡度不应大于 25%。"

山丘的高度可因需要确定,供人登临的山,为有高大感并利于远眺应高于平地树冠线。在这个高度上可以不致使人产生"见林不见山"的感觉。当山的高度难以满足 10~30m 这一要求时,要尽可能不在主要欣赏面中靠山脚处种植过大的乔木,而应以低矮灌木突出山的体量。对于那些分隔空间和起障景作用的土山,高度在 1.5m 以能遮挡视线就足够了。

2. 堆砌石假山

堆砌石假山时,石山造价较高,堆山规模若是比较大,则工程费用十分高昂。因此,石假山一般规模都比较小,主要用在庭园、水池等空间比较闭合的环境中,或者在公园一角做瀑布、滴泉的山体作用。一般较大型开放的供人们休息娱乐的大型广场中不设置石假山。

假山石料有江南太湖石、广东英石、华北类太湖石、华北清石、山东青石、笋石、剑石、山涧水冲石等,多为石灰石经过长期风蚀、水蚀而成,因而形态各异。

3. 塑假山

塑假山是现代园林中,为了降低假山石景的造价和增强假山石景景物的整体性,也常常采用水泥材料以人工塑造的方式来制作假山或石景。做人造山石,一般以铁条或钢筋为骨架做成山石模胚与骨架,然后再用小块的英德石贴面,贴英德石时应注意理顺皱纹,并使色泽一致,最后塑造成的山石就会比较逼真。

4. 石笋

石笋石又称白果笋、虎皮石、剑石,颜色多为淡灰绿色、土红灰色或灰黑色,重而脆,是一种长形的砾岩岩石。石形修长呈条柱状,立于地上即为石笋,顺其纹理可竖向劈分。石柱中含有白色的小砾石,如白果般大小。石面上"白果"未风化的,称为龙岩,若石面砾石已风化成一个个小穴窝,则称为凤岩。石面还有不规则的裂纹。大多数石笋都有三面可观,仅背面光秃无可观,可用于竹林中做竖立配置,有"雨后春笋"般的景观效果,如扬州个园的春山(竹石春景)就用的是石笋石。这种石材产于浙江与江西交界的常山、玉山一带。

常见石笋可分为以下四种:

(1)白果笋。白果笋是在青灰色的细砂岩中沉积了一些卵石,犹如银杏所产的白果嵌在石中,因此得名。

(2)乌炭笋。顾名思义,这是一种乌黑色的石笋,比煤炭的颜色稍浅而无甚光泽。如用浅色景物做背景,这种石笋的轮廓就更清晰。

(3)慧剑。这是北京假山师傅的沿称。所指的是一种净面青灰色或灰青色的石笋。北京颐和园前山东腰有高数丈的大石笋就是这种"慧剑"。

(4)钟乳石笋。即用石灰岩经熔融形成的钟乳石倒置,或用石笋正放用以点缀绿色。北京故宫御花园中有用这种石笋做特置小品的。

5. 点风景石

点风景石是一种点布独立不具备山形但以奇特的形状为审美特征的石质观赏品。

用于点风景石的石料有湖石。点风景石还可结合它的挡土、护坡和作为种植床等实用功能,用以点缀风景园林空间。点风景石时要注意石身之形状和纹理,宜立则立,宜卧则卧,纹理和背向需要一致,其选石多半应选具有"透、漏、瘦、皱、丑"特点的具有观赏性的石材。点风景石所用的山石材料较少,结构比较简单,施工也相对简单。

6. 池、盆景置石

池石是布置在水池中的点风景石。盆景山是在园林露地庭院中布置的大型的山水盆景。盆景中的山水景观大多数都是按照真山真水形象塑造的,而且有着显著的小中见大的艺术效果,能够让人领会到咫尺千里的山水意境。

山石高度:池石的山石高度要与环境空间和水池的体量相称,石景(如单峰石)的高度应小于水池长度的一半。

山石种类:目前常用的,在古代假山中最重要的假山石种类有湖石(太湖石、仲宫石、房山石、英德石、宣石)、黄石、青石、石笋石、钟乳石、水秀石、云母片石、大卵石和黄蜡石。

7. 山(卵)石护角

指土山或堆石山的山角堆砌的山石,起挡土石和点缀的作用,它是带土假山的一种做法。

(1)石料的种类。石料的种类主要有花岗石、汉白玉和青白石三种。

1)花岗石。花岗石属于酸性结晶深成岩,是火成岩中分布最广的岩石,其主要矿物组成为长石、石英和少量云母。

2)汉白玉。汉白玉是一种纯白色大理石,因其石质晶莹纯净、洁白如玉、熠熠生辉而得名。汉白玉石料指的就是这种大理石。

3)青白石。颜色为青白色,是石灰岩的俗称。

(2)石料的规格。

1)片石厚度不得小于 15cm,块石厚度为 20～30cm,形状大致方正,应有两个较大的平行面,宽度为厚度的 1～1.5 倍,长度为厚度的 1.5～3 倍。

2)每层的石料高度大致一样并且要错缝砌筑。

3)粗料石厚度不得小于 20cm,宽度为厚度的 1～1.5 倍,长度为厚度的 1.5～4 倍,要错缝砌筑。

4)城市桥梁,当采用片石和块石砌筑时,宜采用料石或混凝土块镶面。

8. 山坡(卵)石台阶

山坡(卵)石台指随山坡而砌,多使用不规整的块石,砌筑的台阶一般无严格统一的每步台阶高度限制,踏步和踢脚无须石表面加工或有少许加工(打荒)。制作山坡石台阶所用石料规格应符合要求,一般片石厚度不得小于 15cm,不得有尖锐棱角;块石应有两个较大的平行面,形状大致方正,厚度为 20～30cm,宽度为厚度的 1～1.5 倍,长度为厚度的 1.5～3 倍,粗料石厚度不得小于 20cm,宽度为厚度的 1～1.5 倍,长度为厚度的 1.5～4 倍,要错缝砌筑。

常用做台阶的石材有自然石(如六方石、圆石、鹅卵石)及整形切石、石板等。木材则有杉、桧等的角材或圆木柱等。其他材料还包括红砖、水泥砖、钢铁等都可以选用。除此之外还有各种贴面材料,如石板、洗石子、瓷砖、磨石子等。台阶石有着美观、时尚、环保、抗老化、不变形的性能优点,可广泛用于市政、水利、公园、交通桥梁等护栏工程。

踏面应做成稍有坡度,其适宜的坡度在 1‰ 为好,以利排水、防滑等。踏板突出于竖板的宽度绝对不应超过 2.5cm,以防绊跌。

(三)堆塑假山清单工程量计算

1. 工程量计算规则

(1)堆筑土山丘:按设计图示山丘水平投影外接矩形面积乘以高度的 1/3 以体积计算。

(2)堆砌石假山：按设计图示尺寸以质量计算。

(3)塑假山：按设计图示以展开面积计算。

(4)石笋、点风景石：

1)以块(支、个)计量，按设计图示数量计算。

2)以吨计量，按设计图示石料质量计算。

(5)池、盆景置石：

1)以块(支、个)计量，按设计图示数量计算。

2)以吨计量，按设计图示石料质量计算。

(6)山(卵)石护角：按设计图示尺寸以体积计算。

(7)山坡(卵)石台阶：按设计图示尺寸以水平投影面积计算。

工程量计算规则相关说明如下：

(1)假山(堆筑土山丘除外)工程的挖土方、开凿石方、回填等应按现行国家标准《房屋建筑与装饰工程工程量计算规范》(GB 50854—2013)的相关项目编码列项。

(2)如遇某些构配件使用钢筋混凝土或金属构件时，应按现行国家标准《房屋建筑与装饰工程工程量计算规范》(GB 50854—2013)或《市政工程工程量计算规范》(GB 50857—2013)的相关项目编码列项。

(3)散铺河滩石按点风景石项目单独编码列项。

2. 工程量计算实例

【例 4-21】 图 4-24 为某公园内堆筑土山丘的平面图，已知该山丘水平投影的外接矩形长 12m，宽 6m，假山的高度为 8m，试计算其工程量。

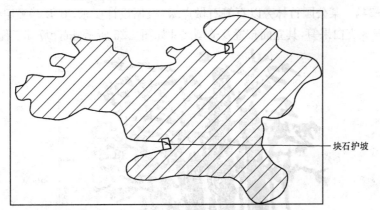

图 4-24 某公园内堆筑土山丘平面图

【解】 工程量计算结果见表 4-47。

表 4-47　　　　　　　　　　　　　　　**工程量计算表**

项目编码	项目名称	计算式	工程量合计	计量单位
050301001001	堆筑土山丘	$V=12\times6\times8\times\dfrac{1}{3}$	192.00	m³

【例 4-22】　某公园内的一堆砌石假山,堆砌的材料为黄石,该假山的高度为 3.5m,假山的实际投影面积为 32m²,试计算其工程量。

【解】　堆砌石假山质量　　　　　$W=AHRK_n$

W——石料质量(t);

A——假山平面轮廓的水平投影面积(m²);

H——假山着地点至最高顶点的垂直距离(m);

R——石料密度:黄石 2.6t/m³;

K_n——折算系数,高度在 4m 以内 $K_n=0.54$。

工程量计算结果见表 4-48。

表 4-48　　　　　　　　　　　　工程量计算表

项目编码	项目名称	计算式	工程量合计	计量单位
050301002001	堆砌石假山	$W=32\times3.5\times2.6\times0.54$	157.25	t

【例 4-23】　某公园内有一座人工塑假山,采用钢骨架,山高 9m,占地面积为 32m²,假山地基为 35mm 厚砂石垫层,C10 混凝土厚 100mm,素土夯实,试计算其工程量。

【解】　工程量计算结果见表 4-49。

表 4-49　　　　　　　　　　　　工程量计算表

项目编码	项目名称	工程量合计	计量单位
050301003001	塑假山	32	m²

【例 4-24】　某公园竹林旁以石笋石做点缀,根据设计要求,其笋石采用白果笋,该景区共布置 3 支白果笋,其立面布置及造型尺寸如图 4-25 所示,试计算其工程量。

图 4-25　白果笋点缀立面图

【解】　工程量计算结果见表 4-50。

表 4-50　　　　　　　　　　　　　　　　工程量计算表

序号	项目编码	项目名称	工程量合计	计量单位
1	050301004001	石笋(白果笋,高 3.2m)	1	支
2	050301004002	石笋(白果笋,高 2.2m)	1	支
3	050301004003	石笋(白果笋,高 1.5m)	1	支

【例 4-25】　某公园草地上零星点布置 5 块风景石,其平面布置如图 4-26 所示,石材选用太湖石,试计算其工程量。

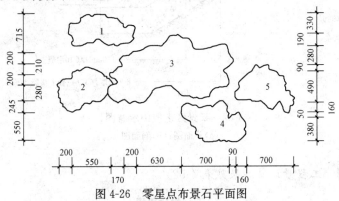

图 4-26　零星点布景石平面图

【解】　工程量计算结果见表 4-51。

表 4-51　　　　　　　　　　　　　　　　工程量计算表

项目编码	项目名称	工程量合计	计量单位
050301005001	点风景石	5	块

【例 4-26】　图 4-27 为某景区内的一带土假山,根据设计要求的规定,需要在假山的拐角处设置山石护角,每块石的规格为 1.5m×0.6m×0.8m;假山中修有山石台阶,每个台阶的规格为:0.6m×0.4m×0.3m,台阶共 8 级,台阶为 C10 混凝土,厚度为 130mm,表面是水泥抹面,素土夯实,山石材料为黄石,试计算其工程量。

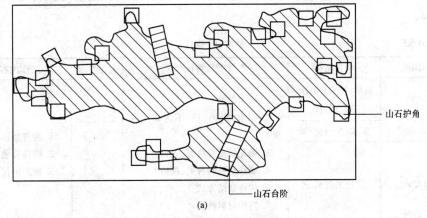

(a)

图 4-27　某景区土假山示意图(一)

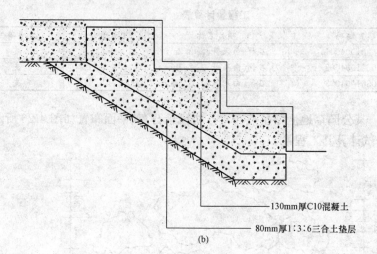

　　　　　　　　　　　　　　　　　　　　——130mm厚C10混凝土

　　　　　　　　　　　　　　　　——80mm厚1:3:6三合土垫层

(b)

图 4-27　某景区土假山示意图(二)

(a)平面图;(b)剖面图

【解】　工程量计算结果见表 4-52。

表 4-52　　　　　　　　　　　　工程量计算表

序号	项目编码	项目名称	计算式	工程量合计	计量单位
1	050301007001	山(卵)石护角	$V=1.5\times0.6\times0.8$	0.72	m³
2	050301008001	山坡(卵)石台阶	$S=0.6\times0.4\times8$	1.92	m²

三、原木、竹构件

(一)原木、竹构件工程清单项目设置

　　原木、竹构件工程量清单项目设置、项目特征描述的内容、计量单位、工作内容应按《园林绿化工程工程量计算规范》(GB 50858—2013)中 C.2 的规定执行,内容详见表 4-53。

表 4-53　　　　　　　　　　　　原木、竹构件

项目编码	项目名称	项目特征	计量单位	工作内容
050302001	原木(带树皮)柱、梁、檩、椽	1. 原木种类 2. 原木直(梢)径(不含树皮厚度)	m	1. 构件制作 2. 构件安装 3. 刷防护材料
050302002	原木(带树皮)墙	3. 墙龙骨材料种类、规格 4. 墙底层材料种类、规格	m²	
050302003	树枝吊挂楣子	5. 构件联结方式 6. 防护材料种类		

续表

项目编码	项目名称	项目特征	计量单位	工作内容
050302004	竹柱、梁、檩、椽	1. 竹种类 2. 竹直(梢)径 3. 连接方式 4. 防护材料种类	m	1. 构件制作 2. 构件安装 3. 刷防护材料
050302005	竹编墙	1. 竹种类 2. 墙龙骨材料种类、规格 3. 墙底层材料种类、规格 4. 防护材料种类	m²	
050302006	竹吊挂楣子	1. 竹种类 2. 竹梢径 3. 防护材料种类		

(二)原木、竹构件工程清单项目特征描述

1. 原木(带树皮)柱、梁、檩、椽

原木主要取伐倒木的树干或适用的粗枝,按树种、树径和用途的不同,横向截断成规定长度的木材。

原木是商品木材供应中最主要的材种,分为直接用原木和加工用原木两大类。直接用原木有坑木、电杆和桩木;加工用原木又分为一般加工用材和特殊加工用材。特殊加工用的原木有造船材、车辆材和胶合板材。各种原木的径级、长度、树种及材质要求由国家标准规定。

(1)柱类构件是指各种檐柱、金柱、中柱、山柱、通柱、童柱、擎檐柱等各种圆形、方形、八角形、六角形截面的木柱。其中,垂檐金柱构造如图 4-28 所示。

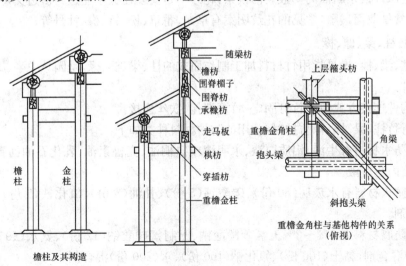

图 4-28　垂檐金柱构造图

（2）梁类构件是指二、三、四、五、六、七、八、九架梁，单步梁，双步梁，三步梁，天花梁，斜梁，递角梁，抱头梁，挑尖梁，接尾梁，抹角梁，踩步金梁，承重梁，踩步梁等各种受弯承重构件。

（3）桁、檩类构件是指檐檩、金檩、脊檩、正心桁、挑檐桁、金桁、脊桁、扶脊木等构件。

2. 原木（带树皮）墙

原木（带树皮）墙是指取伐倒木的树干，也可取适用的粗枝，保留树皮，只进行横向截断成规定长度的木材所制成的墙体，用来分隔空间。

木构件连接方式应包括开榫连接、铁件连接、扒钉连接、铁钉连接。

防护材料种类如下：

（1）木材常用的防腐、防虫材料有水溶性防腐剂（氟化钠、硼铬合剂、硼酚合剂、铜铬合剂）、油类防腐剂（混合防腐油、强化防腐油）、油溶性防腐剂（五氯酚、林丹和五氯酚合剂、沥青浆膏）。

（2）木材常用的防火材料有各种金属、水泥砂浆、熟石膏、耐火涂料（硅酸盐涂料、可赛银涂料、氯乙烯涂料等）。

3. 树枝吊挂楣子

树枝吊挂楣子是指用树枝编织加工制成的吊挂楣子。楣子是安装于建筑檐柱间兼有装饰和实用功能的装修件。根据位置不同，分为倒挂楣子和坐凳楣子。倒挂楣子安装于檐枋之下，有丰富和装点建筑立面的作用。坐凳楣子安装在檐下柱间，除有丰富立面的功能外，还可供人坐下休息。楣子的棂条花格形式同一般装修。还有将倒挂楣子用整块木板雕刻成花罩形式的，称为花罩楣子。

倒挂楣子主要由边框、棂条以及花牙子等构件组成，楣子高（上下横边外皮尺寸）一尺至一尺半不等，临期酌定。边框断面为 4cm×5cm 或 4.5cm×6cm，小面为看面，大面为进深。棂条断面同一般装修棂条，花牙子是安装在楣子立边与横边交角处的装饰件，通常做双面透雕，常见的花纹图案有草龙、番草、松、竹、梅、牡丹等。

4. 竹柱、梁、檩、椽

竹柱、梁、檩、椽是指用竹材料加工制作而成的柱、梁、檩、椽，是园林中亭、廊、花架等的构件。

竹构件连接方式包括竹钉固定、竹篾绑扎、铁丝连接。

进行竹柱、梁、檩、椽防护时，常用的防护材料种类如下：

（1）防水材料有生漆、铝质厚漆、永明漆或熟桐油、克鲁素油、乳化石油沥青、松香和赛璐珞丙酮溶液。

（2）防火材料有水玻璃（50 份）、碳酸钙（5 份）、甘油（5 份）、氧化铁（5 份）、水（40 份）混合剂。

（3）防腐材料有 1%～2%五氯苯酚酸钠、配制氟硅酸钠（12 份）、氨水（19 份）、水（500 份）混合剂，黏土（100 份）、氟化钠（100 份）、水（200 份）混合剂。

（4）防霉、防虫材料有 30♯石油沥青、煤焦油、生桐油、虫胶漆、清漆、重铬酸钾

（5％）、硫酸铜（3％）、氧化砷水溶液（氧化砷 1％：水 91％）、0.8％～1.25％硫酸铅液、1％～2％醋酸铅液、1％～2％苯酚液。

（5）防裂材料有生漆或桐油。

5. 竹编墙

竹编墙是指用竹材料编成的墙体，用来分隔空间和防护之用。竹的种类应选用质地坚硬、直径为 10～15mm、尺寸均匀的竹子，并要对其进行防腐防虫处理。墙龙骨的种类有木框、竹框、水泥类面层等。

6. 竹吊挂楣子

竹吊挂楣子是指用竹编织加工制成的吊挂楣子，它是用竹材做成各种花纹图案。

竹的种类按其地下茎和地面生长情况，有三种类型：单轴散生型，如毛竹、紫竹、斑竹、方竹、刚竹等；合轴丛生型，如凤尾竹、孝顺竹、佛肚竹等；复轴混生型，如茶秆竹、箬竹、菲白竹等。

竹吊挂楣子刷防护漆时应符合如下要求：

（1）在竹材表面涂刷生漆、铝质厚漆等可防水。

（2）用 30# 石油沥青或煤焦油，加热涂刷竹材表面，可起防虫蛀的功效。

（3）配制氟硅酸钠、氨水和水的混合剂，应每隔 1h 涂刷竹材一次，共涂刷三次，或将竹材浸渍于此混合剂中，可起防腐之效。

(三)原木、竹构件工程工程量计算

1. 工程量计算规则

（1）原木（带树皮）柱、梁、檩、椽：按设计图示尺寸以长度计算（包括榫长）。

（2）原木（带树皮）墙：按设计图示尺寸以面积计算（不包括柱、梁）。

（3）树枝吊挂楣子：按设计图示尺寸以框外围面积计算。

（4）竹柱、梁、檩、椽：按设计图示尺寸以长度计算。

（5）竹编墙：按设计图示尺寸以面积计算（不包括柱、梁）。

（6）竹吊挂楣子：按设计图示尺寸以框外围面积计算。

2. 工程量计算实例

【例 4-27】 图 4-29 所示为某园林建筑立柱，其材料为原木构造，有木柱 8 根，试计算其工程量。

【解】 工程量计算结果见表 4-54。

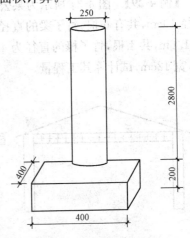

图 4-29　立柱立面示意图

说明：共有同类柱子 8 根

表 4-54 　　　　　　　　　　　　　　**工程量计算表**

项目编码	项目名称	计算式	工程量合计	计量单位
050302001001	原木（带树皮）柱	$L=(2.8+0.2)\times 8$	24.00	m

【例 4-28】 某园林景区根据设计要求,原木墙要做成高低参差不齐的形状,如图 4-30所示,采用原木直径均为 12cm 的木材,试计算其工程量。

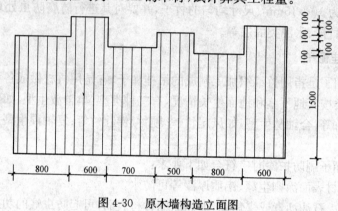

图 4-30　原木墙构造立面图

【解】 工程量计算结果见表 4-55。

表 4-55 　　　　　　　　　　　　　　**工程量计算表**

项目编码	项目名称	计算式	工程量合计	计量单位
050302002001	原木（带树皮）墙	$S=0.8\times1.7+0.6\times2+0.7\times1.6+$ $0.5\times1.8+0.8\times1.5+0.6\times1.9$	6.92	m²

【例 4-29】 图 4-31 所示为某公园内一座竹制圆亭子,该亭子的直径为 3m,柱子直径 10cm,共有 6 根,竹子梁的直径为 10cm,长 1.8m,共 4 根,竹檩条的直径为 6cm,长 1.6m,共 4 根,竹子椽的直径为 4cm,长 1.2m,共 64 根,并在檐房下挂着竹吊挂楣子,宽 12cm,试计算其工程量。

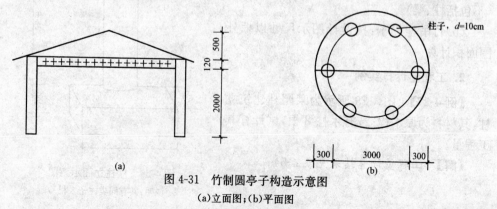

图 4-31　竹制圆亭子构造示意图

(a)立面图;(b)平面图

【解】 工程量计算结果见表 4-56。

表 4-56　　　　　　　　　　　工程量计算表

项目编码	项目名称	计算式	工程量合计	计量单位
050302004001	竹柱	$L=2\times6$	12.00	m
050302004002	竹梁	$L=1.8\times4$	7.20	m
050302004003	竹檩条	$L=1.6\times4$	6.40	m
050302004004	竹椽	$L=1.2\times64$	76.80	m
050302006001	竹吊挂楣子	$S=3.14\times3\times0.12$	1.13	m²

四、亭廊屋面

(一)亭廊屋面工程清单项目设置

亭廊屋面工程量清单项目设置、项目特征描述的内容、计量单位、工作内容应按《园林绿化工程工程量计算规范》(GB 50858—2013)中 C.3 的规定执行,内容详见表 4-57。

表 4-57　　　　　　　　　　　亭廊屋面

项目编码	项目名称	项目特征	计量单位	工作内容
050303001	草屋面	1. 屋面坡度 2. 铺草种类 3. 竹材种类 4. 防护材料种类	m²	1. 整理、选料 2. 屋面铺设 3. 刷防护材料
050303002	竹屋面			
050303003	树皮屋面			
050303004	油毡瓦屋面	1. 冷底子油品种 2. 冷底子油涂刷遍数 3. 油毡瓦颜色规格		1. 清理基层 2. 材料裁接 3. 刷油 4. 铺设
050303005	预制混凝土穹顶	1. 穹顶弧长、直径 2. 肋截面尺寸 3. 板厚 4. 混凝土强度等级 5. 拉杆材质、规格	m³	1. 模板制作、运输、安装、拆除、保养 2. 混凝土制作、运输、浇筑、振捣、养护 3. 构件运输、安装 4. 砂浆制作、运输 5. 接头灌缝、养护

续表

项目编码	项目名称	项目特征	计量单位	工作内容
050303006	彩色压型钢板（夹芯板）攒尖亭屋面板	1. 屋面坡度 2. 穹顶弧长、直径 3. 彩色压型钢（夹芯）板品种、规格	m²	1. 压型板安装 2. 护角、包角、泛水安装 3. 嵌缝 4. 刷防护材料
050303007	彩色压型钢板（夹芯板）穹顶	4. 拉杆材质、规格 5. 嵌缝材料种类 6. 防护材料种类		
050303008	玻璃屋面	1. 屋面坡度 2. 龙骨材质、规格 3. 玻璃材质、规格 4. 防护材料种类		1. 制作 2. 运输 3. 安装
050303009	木（防腐木）屋面	1. 木（防腐木）种类 2. 防护层处理		1. 制作 2. 运输 3. 安装

(二)亭廊屋面工程清单项目特征描述

1. 草屋面

草屋面是指用草铺设建筑顶层的构造层。草屋面具有防水功能而且自重荷载小，能够满足当时的承重较差的主体结构。

2. 竹屋面

竹屋面是指建筑顶层的构造层由竹材料铺设而成。竹屋面的屋面坡度要求与草屋面基本相同。竹作为建筑材料，凭借竹材的纯天然的色彩和质感，给人们贴近自然、返璞归真的感觉，受到各阶层游人的喜爱。

3. 树皮屋面

树皮屋面指建筑顶层的构造层由树皮铺设而成。树皮屋面的铺设是用桁、椽搭接于梁架上，再在上面铺树皮做脊。树皮屋面的防护材料应符合下列要求：

(1)喷甲基硅醇钠憎水剂。

(2)喷涂聚合物水泥砂浆三遍(颜色自定)。

(3)喷一道 108 胶水溶液(配比 108 胶：水＝1：4)。

(4)50 厚钢丝网水泥保护层。

(5)刷 0.8 厚聚氨酯防水涂膜第二道防水层。

(6)刷 0.8 厚聚氨酯防水涂膜第一道防水层。

(7)基层表面满涂一层聚氨酯。

4. 油毡瓦屋面

油毡瓦是指以玻纤毡为胎基的彩色瓦块状的防水片材,又称沥青瓦。由于色彩丰富、形状多样,近年来已得到广泛应用。油毡瓦屋面的排水坡度不应小于 20%。当屋面坡度大于 100% 时,应采取固定加强措施。

5. 预制混凝土穹顶

预制混凝土穹顶是指在施工现场安装之前,在预制加工厂预先加工而成的混凝土穹顶。穹顶是指屋顶形状似半球形的拱顶。亭的屋顶造型有攒尖顶、翘檐角、三角形、多角形、扇形、平顶等多种,其屋面坡度因其造型不同而有所差异,但均应达到排水要求。

6. 彩色压型钢板(夹芯板)攒尖亭屋面板

彩色压型钢板是指采用彩色涂层钢板,经辊压冷弯成各种波形的压型板。这些彩色压型钢板可以单独使用,用于不保温建筑的外墙、屋面或装饰,也可以与岩棉或玻璃棉组合成各种保温屋面及墙面。它具有质轻、高强、色泽丰富、施工方便快捷、防震防火、防雨、寿命长、免维修等特点,现已被逐渐推广应用。

彩色压型钢板(夹芯板)攒尖亭屋面板是由厚度 0.8～1.6mm 的薄钢板经冲压而成的彩色瓦楞状产品加工成的攒尖亭屋面板。

(1)彩色压型钢板(夹芯板)的品种、规格。

1)镀锌压型钢板。镀锌压型钢板,其基板为热镀锌板,镀锌层重应不小于 275g/m²(双面),产品标准应符合国标《连续热镀锌钢板和钢带》(GB/T 2518—2008)的要求。

2)涂层压型钢板。指在热镀锌基板上增加彩色涂层的薄板压形而成,其产品标准应符合《彩色涂层钢板及钢带》(GB/T 12754—2006)的要求。

3)锌铝复合涂层压型钢板。锌铝复合涂层压型钢板为新一代无紧固件扣压式压型钢板,其使用寿命更长,但要求基板为专用的、强度等级更高的冷轧薄钢板。压型钢板根据其波型截面可分为:

①高波板:波高大于 75mm,适用于做屋面板。

②中波板:波高 50～75mm,适用于做楼面板及中小跨度的屋面板。

③低波板:波高小于 50mm,适用于做墙面板。

常用压型钢板的规格选用压型金属板时,应根据荷载及使用情况选用定型产品。

(2)嵌缝材料的种类。园林建筑轻型屋面板自防水的接缝防水材料有:水泥、砂子、碎石、水乳型丙烯酸密封膏、改性沥青防水嵌缝油膏、氯磺化聚乙烯密封膏、聚氯乙烯胶泥、塑料油膏、橡胶沥青油膏和底涂料等。

7. 彩色压型钢板(夹芯板)穹顶

彩色压型钢板(夹芯板)穹顶是指由厚度 0.8～1.6mm 的薄钢板经冲压而成的彩色瓦楞状产品所加工成的穹顶。

8. 玻璃屋面

玻璃屋面又称玻璃采光顶。

大面积天井上加盖各种形式和颜色的玻璃采光顶,构成一个不受气候影响的室内玻璃顶空间。各种类型的玻璃采光顶(玻璃屋顶、玻璃天窗),已被广泛用于宾馆饭店、车站、机场候机楼、商业城、百货厦、展览馆、体育馆、博物馆及医院等。

按其造型形式分为:单体玻璃采光顶、群体玻璃采光顶、连体玻璃采光顶;按其制作方法分为:铝合金隐框玻璃采光顶、玻璃镶嵌式铝合金采光顶。

不同的屋面防水材料与排水坡度的关系,如图 4-32 所示。通常将屋面坡度>10%的称为坡屋顶,坡度≤10%的称为平屋顶。

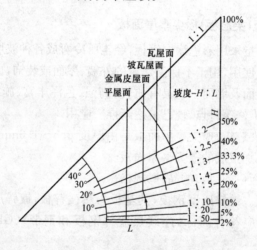

图 4-32　常用屋面坡度范围

9. 木(防腐木)屋顶

木(防腐木)屋面是指用木梁或木屋架(桁架)、檩条(木檩或钢檩)、木望板及屋面防水材料等组成的屋盖。

(三)亭廊屋面工程工程量计算

1. 工程量计算规则

(1)草屋面:按设计图示尺寸以斜面计算。

(2)竹屋面:按设计图示尺寸以实铺面积计算(不包括柱、梁)。

(3)树皮屋面:按设计图示尺寸以屋面结构外围面积计算。

(4)油毡瓦屋面:按设计图示尺寸以斜面计算。

（5）预制混凝土穹顶：按设计图示尺寸以体积计算。混凝土脊和穹顶的肋、基梁并入屋面体积。

（6）彩色压型钢板（夹芯板）攒尖亭屋面板、彩色压型钢板（夹芯板）穹顶、玻璃屋面、木（防腐木）屋顶：按设计图示尺寸以实铺面积计算。

工程量计算的相关说明如下：

（1）柱顶石（磉磴石）、钢筋混凝土屋面板、钢筋混凝土亭屋面板、木柱、木屋架、钢柱、钢屋架、屋面木基层和防水层等，应按现行国家标准《房屋建筑与装饰工程工程量计算规范》（GB 50854—2013）中的相关项目编码列项。

（2）膜结构的亭、廊，应按现行国家标准《仿古建筑工程工程量计算规范》（GB 50855—2013）及《房屋建筑与装饰工程工程量计算规范》（GB 50854—2013）中的相关项目编码列项。

（3）竹构件连接方式应包括竹钉固定、竹篾绑扎、铁丝连接。

2. 工程量计算实例

【例 4-30】 某园林房屋屋顶的结构层由草铺设而成，试根据图 4-33 所示计算其工程量。

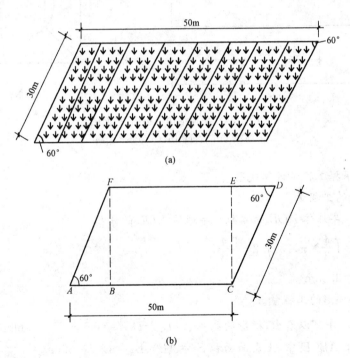

图 4-33 屋顶平面、剖面分解示意图

(a)屋顶平面图；(b)屋顶剖面分解示意图

说明：屋面坡度为 0.4，屋面长 50m，宽 30m，长与宽的夹角为 60 度

【解】 工程量计算结果见表4-58。

表 4-58　　　　　　　　　　　　　**工程量计算表**

项目编码	项目名称	计算式	工程量合计	计量单位
050303001001	草屋面	$S = S_{ABF} + S_{BCEF} + S_{CDE} = \dfrac{1}{2} \times 15 \times 25.98 + 35 \times 25.98 + \dfrac{1}{2} \times 15 \times 25.98$	1299.00	m²

【例4-31】 某游园中的圆形凉亭,该亭的穹顶为半球形,亭顶的构造及尺寸如图4-34所示,试计算其工程量。

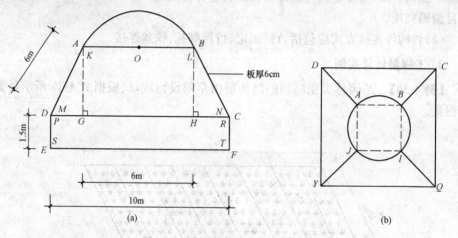

图 4-34　亭顶结构分析图、平面图
(a)穹顶结构分析图;(b)亭顶平面图

【解】 根据工程量计算规则

(1)穹顶的工程量。

工程量＝半球体 AOB 的体积－半球体 KOL 的体积

$$= \left(\frac{4}{3} \times \pi \times 3^3 \right) / 2 - \left[\frac{4}{3} \times \pi \times (3 - 0.06)^3 \right] / 2$$

$$= 3.33 \text{m}^3$$

(2)等腰梯形的工程量。

由图4-34中可以看出,梯形的高$= \sqrt{AD^2 - DG^2} = \sqrt{6^2 - 2^2} = 5.66$m

在梯形体 $ABCD$ 中,上表面面积 $S_1 = AB \times BI = 6 \times 6 = 36$m²

下表面面积 $S_2 = DC \times CQ = 10 \times 10 = 100$m²

在梯形体 $KLMN$ 中,上表面面积 $S_3 = (6 - 0.06 \times 2) \times (6 - 0.06 \times 2) = 34.57$m²

下表面面积 $S_4 = (10 - 0.06 \times 2) \times (10 - 0.06 \times 2)$

$$= 97.61 \text{m}^2$$

等腰梯形体的工程量＝梯形体 $ABCD$ 的体积－梯形体 $KLMN$ 的体积

$$=\frac{1}{3}(S_1+S_2+\sqrt{S_1S_2})H-\frac{1}{3}(S_3+S_4+\sqrt{S_3S_4})H$$

$$=\frac{1}{3}\times(36+100+\sqrt{36\times100})\times5.66-\frac{1}{3}\times(34.57+$$

$$97.61+\sqrt{34.57\times97.61})\times5.66$$

$$=10.82\text{m}^3$$

(3)长方体 $DEFC$ 的工程量。

长方体的工程量＝$[10\times10-(10-0.06\times2)\times(10-0.06\times2)]\times1.5=3.58\text{m}^3$

(4)亭顶工程量合计＝3.33＋10.82＋3.58＝17.73m³

工程量计算结果见表 4-59。

表 4-59 **工程量计算表**

项目编码	项目名称	工程量合计	计量单位
050303005001	预制混凝土穹顶	17.73	m³

五、花架

(一)花架工程清单项目设置

花架工程量清单项目设置、项目特征描述的内容、计量单位、工作内容应按《园林绿化工程工程量计算规范》(GB 50858—2013)中 C.4 的规定执行,内容详见表 4-60。

表 4-60 **花架**

项目编码	项目名称	项目特征	计量单位	工作内容
050304001	现浇混凝土花架柱、梁	1. 柱截面、高度、根数 2. 盖梁截面、高度、根数 3. 连系梁截面、高度、根数 4. 混凝土强度等级		1. 模板制作、运输、安装、拆除、保养 2. 混凝土制作、运输、浇筑、振捣、养护
050304002	预制混凝土花架柱、梁	1. 柱截面、高度、根数 2. 盖梁截面、高度、根数 3. 连系梁截面、高度、根数 4. 混凝土强度等级 5. 砂浆配合比	m³	1. 模板制作、运输、安装、拆除、保养 2. 混凝土制作、运输、浇筑、振捣、养护 3. 构件运输、安装 4. 砂浆制作、运输 5. 接头灌缝、养护
050304003	金属花架柱、梁	1. 钢材品种、规格 2. 柱、梁截面 3. 油漆品种、刷漆遍数	t	1. 制作、运输 2. 安装 3. 油漆

续表

项目编码	项目名称	项目特征	计量单位	工作内容
050304004	木花架柱、梁	1. 木材种类 2. 柱、梁截面 3. 连接方式 4. 防护材料种类	m³	1. 构件制作、运输、安装 2. 刷防护材料、油漆
050304005	竹花架柱、梁	1. 竹种类 2. 竹胸径 3. 油漆品种、刷漆遍数	1. m 2. 根	1. 制作 2. 运输 3. 安装 4. 油漆

(二)花架工程清单项目特征描述

1. 现浇混凝土花架柱、梁

现浇混凝土花架柱、梁是指直接在现场支模、绑扎钢筋、浇灌混凝土而成形的花架柱、梁。

花架按结构形式分类,主要有简支式和悬臂式两种。简支式花架也称为双柱式,其剖面是两个立柱上的架横梁,梁上承格条。悬臂式又称单支式,其剖面是在立柱上端置悬臂梁,梁上承格条。有悬臂和格条组成的花架可以是单挑式也可以是双挑式。

连系梁是指将平面排架、框架、框架与剪力墙或剪力墙与剪力墙连接起来,以形成完整的空间结构体系的梁,也可称"连梁"或"系梁"。

(1)柱截面、高度、根数。钢筋混凝土柱的截面一般为 150mm×150mm 或 150mm×180mm,若用圆形截面,其截面面积为 160mm²,现浇、预制均可。

(2)盖梁截面、高度、根数。钢筋混凝土花架的负荷一般按 0.2~0.5kN/m² 计,再加上自重,也不为重,所以可按建筑艺术要求先定截面,再按简支或悬臂方式来验算截面高度 h。

简支:$h \geqslant L/20$(L——简支跨径);

悬臂:$h \geqslant L/9$(L——悬臂长)。

1)花架上部小横梁(格子条)。断面尺寸常为 50mm×(120~160)mm、间距为 500mm,两端外挑 700~750mm,内跨径多为 2700mm、3000mm、3300mm。

2)花架梁。断面尺寸常选择 80mm×(160~180)mm,可分别视施工构造情况,按简支梁或连续梁设计。纵梁收头处外挑尺寸常在 750mm 左右,内跨径则在 3000mm 左右。

3)悬臂挑梁。挑梁截面尺寸形式不仅要满足上述要求,为求视觉效果,还有起拱和上翘要求。一般上翘高度为 60~150mm,视悬臂长度而定。

搁置在纵梁上的支点可采用 1~2 个。

2. 预制混凝土花架柱、梁

预制混凝土花架柱、梁是指在施工现场安装之前,按照花架柱、梁各部件的有关尺寸,进行预先下料,加工成组合部件或在预制加工厂定购各种花架柱、梁构件。这种方法的优点是可以提高机械化程度、加快施工现场安装速度、降低成本缩短工期。

3. 金属花架柱、梁

金属花架柱、梁是指由金属材料加工制作而成的花架柱、梁。

金属花架柱、梁常用的钢材主要分钢结构用钢、钢筋混凝土用钢筋和钢丝。

(1)钢结构用钢。目前,钢结构用钢主要有普通碳素结构钢、普通低合金结构钢和优质碳素结构钢三类。

(2)钢筋混凝土用钢筋。钢筋的种类比较多,按照不同的标准可分为不同的类型。

1)按化学成分分类,钢筋可分为碳素钢钢筋和普通低合金钢钢筋两种。

①碳素钢钢筋是由碳素钢轧制而成。碳素钢钢筋按含碳量多少又分为低碳钢钢筋($w_c < 0.25\%$)、中碳钢钢筋($w_c = 0.25\% \sim 0.6\%$)和高碳钢钢筋($w_c > 0.60\%$)。常用的有 Q235、Q215 等品种。含碳量越高,强度及硬度也越高,但塑性、韧性、冷弯及焊接性等均降低。

②普通低合金钢钢筋是在低碳钢和中碳钢的成分中加入少量元素(硅、锰、钛、稀土等)制成的钢筋。普通低合金钢钢筋的主要优点是强度高、综合性能好、用钢量比碳素钢少 20% 左右。常用的有 24MnSi、25MnSi、40MnSiV 等品种。

2)按生产工艺可分为热轧钢筋、余热处理钢筋、冷拉钢筋、冷拔钢丝、热处理钢筋、碳素钢丝、刻痕钢丝、钢绞线、冷轧带肋钢筋、冷轧扭钢筋等。

①热轧钢筋是用加热钢坯轧成的条形钢筋。由轧钢厂经过热轧成材供应,钢筋直径一般为 5~50mm,分直条和盘条两种。

②余热处理钢筋又称调质钢筋,是经热轧后立即穿水,进行表面控制冷却,然后利用芯部余热自身完成回火处理所得的成品钢筋,其外形为有肋的月牙肋。

③冷加工钢筋有冷拉钢筋和冷拔低碳钢丝两种。冷拉钢筋是指将热轧钢筋在常温下进行强力拉伸使其强度提高的一种钢筋。钢丝有低碳钢丝和碳素钢丝两种。冷拔低碳钢丝由直径 6~8mm 的普通热轧圆盘条经多次冷拔而成,分甲、乙两个等级。

④碳素钢丝是由优质高碳钢盘条经淬火、酸洗、拔制、回火等工艺制成的。按生产工艺可分为冷拉及矫直回火两个品种。

⑤刻痕钢丝是把热轧大直径高碳钢加热,并经铅浴淬火、多次冷拔,钢丝表面再经过刻痕处理而制得的钢丝。

⑥钢绞线是指把光圆碳素钢丝在绞线机上进行捻合而成的钢绞线。

4. 木花架柱、梁

木花架柱、梁是指用木材加工制作而成的花架柱、梁。木材种类可分为针叶树材和阔叶树材两大类。杉木及各种松木、云杉和冷杉等是针叶树材;柞木、水曲柳、香樟、檫木及各种桦木、楠木和杨木等是阔叶树材。我国树种很多,因此各地区常用于工程的木材树种也各异。东北地区主要有红松、落叶松(黄花松)、鱼鳞云杉、红皮云杉、水曲柳;长江流域主要有杉木、马尾松;西南、西北地区主要有冷杉、云杉、铁杉。

花架柱、梁截面见表4-61。

表4-61　　　　　　　　　　　　　花架柱、梁截面参考尺寸

项目　　类别	竹	木
截面估算	$d^{③}=\left(\dfrac{1}{30}\sim\dfrac{1}{35}\right)L^{①}$	$h^{②}=\left(\dfrac{1}{20}\sim\dfrac{1}{25}\right)L^{①}$
常用梁尺寸	$\phi150\sim\phi70$	$50\sim80\times150,100\times200$
横梁	$\phi100$	50×150
挂落	$\phi30、\phi60、\phi70$	$20\times30,40\times60$
细部	$\phi25、\phi30$	
立柱	$\phi100$	$140\sim150\times140\sim150$

①L 表示跨度;②h 表示高度;③d 表示直径。

5. 竹花架柱、梁

竹花架柱、梁是指用竹材加工制作而成的花架柱、梁。施工时,对于竹木花架,可在防线且夯实柱基后,直接将竹、木等正确安放在定位点上,并用水泥砂浆浇筑。水泥砂浆凝固达到强度后,进行格子条施工,修正清理后,最后进行装饰刷色。

(三)花架工程量计算

1. 工程量计算规则

(1)现浇混凝土花架柱、梁,预制混凝土花架柱、梁:按设计图示尺寸以体积计算。

(2)金属花架柱、梁:按设计图示尺寸以质量计算。

(3)木花架柱、梁:按设计图示截面乘以长度(包括榫长)以体积计算。

(4)竹花架柱、梁:

1)以长度计量,按设计图示花架构件尺寸以延长米计算。

2)以根计量,按设计图示花架柱、梁数量计算。

工程量计算相关说明如下:

花架基础、玻璃天棚、表面装饰及涂料项目应按现行国家标准《房屋建筑与装饰工程工程量计算规范》(GB 50854—2013)中的相关项目编码列项。

2. 工程量计算实例

【例4-32】　图4-35为某公园内现浇混凝土花架构造图,该花架的总长度为9.25m,宽为2.5m。花架柱、梁具体尺寸及布置形式图中已有具体的标注,花架的混凝土为混凝土基础,厚60cm,试计算其工程量。

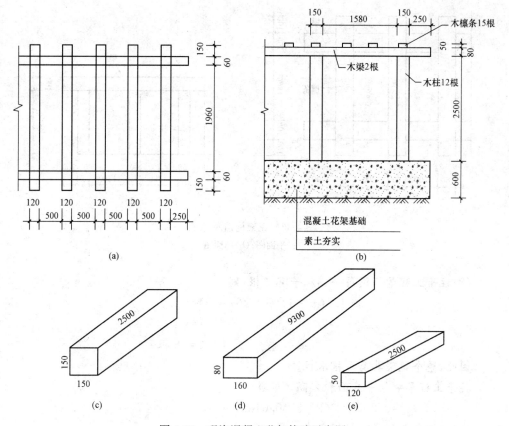

图 4-35　现浇混凝土花架构造示意图

(a)平面图;(b)剖面图;(c)柱尺寸示意图

(d)纵梁尺寸示意图;(e)木檩条尺寸示意图

说明:花架柱共 12 根,花架梁共 2 根,花架檩条共 15 根

【解】　工程量计算结果见表 4-62。

表 4-62　　　　　　　　　　工程量计算表

序号	项目编码	项目名称	计算式	工程量合计	计量单位
1	050304001001	现浇混凝土花架柱	$V=0.15\times0.15\times2.5\times12$	0.68	m³
2	050304001002	现浇混凝土花架梁	$V=0.16\times0.08\times9.3\times2$	0.24	m³
3	050304001003	现浇混凝土花架檩条	$V=0.12\times0.05\times2.5\times15$	0.23	m³

【例 4-33】　图 4-36 所示为某园林中的花架,该花架的长度为 6.6m,宽 2m,所有的木制构件均为正方形面的柱子,檩条长为 2.2m,木柱的高度为 2m,试计算其工程量。

【解】　(1)木梁工程量。

木梁所用木材体积＝木梁底面积×长度×根数

＝$0.1\times0.1\times6.6\times2=0.13$m³

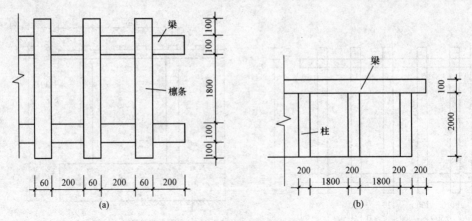

图 4-36　花架构造示意图

(a)平面图;(b)剖面图

(2)柱子工程量。设每一侧柱子有 x 根,则:

$$1.8(x-1)+0.2(x+2)=6.6$$

$$x=4$$

$$4\times2=8 \text{ 根}$$

因此,整个花架共有 8 根木柱。

柱子工程量＝柱子底面积×高×根数

　　　　＝$0.2\times0.2\times2\times8=0.64\text{m}^3$

(3)木檩条工程量。设檩条有 x 根,则:

$$0.06x+0.2(x+2)=6.6$$

$$x=24$$

因此,檩条共计有 24 根。

木檩条工程量＝檩条底面积×檩条长度×檩条根数

　　　　＝$0.06\times0.06\times2.2\times24=0.19\text{m}^3$

工程量计算结果见表 4-63。

表 4-63　　　　　　　　　　　　工程量计算表

序号	项目编码	项目名称	工程量合计	计量单位
1	050304004001	木花架柱	0.13	m³
2	050304004002	木花架梁	0.64	m³
3	050304004003	木花架檩条	0.19	m³

【例 4-34】　图 4-37 所示为某公园内方形空心钢所建的拱形花架,其长度为 6.3m,方形空心钢的规格为□120mm×8mm,该方形空心钢的质量为 26.84kg/m,花架采用 50cm 厚的混凝土做基础,试计算其工程量。

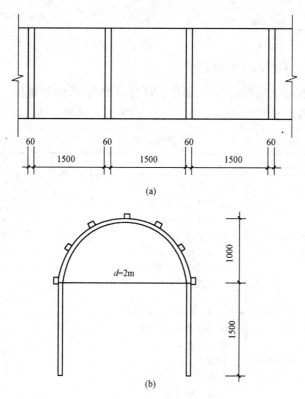

图 4-37　拱形花架构造示意图

(a)平面图；(b)立面图

【解】　根据工程量计算规则：

(1)柱子根数 $n=6.3\div1.56+1=5$ 根

花架金属柱子的工程量＝柱长度×单位长度质量

$$=(1.5\times2+3.14\times2\div2)\times5\times26.84$$

$$=824kg=0.824t$$

(2)金属花架梁的工程量。

金属花架工程量＝钢梁长度×单位长度质量

$$=6.3\times7\times26.84$$

$$=1184kg=1.184t$$

工程量计算结果见表 4-64。

表 4-64　　　　　　　　　　　　工程量计算表

序号	项目编码	项目名称	工程量合计	计量单位
1	050304003001	金属花架柱	0.824	t
2	050304003002	金属花架梁	1.184	t

六、园林桌椅

(一)园林桌椅工程清单项目设置

园林桌椅工程量清单项目设置、项目特征描述的内容、计量单位、工作内容应按《园林绿化工程工程量计算规范》(GB 50858—2013)中 C.5 的规定执行,内容详见表 4-65。

表 4-65　　　　　　　　　　　　　园林桌椅

项目编码	项目名称	项目特征	计量单位	工作内容
050305001	预制钢筋混凝土飞来椅	1. 座凳面厚度、宽度 2. 靠背扶手截面 3. 靠背截面 4. 座凳楣子形状、尺寸 5. 混凝土强度等级 6. 砂浆配合比	m	1. 模板制作、运输、安装、拆除、保养 2. 混凝土制作、运输、浇筑、振捣、养护 3. 构件运输、安装 4. 砂浆制作、运输、抹面、养护 5. 接头灌缝、养护
050305002	水磨石飞来椅	1. 座凳面厚度、宽度 2. 靠背扶手截面 3. 靠背截面 4. 座凳楣子形状、尺寸 5. 砂浆配合比		1. 砂浆制作、运输 2. 制作 3. 运输 4. 安装
050305003	竹制飞来椅	1. 竹材种类 2. 座凳面厚度、宽度 3. 靠背扶手截面 4. 靠背截面 5. 座凳楣子形状 6. 铁件尺寸、厚度 7. 防护材料种类		1. 座凳面、靠背扶手、靠背、楣子制作、安装 2. 铁件安装 3. 刷防护材料
050305004	现浇混凝土桌凳	1. 桌凳形状 2. 基础尺寸、埋设深度 3. 桌面尺寸、支墩高度 4. 凳面尺寸、支墩高度 5. 混凝土强度等级、砂浆配合比	个	1. 模板制作、运输、安装、拆除、保养 2. 混凝土制作、运输、浇筑、振捣、养护 3. 砂浆制作、运输
050305005	预制混凝土桌凳	1. 桌凳形状 2. 基础形状、尺寸、埋设深度 3. 桌面形状、尺寸、支墩高度 4. 凳面尺寸、支墩高度 5. 混凝土强度等级 6. 砂浆配合比		1. 模板制作、运输、安装、拆除、保养 2. 混凝土制作、运输、浇筑、振捣、养护 3. 构件运输、安装 4. 砂浆制作、运输 5. 接头灌缝、养护

续表

项目编码	项目名称	项目特征	计量单位	工作内容
050305006	石桌石凳	1. 石材种类 2. 基础形状、尺寸、埋设深度 3. 桌面形状、尺寸、支墩高度 4. 凳面尺寸、支墩高度 5. 混凝土强度等级 6. 砂浆配合比		1. 土方挖运 2. 桌凳制作 3. 桌凳运输 4. 桌凳安装 5. 砂浆制作、运输
050305007	水磨石桌凳	1. 基础形状、尺寸、埋设深度 2. 桌面形状、尺寸、支墩高度 3. 凳面尺寸、支墩高度 4. 混凝土强度等级 5. 砂浆配合比	个	1. 桌凳制作 2. 桌凳运输 3. 桌凳安装 4. 砂浆制作、运输
050305008	塑树根桌凳	1. 桌凳直径 2. 桌凳高度 3. 砖石种类 4. 砂浆强度等级、配合比 5. 颜料品种、颜色		1. 砂浆制作、运输 2. 砖石砌筑 3. 塑树皮 4. 绘制木纹
050305009	塑树节椅			
050305010	塑料、铁艺、金属椅	1. 木座板面截面 2. 座椅规格、颜色 3. 混凝土强度等级 4. 防护材料种类		1. 制作 2. 安装 3. 刷防护材料

(二)园路桌椅工程清单项目特征描述

1. 预制钢筋混凝土飞来椅

预制钢筋混凝土飞来椅是以钢筋为增强材料制成的座椅。混凝土抗压强度高,抗拉强度低,为满足工程结构的要求,可在混凝土中合理地配置抗拉性能优良的钢筋,可避免拉应力破坏,大大提高混凝土整体的抗拉、抗弯强度。

预制钢筋混凝土飞来椅的坐凳面宽度通常为 310mm,厚度通常为 90mm。预制钢筋混凝土飞来椅的靠背可采用 25mm 厚混凝土,中距 120mm,配筋 $\phi 14$,用白水磨石做面层,其截面厚度做成 60mm。

2. 水磨石飞来椅

水磨石飞来椅是以水磨石为材料制成的座椅。现浇水磨石具有色彩丰富、图案组合多种多样的饰面效果,面层平整平滑,坚固耐磨,整体性好,防水,耐腐蚀,易清洁的特点。

3. 竹制飞来椅

竹制飞来椅是由竹材加工制作而成的座椅,设在园路旁,具有使用和装饰双重功能。通常的设计要求为:凳、椅坐面高40～55cm;一个人的座位宽60～75cm;椅的靠背高35～65cm,并宜做3°～15°的后倾。

竹制飞来椅的防护材料:

(1)在竹材表面涂刷生漆、铝质厚漆等可防水。

(2)用30#石油沥青或煤焦油,加热涂刷竹材表面,可起防虫蛀的功效。

(3)配制氟硅酸钠、氨水和水的混合剂,每隔1h涂刷竹材一次,共涂刷3次,或将竹材浸渍于此混合剂中,可起防腐之效。

4. 现浇混凝土桌凳

现浇混凝土桌凳是指在施工现场直接按桌凳各部件相关尺寸进行支模、绑扎钢筋、浇灌混凝土等工序制作的桌凳。在园林中,园桌和园凳是园林中必备的供游人休息、赏景之用的设施,一般把它布置在有景可赏、可安静休息的地方,或游人需要停留休息的地方。园桌与园凳属于休息性的小品设施。在园林中,设置形式优美的坐凳具有舒适宜人的效果,丛林中巧置一组树桩凳或一景石凳可以使人顿觉林间生机盎然,同时园桌和园凳的艺术造型也能装点园林。在园林中,在大树浓荫下,置石凳三两个,长短随意,往往能变无组织的自然空间为有意境的庭园景色。

桌凳形状:园椅、园凳常见的形式有直线型、曲线型、组合型和仿生模拟型。直线型的园椅、园凳适合于园林环境中的园路旁、水岸边、规整的草坪和几何形状的休息、集散广场边缘等大多数环境之中;曲线型的园椅、园凳适合于环境自由,如园路的弯曲处、水湾旁、环形或圆形广场等地段;组合型和仿生模拟型园椅、园凳适合于活动内容集中、游人多和儿童游戏场等环境的空间之中,以满足游人休息、观赏、儿童游戏等功能的要求。

5. 预制混凝土桌凳

预制混凝土桌凳指的是在施工现场安装之前,按照桌凳各部件相关尺寸,进行预先下料、加工和部件组合或在预制加工厂定购的各种桌凳构件。

桌凳形状可设计成方形、圆形、长方形等形状。

(1)基础形状、尺寸、埋设深度:基础形状以支墩形状为准,基础的周边应比支墩延长100mm,基础埋设深度为180mm。

(2)桌面形状、尺寸、支墩高度:方形桌面的边长设计成800mm,厚80mm,支墩高度为740mm,其中包括埋设深度120mm。凳面尺寸、支墩高度:方形凳面边长为370mm,厚120mm,支墩高度为400mm,其中包括埋设深度120mm。

6. 石桌石凳

石桌石凳与其他材料相比,石材质地硬,触感冰凉,且夏热、冬凉,不易加工。但耐久性非常好,可美化景观。另外,经过雕凿塑造的石凳也常被当做城市景观中的装点物。

（1）石材种类：石桌石凳的材料主要以大理石、汉白玉材料为主。

（2）基础尺寸、埋设深度：石桌石凳的基础用 3：7 灰土材料制成。其四周比支墩放宽 100mm，基础厚 150mm，埋设深度为 450mm。

（3）桌面形状、尺寸、支墩高度：桌面的形状可以设计成方形、圆形或自然形状。桌面 $1m^2$ 左右。支墩埋设深度为 300mm。

（4）凳面形状、尺寸、支墩高度：凳面形状可设计成方形、圆形或自然形状。凳面 $0.18m^2$ 左右。支墩埋设深度为 120mm。

7. 水磨石桌凳

水磨石桌凳的主要材料是水磨石。水磨石的优点是不易开裂，不收缩变形，不易起尘，耐磨损，易清洁，色泽艳丽，整体美观性好。

8. 塑树根桌凳

塑树根桌凳是指在桌凳的主体构筑物外围，用钢筋、钢丝网做成树根的骨架，再仿照树根粉以水泥砂浆或麻刀灰的桌凳。在公园、游园等的稀树草坪上，堆塑一组仿树墩或自然石桌凳能透出一股自然、清新之气，使桌凳与草地环境很好地融于一体，亲切而不别扭。堆塑是指用带色水泥砂浆和金属铁杆等，依照树木花草的外形，制作出树皮、树根、树干、壁画、竹子等装饰品。

（1）桌凳直径：塑树根桌凳的桌直径为 350～400mm，凳直径为 150～200mm。

（2）颜料的品种、颜色：建筑彩画所用的颜料分为有机（植物）颜料和无机（矿物质）颜料两大类。

1）有机颜料：多用于绘画山水人物花卉等（即白活）部分，常用的有：藤黄（是海藤树内流出的胶质黄液，有剧毒）、胭脂、洋红、曙红、桃红珠、柠檬黄、紫罗兰、玫瑰、花青等，它们的特点是着色力和透明性都很强，但耐光性、耐久性均非常差，也不很稳定。

2）无机颜料：常用的矿物质颜料有：洋绿、石绿、沙绿、佛青、银朱、石黄、铬黄、雄黄、铅粉、立德粉、钛白粉、广红、赭石、朱砂、石青、普鲁士蓝、黑烟子和金属颜料等。

9. 塑树节椅

塑树节椅是指园林中的座椅用水泥砂浆粉饰出树节外形，以配合园林景点砖石的节椅。

10. 塑料、铁艺、金属椅

（1）塑料。塑料为合成的高分子化合物，又可称为高分子或巨分子，可以自由改变形体样式，是利用单体原料以合成或缩合反应聚合而成的材料，由合成树脂及填料、增塑剂、稳定剂、润滑剂、色料等添加剂组成的。

塑料的分类有以下几种：

1）按使用特性分类。根据各种塑料不同的使用特性，通常将塑料分为通用塑料、工程塑料和特种塑料三种类型。

2)按理化特性分类。根据各种塑料不同的理化特性,可以把塑料分为热固性塑料和热塑料性塑料两种类型。

3)按加工方法分类。根据各种塑料不同的成型方法,可以分为膜压、层压、注射、挤出、吹塑、浇铸塑料和反应注射塑料等多种类型。

(2)铁艺。目前,园林栏杆的材料使用较多的是用生铁浇铸的围栏,由于其造型美观、可塑性大,尺寸可根据需要而定,因而具有"铁艺"之称,但其缺点是造价相对较高,因而推广受到制约。传统的铁艺主要运用于建筑、家居、园林的装饰,从园林到庭院,从室内楼梯到室外护栏,形态各异,精美绝伦的装饰比比皆是。从它们的线条、形态和色彩等几方面比较,具有独特风格和代表性的是英国和法国的铁艺,而两国铁艺又各成风格。英国的铁艺整体形象庄严、肃穆,线条与构图较为简单明朗,而法国的铁艺却充满了浪漫温馨、雍容华贵的气息。

(3)金属椅。金属材料的热传导性强,易受四季气温变化影响,近年来,开始使用以散热快、质感好的抗击打金属、铁丝网等材料加工制作的座椅。例如在意大利首都罗马大街上,这种座椅随处可见。

(三)园路桌椅工程工程量计算

1. 工程量计算规则

(1)预制钢筋混凝土飞来椅、水磨石飞来椅、竹制飞来椅:按设计图示尺寸以座凳面中心线长度计算。

(2)现浇混凝土桌凳,预制混凝土桌凳,石桌石凳,水磨石桌凳,塑树根桌凳,塑树节椅,塑料、铁艺、金属椅:均按设计图示数量计算。

工程量计算相关说明如下:

木制飞来椅按现行国家标准《仿古建筑工程工程量计算规范》(GB 50855—2013)的相关项目编码列项。

2. 工程量计算实例

【例 4-35】 某小区的花园里设有预制钢筋混凝土飞来椅,飞来椅围绕一大树布置成圆形,共有 6 个,其造型相同,座面板的长度为 1.2m,宽 0.4m,厚 0.05m,试计算其工程量。

【解】 工程量计算结果见表 4-66。

表 4-66　　　　　　　　　　　　工程量计算表

项目编码	项目名称	计算式	工程量合计	计量单位
050305001001	预制混凝土飞来椅	$L=6\times1.2$	7.20	m

【例 4-36】 图 4-38 所示为某公园内供游人休息的棋盘桌椅,根据设计要求,桌凳的面层材料为 25mm 厚白色水磨石面层,桌凳面形状均为正方形,桌凳基础用 80mm 混合料,基础周边比支墩延长 100mm,试计算其工程量。

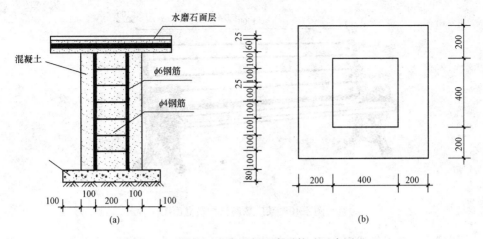

图 4-38　某公园现浇混凝土桌凳构造示意图
(a)剖面图;(b)平面图

【解】　工程量计算结果见表 4-67。

表 4-67　　　　　　　　　　　工程量计算表

项目编码	项目名称	工程量合计	计量单位
050305004001	现浇混凝土桌凳	1	个

【例 4-37】　某园林塑树根桌凳如图 4-39 所示(桌凳直径为 0.8m),试计算其工程量。

图 4-39　塑树根桌凳

【解】　工程量计算结果见表 4-68。

表 4-68　　　　　　　　　　　工程量计算表

项目编码	项目名称	工程量合计	计量单位
050305008001	塑树根桌凳	4	个

【例 4-38】　如图 4-40 所示,椅子围绕某圆形广场以 45°角的方向布置。椅子的座面及靠背材料为塑料,扶手及蹬腿为生铁浇筑而成,铁构件表面刷防护漆一遍,试计算其工程量。

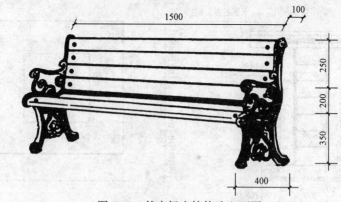

图 4-40　某广场座椅构造立面图

【解】　椅子围绕圆形广场进行布置,设椅子的数量为 n,则

$$45n = 360$$

$$n = 8$$

工程量计算结果见表 4-69。

表 4-69　　　　　　　　　　工程量计算表

项目编码	项目名称	工程量合计	计量单位
050305010001	塑料、铁艺、金属椅	8	个

七、喷泉安装

(一)喷泉安装工程清单项目设置

喷泉安装工程量清单项目设置、项目特征描述的内容、计量单位、工作内容应按《园林绿化工程工程量计算规范》(GB 50858—2013)中 C.6 的规定执行,内容详见表 4-70。

表 4-70　　　　　　　　　　　　　　　喷泉安装

项目编码	项目名称	项目特征	计量单位	工作内容
050306001	喷泉管道	1. 管材、管件、阀门、喷头品种 2. 管道固定方式 3. 防护材料种类	m	1. 土(石)方挖运 2. 管材、管件、阀门、喷头安装 3. 刷防护材料 4. 回填
050306002	喷泉电缆	1. 保护管品种、规格 2. 电缆品种、规格		1. 土(石)方挖运 2. 电缆保护管安装 3. 电缆敷设 4. 回填
050306003	水下艺术装饰灯具	1. 灯具品种、规格 2. 灯光颜色	套	1. 灯具安装 2. 支架制作、运输、安装

续表

项目编码	项目名称	项目特征	计量单位	工作内容
050306004	电气控制柜	1. 规格、型号 2. 安装方式	台	1. 电气控制柜(箱)安装 2. 系统调试
050306005	喷泉设备	1. 设备品种 2. 设备规格、型号 3. 防护网品种、规格		1. 设备安装 2. 系统调试 3. 防护网安装

(二)喷泉安装工程清单项目特征描述

1. 喷泉管道

喷泉是一种独立的艺术品,能够增加空间的空气湿度,减少尘埃,大大增加空气中负氧离子的浓度,因而也有益于改善环境,增进人们的身心健康。

喷泉原是一种自然景观,是承压水的地面露头。园林中的喷泉,一般是为了造景的需要,人工建造的具有装饰性的喷水装置。喷泉可以湿润周围空气,减少尘埃,降低气温。喷泉的细小水珠同空气分子撞击,能产生大量的负氧离子。因此,喷泉有益于改善城市面貌和增进居民的身心健康。

(1)管材品种。喷泉工程中常用的管材有镀锌管材、不镀锌管材、铸铁管及硬聚氯乙烯塑料等几种。

(2)喷头品种。喷头是喷泉的一个主要组成部分,其作用是把具有一定压力的水,经过喷嘴的造型,形成各种预想的、绚丽的水花,喷射在水池的上空。因此,喷头的形式、结构、制造的质量和外观等,都对整个喷泉的艺术效果产生重要的影响。常用喷头的形式,如图 4-41 所示。

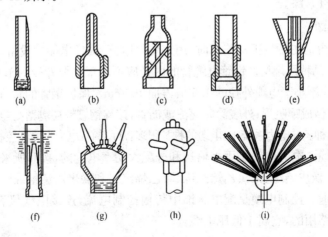

图 4-41　常用喷头的形式

(a)直流式喷头;(b)可转动喷头;(c)设转式喷头(水雾式喷头);(d)环隙式喷头;(e)敷射式喷头;
(f)吸气(水)式喷头;(g)多股喷头;(h)回转喷头;(i)多层多股球形喷头

1)直流式喷头。直流式喷头使水流沿圆筒形或渐缩形喷嘴直接喷出,形成较长的水柱,是形成喷泉射流的喷头之一。这种喷头内腔类似于消防水枪形式,构造简单,造价低廉,应用广泛。如果制成球铰接合,还可调节喷射角度,称为"可转动喷头"。

2)旋流式喷头。旋流式喷头由于离心作用使喷出的水流散射成蘑菇圆头形或喇叭花形。这种喷头有时也用于工业冷却水池中。旋流式喷头也称"水雾喷头",其构造复杂,加工较为困难,有时还可采用消防使用的水雾喷头代替。

3)环隙式喷头。环隙式喷头的喷水口是环形缝隙,是形成水膜的一种喷头,可使水流喷成空心圆柱,使用较小水量获得较大的观赏效果。

4)散射式喷头。散射式喷头使水流在喷嘴外经散射形成水膜,根据喷头散射形状的不同可喷成各种形状的水膜,如牵牛花形、马蹄莲形、灯笼形、伞形等。

5)吸气(水)式喷头。吸气(水)式喷头是可喷成冰塔形态的喷头,它利用喷嘴射流形成的负压,吸入大量空气或水,使喷出的水中掺气,增大水的表观流量和反光效果,形成白色粗大水柱,形似冰塔,非常壮观,景观效果很好。

6)组合式喷头。组合式喷头是用几种不同形式的喷头或同一形式的多个喷头组成的组合式喷头,可以喷射出极其美妙壮观的图案。

(3)管道固定方式。钢管的连接方式有螺纹连接、焊接和法兰连接三种。镀锌管必须用螺纹连接,多用于明装管道。焊接一般用于非镀锌钢管,多用于暗装管道。法兰连接一般用在连接阀门、止回阀、水泵、水表等处,以及需要经常拆卸检修的管段上。就管径而言,公称直径<100mm 时管道用螺纹连接;公称直径>100mm 时用法兰连接。

(4)防护材料种类:管道及设备防腐常用的材料有防锈漆、面漆、沥青。常用的稀释剂有汽油、煤油、醇酸稀料、松香水、香蕉水、酒精等。其他材料有高岭土、七级石棉、石灰石粉、滑石粉、玻璃丝布、矿棉纸、牛皮纸、塑料布、油毡等。喷泉管道常用的防护材料有沥青和红丹漆。

2. 喷泉电缆

喷泉电缆指是在喷泉正常使用时,用来传导电流、提供电能的设备。

(1)保护管品种及规格。钢管电缆管的内径应不小于电缆外径的 1.5 倍,其他材料的保护管内径应不小于电缆外径的 1.5 倍再加 100mm。保护钢管的管口应无毛刺和尖锐棱角,管口宜做成喇叭形;外表涂防腐漆或沥青,镀锌钢管锌层剥落处也应涂防腐漆。

(2)电缆品种。在电力系统中,电缆的种类很多,常用的有电力电缆和控制电缆两大类。

1)电力电缆。电力电缆是用来输送和分配大功率电能的,按其所采用的绝缘材料可分为纸绝缘、橡皮绝缘、聚氯乙烯绝缘、聚乙烯绝缘和联聚乙烯绝缘电力电缆。

2)控制电缆。控制电缆是配电装饰中传输控制电流,连接电气仪表、继电保护和自控控制等回路用的,它属于低压电缆。

3. 水下艺术装饰灯具

水下艺术装饰灯具是指设在水池、喷泉、溪、湖等水面以下,对水景起照明及艺术装饰作用的灯具。

(1)灯具品种。从水景灯具外观和构造来分类,可以分为简易型灯具和密闭型灯具两类。

1)简易型灯具。其特点是小型灯具,容易安装。灯的颈部电线进口部分备有防水结构,使用的灯泡限定为反射型灯泡,而且设置地点也只限于人们不能进入的场所。

2)密闭型灯具。有多种光源的类型,而且每种灯具限定了所使用的灯。如有防护式柱形灯、反射型灯、汞灯、金属卤化物灯等光源的照明灯具等。

(2)灯光颜色。室内照明光源的颜色性质由它的色表和显色型所表现。光源的显色性取决于受它影响的物体的色表能力,同样色表的光源可能由完全不同的光谱组成,因此在颜色显现方面可能呈现出极大的差异。

4. 电气控制柜

配电箱有照明用配电箱和动力配电箱之分。进户线至室内后先经总闸刀开关,然后再分支分路负荷。总刀开关、分支刀开关和熔断器等装在一起就称为配电箱。

(三)喷泉安装工程工程量计算

1. 工程量计算规则

(1)喷泉管道:按设计图示管道中心线长度以延长米计算,不扣除检查(阀门)井、阀门、管件及附件所占长度。

(2)喷泉电缆:按设计图示单根电缆长度以延长米计算。

(3)水下艺术装饰灯具、电气控制柜、喷泉设备:按设计图示数量计算。

工程量计算规则相关说明如下:

(1)喷泉水池应按现行国家标准《房屋建筑与装饰工程工程量计算规范》(GB 50854—2013)的中相关项目编码列项。

(2)管架项目应按现行国家标准《房屋建筑与装饰工程工程量计算规范》(GB 50854—2013)中钢支架项目单独编码列项。

2. 工程量计算实例

【例 4-39】 图 4-42 所示为某广场的正方形喷泉水池平面图,每根喷泉管道的长度是 2.5m,共有 5 根,水池的长度为 3m,宽 3m,露出地面的高度为 0.3m,试计算喷泉管道工程量。

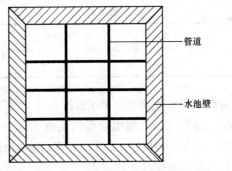

图 4-42 某广场正方形喷泉水池平面图

【解】　工程量计算结果见表 4-71。

表 4-71　　　　　　　　　　　　　工程量计算表

项目编码	项目名称	计算式	工程量合计	计量单位
050306001001	喷泉管道	$L=2.5×5=12.5$	12.5	m

【例 4-40】　图 4-43 所示为某公园内的一音乐喷泉布置图。根据设计要求,所有供水管道均为螺纹镀锌钢管,主供水管 DN50 长度为 16.80m,泄水管 DN60 长度为 9.80m,溢水管 DN40 长度为 10.00m,分支供水管 DN30 长度为 41.82m,供电电缆外径为 0.4cm;外用 UPVC 管为材料做保护管,管厚为 2mm,长度为 36.80m。试计算喷泉电缆工程量。

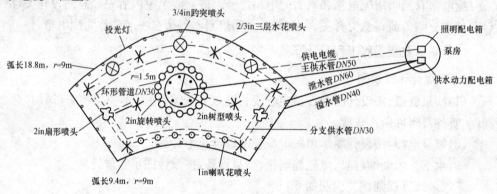

图 4-43　某公园音乐喷泉构造示意图

【解】　从题意中可以知道电缆的外径为 0.4cm,外用 UPVC 管做保护管,通常规定钢管电缆管的内径应不小于电缆外径的 1.5 倍,其他材料的保护管内径不小于电缆外径的 1.5 倍再加 100mm,这样可以得出 UPVC 电缆管的内径为:

$$4×1.5+100=106.00mm$$

电缆长度等于 UPVC 保护管的长度,为 36.80m。

工程量计算结果见表 4-72。

表 4-72　　　　　　　　　　　　　工程量计算表

项目编码	项目名称	工程量合计	计量单位
050306002001	喷泉电缆	36.80	m

【例 4-41】　某广场有一圆形喷水池平面图,如图 4-44 所示,池底装有照明灯,喷水池的高度为 1.6m,埋于地下 0.6m,露出地面的高度为 1.0m,喷水池半径为 5m,用砖砌池壁,池壁的宽度为 0.3m,内外抹水泥砂浆找平,池底为现场搅拌混凝土池底,池底厚 30cm,试计算水下艺术装饰灯具工程量。

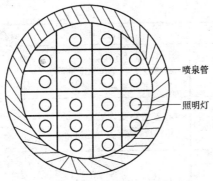

图 4-44　某广场圆形喷水池平面图

【解】　工程量计算结果见表 4-73。

表 4-73　　　　　　　　　　**工程量计算表**

项目编码	项目名称	工程量合计	计量单位
050306003001	水下艺术装饰灯具	20	套

八、杂项

(一)杂项工程清单项目设置

杂项工程量清单项目设置、项目特征描述的内容、计量单位、工作内容应按《园林绿化工程工程量计算规范》(GB 50858—2013)中 C.7 的规定执行,内容详见表 4-74。

表 4-74　　　　　　　　　　　　　　**杂项**

项目编码	项目名称	项目特征	计量单位	工作内容
050307001	石灯	1. 石料种类 2. 石灯最大截面 3. 石灯高度 4. 砂浆配合比	个	1. 制作 2. 安装
050307002	石球	1. 石料种类 2. 球体直径 3. 砂浆配合比		
050307003	塑仿石音箱	1. 音箱石内空尺寸 2. 铁丝型号 3. 砂浆配合比 4. 水泥漆颜色		1. 胎模制作、安装 2. 铁丝网制作、安装 3. 砂浆制作、运输 4. 喷水泥漆 5. 埋置仿石音箱
050307004	塑树皮梁、柱	1. 塑树种类 2. 塑竹种类 3. 砂浆配合比 4. 喷字规格、颜色 5. 油漆品种、颜色	1. m² 2. m	1. 灰塑 2. 刷涂颜料
050307005	塑竹梁、柱			

项目编码	项目名称	项目特征	计量单位	工作内容
050307006	铁艺栏杆	1. 铁艺栏杆高度 2. 铁艺栏杆单位长度重量 3. 防护材料种类	m	1. 铁艺栏杆安装 2. 刷防护材料
050307007	塑料栏杆	1. 栏杆高度 2. 塑料种类		1. 下料 2. 安装 3. 校正
050307008	钢筋混凝土艺术围栏	1. 围栏高度 2. 混凝土强度等级 3. 表面涂敷材料种类	1. m² 2. m	1. 制作 2. 运输 3. 安装 4. 砂浆制作、运输 5. 接头灌缝、养护
050307009	标志牌	1. 材料种类、规格 2. 镌字规格、种类 3. 喷字规格、颜色 4. 油漆品种、颜色	个	1. 选料 2. 标志牌制作 3. 雕凿 4. 镌字、喷字 5. 运输、安装 6. 刷油漆
050307010	景墙	1. 土质类别 2. 垫层材料种类 3. 基础材料种类、规格 4. 墙体材料种类、规格 5. 墙体厚度 6. 混凝土、砂浆强度等级、配合比 7. 饰面材料种类	1. m³ 2. 段	1. 土(石)方挖运 2. 垫层、基础铺设 3. 墙体砌筑 4. 面层铺贴
050307011	景窗	1. 景窗材料品种、规格 2. 混凝土强度等级 3. 砂浆强度等级、配合比 4. 涂刷材料品种	m²	1. 制作 2. 运输 3. 砌筑安放 4. 勾缝 5. 表面涂刷
050307012	花饰	1. 花饰材料品种、规格 2. 砂浆配合比 3. 涂刷材料品种		
050307013	博古架	1. 博古架材料品种、规格 2. 混凝土强度等级 3. 砂浆配合比 4. 涂刷材料品种	1. m² 2. m 3. 个	1. 制作 2. 运输 3. 砌筑安放 4. 勾缝 5. 表面涂刷
050307014	花盆(坛、箱)	1. 花盆(坛)的材质及类型 2. 规格尺寸 3. 混凝土强度等级 4. 砂浆配合比	个	1. 制作 2. 运输 3. 安放

续表

项目编码	项目名称	项目特征	计量单位	工作内容
050307015	摆花	1. 花盆(钵)的材质及类型 2. 花卉品种与规格	1. m² 2. 个	1. 搬运 2. 安放 3. 养护 4. 撤收
050307016	花池	1. 土质类别 2. 池壁材料种类、规格 3. 混凝土、砂浆强度等级、配合比 4. 饰面材料种类	1. m³ 2. m 3. 个	1. 垫层铺设 2. 基础砌(浇)筑 3. 墙体砌(浇)筑 4. 面层铺贴
050307017	垃圾箱	1. 垃圾箱材质 2. 规格尺寸 3. 混凝土强度等级 4. 砂浆配合比	个	1. 制作 2. 运输 3. 安放
050307018	砖石砌小摆设	1. 砖种类、规格 2. 石种类、规格 3. 砂浆强度等级、配合比 4. 石表面加工要求 5. 勾缝要求	1. m³ 2. 个	1. 砂浆制作、运输 2. 砌砖、石 3. 抹面、养护 4. 勾缝 5. 石表面加工
050307019	其他景观小摆设	1. 名称及材质 2. 规格尺寸	个	1. 制作 2. 运输 3. 安装
050307020	柔性水池	1. 水池深度 2. 防水(漏)材料品种	m²	1. 清理基层 2. 材料裁接 3. 铺设

(二)杂项工程清单项目特征描述

1. 石灯

石灯不仅作为园林中的照明工具,造型精美,而且还是极富情趣的园林艺术小品。

石灯形式丰富多样,常见的有路灯、草坪灯、地灯、庭院灯、广场灯等以及其他园灯,同一园林空间中各种灯的格调应大致协调。

2. 塑仿石音箱

塑仿石音箱是指用带色水泥砂浆和金属铁件等,仿照石料外形制作出的音箱,既具有使用功能,又具有装饰作用。

3. 塑树皮梁、柱

塑树皮梁、柱是指梁、柱用水泥砂浆粉饰出树皮外形,以配合园林景点的装饰工艺。

　　在园林中,用于一般围墙、拦墙、隔断等墙面以及梁柱的塑树种类通常是松树类和杉树类。

4. 塑竹梁、柱

　　塑竹是围墙、竹篱上常用的装饰物,用角铁做芯,水泥砂浆塑面,做出竹节,然后与主体构筑物固定。塑竹梁、柱即为梁、柱的主体构筑物以塑竹装饰的构件。塑竹梁、柱的塑竹种类有毛竹、黄金间碧竹等。

5. 铁艺栏杆、塑料栏杆

　　(1)栏杆的高度。栏杆不能简单地以高度来适应管理上的要求,要因地制宜,考虑功能的要求。

　　1)悬崖峭壁、洞口、陡坡、险滩等处的防护栏杆的高度一般为 1.1~1.2m,栏杆栅的间距要小于 12cm,其构造应粗壮、坚实。

　　2)设在花坛、小水池、草坪边以及道路绿化带边缘的装饰性镶边栏杆的高度为15~30cm,其造型应纤细、轻巧、简洁、大方。

　　3)台阶、坡地的一般防护栏杆、扶手栏杆的高度通常在 90cm 左右。

　　4)坐凳式栏杆、靠背式栏杆常与建筑物相结合设于墙柱之间或桥边、池畔等处,既可起围护作用,又可供游人休息使用。

　　5)用于分隔空间的栏杆要求轻巧空透、装饰性强,其高度视不同环境的需要而定。

　　(2)防护材料的种类。

　　1)调和漆。调和漆是建设工程中使用最广泛的一种油漆。以干性油为主要成膜物质,加入着色颜料、体质颜料、溶剂、催干剂等加工成为磁性调和漆。没有加树脂或松香脂的为"油性调和漆"。油性调和漆干性较差,漆膜较软,光泽及平滑性比磁性调和漆差,但其附着力强,耐候性好,不易粉化和龟裂,比磁性调和漆耐久。

　　2)防锈漆。防止金属件锈蚀的一种油漆,主要有油漆和树脂防锈漆两大类。

6. 标志牌

　　标志牌具有接近群众、占地少、变化多、造价低等特点。除其本身的功能外,它还以其优美的造型、灵活的布局装点美化园林环境。标志牌宜选在人流量大的地段以及游人聚集、停留、休息的处所,如园林绿地及各种小广场的周边及道路的两侧等地。也可结合建筑、游廊、园墙等设置,若在人流量大的地段设置,为避免互相干扰,其位置应尽可能避开人流路线。

　　(1)材料种类、规格。标志主件的制作材料,为耐久常选用花岗岩类天然石、不锈钢、铝、红杉类的坚固耐用的木材、瓷砖、丙烯板等。构件的制作材料一般采用混凝土、钢材、砖材等。

　　(2)镌字规格、种类。碑镌字分阴文(凹字)和阳文(凸字)两种,阴文(凹字)按字体大小分为 50cm×50cm、30cm×30cm、15cm×15cm、10cm×10cm、5cm×5cm 五个规格。阳文(凸字)按字体大小分为 50cm×50cm、30cm×30cm、15cm×15cm、10cm×

10cm 四个规格。

7. 景墙

景墙是园林中常见的小品,其形式不拘一格,功能因需而设,材料丰富多样。除了在人们常见的园林中作障景、漏景以及背景的景墙外,近年来,很多城市更是把景墙作为城市文化建设、改善市容市貌的重要方式。而"文化墙"这一概念更是把景墙在城市文化建设中的特殊作用做了概念性总结。

8. 景窗

景窗俗称花墙头、漏墙、花墙洞、漏花窗、花窗,是一种满格的装饰性透空窗,外观为不封闭的空窗,窗洞内装饰着各种漏空图案,透过景窗可隐约看到窗外景物。为了便于观看窗外景色,景窗高度多与人眼视线相平,下框离地面一般在 1.3m 左右。也有专为采光、通风和装饰用的景窗,离地面较高。漏窗是中国园林中独特的建筑形式,也是构成园林景观的一种建筑艺术处理工艺,通常作为园墙上的装饰小品,多在走廊上成排出现,江南宅园中应用很多,如苏州园林园壁上的景窗就具有十分浓厚的文化色彩。

9. 花饰

花饰是用花卉对环境进行美化和装饰。

10. 博古架

博古架是一种在室内陈列古玩珍宝的多层木架,是类似书架式的木器。博古架中分成不同样式的许多层小格,格内陈设各种古玩、器皿,故又名为"什锦槅子"、"集锦槅子"或"多宝槅子"。每层形状不规则,前后均敞开,无板壁封挡,便于从各个位置观赏架上放置的器物。

11. 花盆(坛、箱)

花盆(坛、箱)是指将同期开放的多种花卉,或不同颜色的同种花卉,根据一定的图案设计,栽种于特定的规则式或自然式的苗床内,以发挥群体美,它是公园、广场、街道绿地、工厂、机关以及学校等绿化布置中的重点。

12. 摆花

摆花是指将花盆或花坛按一定的图形摆放在公园、广场或街道上。

13. 花池

花池是指养花和栽树用的围栏区域。

14. 垃圾箱

垃圾箱是指存放垃圾的容器,作用与垃圾桶相同,一般是正方形或长方形。

15. 砖石砌小摆设

砖石砌小摆设是指用砖石材料砌筑的各种仿匾额、花瓶、花盆、石鼓、坐凳及小型水盆、花坛池、花架。

(三)杂项工程工程量计算

1. 工程量计算规则

(1)石灯、石球、塑仿石音箱:按设计图示数量计算。

(2)塑树皮梁、柱、塑竹梁、柱:

1)以平方米计量,按设计图示尺寸以梁柱外表面积计算。

2)以米计量,按设计图示尺寸以构件长度计算。

(3)铁艺栏杆、塑料栏杆:按设计图示尺寸以长度计算。

(4)钢筋混凝土艺术围栏:

1)以平方米计量,按设计图示尺寸以面积计算。

2)以米计量,按设计图示尺寸以延长米计算。

(5)标志牌:按设计图示数量计算。

(6)景墙:

1)以立方米计量,按设计图示尺寸以体积计算。

2)以段计量,按设计图示数量计算。

(7)景窗、花饰:按设计图示尺寸以面积计算。

(8)博古架:

1)以平方米计量,按设计图示尺寸以面积计算。

2)以米计量,按设计图示尺寸以延长米计算。

3)以个计量,按设计图示数量计算。

(9)花盆(坛、箱):按设计图示数量计算。

(10)摆花:

1)以平方米计量,按设计图示尺寸以水平投影面积计算。

2)以个计量,按设计图示数量计算。

(11)花池:

1)以立方米计量,按设计图示尺寸以体积计算。

2)以米计量,按设计图示尺寸以池壁中心线处延长米计算。

3)以个计量,按设计图示数量计算。

(12)垃圾箱:按设计图示数量计算。

(13)砖石砌小摆设:

1)以立方米计量,按设计图示尺寸以体积计算。

2)以个计量,按设计图示数量计算。

(14)其他景观摆设:按设计图示数量计算。

(15)柔性水池:按设计图示尺寸以水平投影面积计算。

应注意,砌筑果皮箱,放置盆景的须弥座等,应按砖石砌小摆设项目编码列项。

2. 工程量计算实例

【例 4-42】 某园路根据设计要求,需要在两侧安对称仿古式石灯,两灯之间的距离为 4m,已知该园路长 24m。图 4-45 为园灯立面图,试计算园灯工程量。

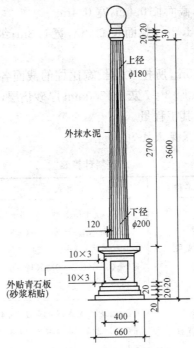

图 4-45　某园路园灯立面图

【解】　工程量计算结果见表 4-75。

表 4-75　　　　　　　　　　　　工程量计算表

项目编码	项目名称	计算式	工程量合计	计量单位
050307001001	石灯	个数＝(24/4+1)×2	14	个

【例 4-43】　某公园里有一供人们休息观赏的花架,如图 4-46 所示,设计要求如下:

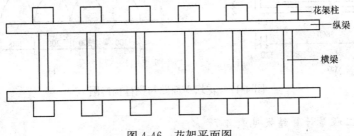

图 4-46　花架平面图

(1)花架柱梁均为用砖砌成的长方体,外面水泥抹面,然后水泥砂浆找平,最后用水泥上浆粉刷出树皮外形,水泥厚度为 0.06m,水泥抹面厚 0.04m,砂浆找平层厚 0.01m。

(2)花架柱高 2.80m,截面长 0.6m,宽 0.4m。

(3)花架横梁每根长 1.5m,截面长 0.3m,宽 0.3m;纵梁长 13m,截面长 0.3m,宽 0.3m。

(4)花架埋入地下 0.5m,所挖坑的长宽比柱的截面各多出 0.1m,柱下为 25mm 厚 1:3 白灰砂浆,150mm 厚 3:7 灰土,200mm 厚砂垫层,素土夯实。

试根据上述条件计算其工程量。

【解】 工程量计算结果见表 4-76。

表 4-76　　　　　　　　　　工程量计算表

项目编码	项目名称	计算式	工程量合计	计量单位
050307004001	塑树皮梁	$L=L_{横梁}+L_{纵梁}=1.5\times6+13\times2$ 或 $S=S_{横梁}+S_{纵梁}=(0.3\times0.3+0.3\times1.5+0.3\times1.5)\times2\times6+(0.3\times0.3+0.3\times13+0.3\times13)\times2\times2$	35 或 43.44	m 或 m²
050307004002	塑树皮柱	$L=2.8\times12$ 或 $S=(0.6\times0.4+0.6\times2.8-0.4\times2.8)\times2\times12$	33.6 或 72.96	m 或 m²

【例 4-44】 图 4-47 为某园林景区内的一花坛,该花坛的外围延长为 4.28m×3.68m,花坛边缘安装铁件制作的栏杆,高 22cm,试根据图示计算铁栏杆工程量。

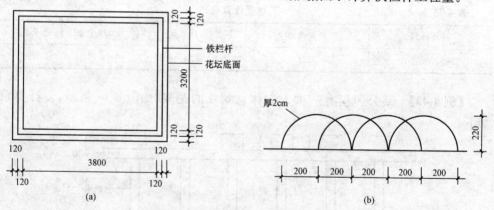

图 4-47 花坛平面图与栏杆构造图

【解】 工程量计算结果见表 4-77。

表 4-77　　　　　　　　　　工程量计算表

项目编码	项目名称	计算式	工程量合计	计量单位
050307006001	铁艺栏杆	$L=(3.8+0.12\times2)\times2+(3.2+0.12\times2)\times2$	14.96	m

【例 4-45】 如图 4-48 所示,某公园在各个园路口设置有标志牌,制作标志牌中所用规格为 $\phi6$ 的预制钢筋共有 8 根,用 3:7 灰土材料铺垫基础,铺垫宽度比标志牌底座宽 150mm,试计算其工程量。

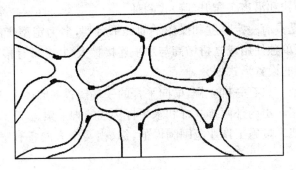

图 4-48　某公园园路口标志牌设置图

【解】 工程量计算结果见表 4-78。

表 4-78　　　　　　　　　　　　　　　　　**工程量计算表**

项目编码	项目名称	工程量合计	计量单位
050307009001	标志牌	9	个

第四节　措施项目

一、脚手架工程

(一)脚手架工程概述

脚手架是指施工现场为工人操作,并解决垂直和水平运输而搭设的各种支架。主要为了施工人员上下操作或外围安全网围护及高空安装构件等作业。脚手架的种类较多,可按照用途、构架方式、设置形式、支固方式、脚手架平杆与立杆的连接方式以及材料来划分种类。

(1)按用途划分。

1)操作用脚手架。它又分为结构脚手架和装修脚手架,其架面施工荷载标准值分别规定为 $3kN/m^2$ 和 $2kN/m^2$。

2)防护用脚手架。架面施工(搭设)荷载标准值可按 $1kN/m^2$ 计算。

3)承重—支撑用脚手架。架面荷载按实际使用值计算。

(2)按构架方式划分。

1)杆件组合式脚手架。

2)框架组合式脚手架(简称"框组式脚手架")。它是由简单的平面框架(如门架、梯架、"日"字架和"目"字架等)与连接、撑拉杆件组合而成的脚手架,如门式钢管脚手架、梯式钢管脚手架和其他各种框式构件组装的鹰架等。

3)格构件组合式脚手架。它是由桁架梁和格构柱组合而成的脚手架,如桥式脚手架[又分提升(降)式和沿齿条爬升(降)式两种]。

4)台架。它是具有一定高度和操作平面的平台架,多为定型产品,其本身具有稳定的空间结构,可单独使用或立拼增高与水平连接扩大,并常带有移动装置。

(3)按脚手架的设置形式划分。

1)单排脚手架。只有一排立杆,横向平杆的一端搁置在墙体上的脚手架。

2)双排脚手架。由内外两排立杆和水平杆构成的脚手架。

3)满堂脚手架。按施工作业范围满设的,纵、横两个方向各有三排以上立杆的脚手架。

4)封圈型脚手架。沿建筑物或作业范围周边设置并相互交圈连接的脚手架。

5)开口型脚手架。沿建筑周边非交圈设置的脚手架,其中呈直线型的脚手架为一字型脚手架。

6)特型脚手架。具有特殊平面和空间造型的脚手架,如用于烟囱、水塔、冷却塔以及其他平面为圆形、环形、"外方内圆"形、多边形以及上扩、上缩等特殊形式的建筑施工脚手架。

(4)按脚手架的支固方式划分。

1)落地式脚手架。搭设(支座)在地面、楼面、墙面或其他平台结构之上的脚手架。

2)悬挑脚手架(简称"挑脚手架")。采用悬挑方式支固的脚手架。

3)附墙悬挂脚手架(简称"挂脚手架")。在上部或(和)中部挂设于墙体挂件上的定型脚手架。

4)悬吊脚手架(简称"吊脚手架")。悬吊于悬挑梁或工程结构之下的脚手架。当采用篮式作业架时,称为"吊篮"。

5)附着式升降脚手架(简称"爬架")。搭设一定高度附着于工程结构上,依靠自身的升降设备和装置,可随工程结构逐层爬升或下降,具有防倾覆、防坠落装置的悬空外脚手架。

6)整体式附着升降脚手架。有三个以上提升装置的连跨升降的附着式升降脚手架。

7)水平移动脚手架。带行走装置的脚手架或操作平台架。

(5)按脚手架平、立杆的连接方式划分。

1)承插式脚手架。在平杆与立杆之间采用承插连接的脚手架。

2)扣接式脚手架。使用扣件箍紧连接的脚手架,即靠拧紧扣件螺栓所产生的摩擦作用构架和承载的脚手架。

3)销栓式脚手架。采用对穿螺栓或销杆连接的脚手架,此种形式已很少使用。

此外,还按脚手架的材料划分为传统的竹、木脚手架,钢管脚手架或金属脚手架等。

(二)脚手架工程清单项目设置

脚手架工程工程量清单项目设置、项目特征描述的内容、计量单位、工作内容应按《园林绿化工程工程量计算规范》(GB 50858—2013)中 D.1 的规定执行,内容详见表 4-79。

表 4-79　　　　　　　　　　　　　脚手架工程

项目编码	项目名称	项目特征	计量单位	工作内容
050401001	砌筑脚手架	1. 搭设方式 2. 墙体高度	m²	1. 场内、场外材料搬运 2. 搭、拆脚手架、斜道、上料平台 3. 铺设安全网 4. 拆除脚手架后材料分类堆放
050401002	抹灰脚手架	1. 搭设方式 2. 墙体高度		
050401003	亭脚手架	1. 搭设方式 2. 檐口高度	1. 座 2. m²	
050401004	满堂脚手架	1. 搭设方式 2. 施工面高度		
050401005	堆砌(塑)假山脚手架	1. 搭设方式 2. 假山高度	m²	
050401006	桥身脚手架	1. 搭设方式 2. 桥身高度		
050401007	斜道	斜道高度	座	

(三)脚手架工程量计算

(1)砌筑脚手架:按墙的长度乘以墙的高度以面积计算(硬山建筑山墙高算至山尖)。独立砖石柱高度在 3.6m 以内时,以柱结构周长乘以柱高计算;独立砖石柱高度在 3.6m 以上时,以柱结构周长加 3.6m 乘以柱高计算。

凡砌筑高度在 1.5m 及以上的砌体,应计算脚手架。

(2)抹灰脚手架:按抹灰墙面的长度乘以高度以面积计算(硬山建筑山墙高算至山尖)。独立砖石柱高度在 3.6m 以内时,以柱结构周长乘以柱高计算;独立砖石柱高度在 3.6m 以上时,以柱结构周长加 3.6m 乘以柱高计算。

(3)亭脚手架:

1)以座计量,按设计图示数量计算。

2)以平方米计量,按建筑面积计算。

(4)满堂脚手架:按搭设的地面主墙间尺寸以面积计算。

(5)堆砌(塑)假山脚手架:按外围水平投影最大矩形面积计算。

(6)桥身脚手架:按桥基础底面至桥面平均高度乘以河道两侧宽度以面积计算。

(7)斜道:按搭设数量计算。

二、模板工程

(一)模板工程清单项目设置

模板工程量清单项目设置、项目特征描述的内容、计量单位、工作内容应按《园林绿化工程工程量计算规范》(GB 50858—2013)中 D.2 的规定执行,内容详见表 4-80。

表 4-80　　　　　　　　　　　　　模板工程

项目编码	项目名称	项目特征	计量单位	工作内容
050402001	现浇混凝土垫层	厚度	m²	1. 制作 2. 安装 3. 拆除 4. 清理 5. 刷隔离剂 6. 材料运输
050402002	现浇混凝土路面			
050402003	现浇混凝土路牙、树池围牙	高度		
050402004	现浇混凝土花架柱	断面尺寸		
050402005	现浇混凝土花架梁	1. 断面尺寸 2. 梁底高度		
050402006	现浇混凝土花池	池壁断面尺寸		
050402007	现浇混凝土桌凳	1. 桌凳形状 2. 基础尺寸、埋设深度 3. 桌面尺寸、支墩高度 4. 凳面尺寸、支墩高度	1. m³ 2. 个	
050402008	石桥拱券石、石券脸胎架	1. 胎架面高度 2. 矢高、弦长	m²	

(二)模板工程量计算

(1)现浇混凝土垫层,现浇混凝土路面,现浇混凝土路牙、树池围牙,现浇混凝土花架柱,现浇混凝土花架梁,现浇混凝土花池:按混凝土与模板的接触面积计算。

(2)现浇混凝土桌凳:

1)以立方米计量,按设计图示混凝土体积计算。

2)以个计量,按设计图示数量计算。

(3)石桥拱券石、石券脸胎架:按拱券石、石券脸弧形底面展开尺寸以面积计算。

三、树枝支撑架、草绳绕树干、搭设遮阳(防寒)棚工程

(一)树枝支撑架、草绳绕树干、搭设遮阳(防寒)棚工程清单项目设置

树枝支撑架、草绳绕树干、搭设遮阳(防寒)棚工程工程量清单项目设置、项目特征描述的内容、计量单位、工作内容应按《园林绿化工程工程量计算规范》(GB 50858—2013)中 D.3 的规定执行,内容详见表 4-81。

表 4-81　　　　　　　　树木支撑架、草绳绕树干、搭设遮阴(防寒)棚工程

项目编码	项目名称	项目特征	计量单位	工作内容
050403001	树木支撑架	1. 支撑类型、材质 2. 支撑材料规格 3. 单株支撑材料数量	株	1. 制作 2. 运输 3. 安装 4. 维护
050403002	草绳绕树干	1. 胸径(干径) 2. 草绳所绕树干高度		1. 搬运 2. 绕杆 3. 余料清理 4. 养护期后清除
050403003	搭设遮阴 (防寒)棚	1. 搭设高度 2. 搭设材料种类、规格	1. m² 2. 株	1. 制作 2. 运输 3. 搭设、维护 4. 养护期后清除

(二)树枝支撑架、单绳绕树干、搭设遮阳(防寒)棚工程量计算

(1)树木支撑架、草绳绕树干:按设计图示数量计算。

(2)搭设遮阴(防寒)棚:

1)以平方米计量,按遮阴(防寒)棚外围覆盖层的展开尺寸以面积计算。

2)以株计量,按设计图示数量计算。

四、围堰、排水工程

(一)围堰、排水工程清单项目设置

围堰、排水工程工程量清单项目设置、项目特征描述的内容、计量单位、工作内容应按《园林绿化工程工程量计算规范》(GB 50858—2013)中 D.4 的规定执行,内容详见表 4-82。

表 4-82　　　　　　　　　　　　围堰、排水工程

项目编码	项目名称	项目特征	计量单位	工程量计算规则	工作内容
050404001	围堰	1. 围堰断面尺寸 2. 围堰长度 3. 围堰材料及灌装袋材料的品种、规格	1. m³ 2. m	1. 以立方米计量,按围堰断面面积乘以堤顶中心线长度以体积计算 2. 以米计量,按围堰堤顶中心线长度以延长米计算	1. 取土、装土 2. 堆筑围堰 3. 拆除、清理围堰 4. 材料运输

续表

项目编码	项目名称	项目特征	计量单位	工程量计算规则	工作内容
050404002	排水	1. 种类及管径 2. 数量 3. 排水长度	1. m³ 2. 天 3. 台班	1. 以立方米计量，按需要排水量以体积计算，围堰排水按堰内水面面积乘以平均水深计算 2. 以天计量，按需要排水日历天计算 3. 以台班计量，按水泵排水工作台班计算	1. 安装 2. 使用、维护 3. 拆除水泵 4. 清理

(二)围堰、排水工程清单项目特征描述

1. 围堰

围堰的作用是防止水和土进入建筑物的修建位置，以便在围堰内排水，开挖基坑，修筑建筑物。一般主要用于水工建筑中，除作为正式建筑物的一部分外，围堰一般在用完后拆除。

2. 排水

园林排水工程的主要任务是将雨水、废水、污水收集起来并输送到适当地点排除，或经过处理之后再重复利用和排除掉。园林中如果没有排水工程，雨水、污水淤积园内，将会使植物遭受涝灾，滋生大量蚊虫并传播疾病，既影响环境卫生，又会严重影响园里的所有游园活动。因此，在每一项园林工程中都要设置良好的排水工程设施。

(三)围堰、排水工程量计算

(1)围堰：

1)以立方米计量，按围堰断面面积乘以堤顶中心线长度以体积计算。

2)以米计量，按围堰堤顶中心线长度以延长米计算。

(2)排水：

1)以立方米计量，按需要排水量以体积计算，围堰排水按堰内水面面积乘以平均水深计算。

2)以天计量，按需要排水日历天计算。

3)以台班计算，按水泵排水工作台班计算。

五、安全文明施工及其他措施项目

安全文明施工及其他措施项目工程量清单项目设置、工作内容及包含范围应按《园林绿化工程工程量计算规范》(GB 50858—2013)中 D.5 的规定执行，内容详见表 4-83。

表 4-83　　　　　　　　　　　安全文明施工及其他措施项目

项目编码	项目名称	工作内容及包含范围
050405001	安全文明施工	1. 环境保护：现场施工机械设备降低噪声、防扰民措施；水泥、种植土和其他易飞扬细颗粒建筑材料密闭存放或采取覆盖措施等；工程防扬尘洒水；土石方、杂草、种植遗弃物及建渣外运车辆防护措施等；现场污染源的控制、生活垃圾清理外运、场地排水排污措施；其他环境保护措施 2. 文明施工："五牌一图"；现场围挡的墙面美化（包括内外粉刷、刷白、标语等）、压顶装饰；现场厕所便槽刷白、贴面砖，水泥砂浆地面或地砖，建筑物内临时便溺设施；其他施工现场临时设施的装饰装修、美化措施；现场生活卫生设施；符合卫生要求的饮水设备、淋浴、消毒等设施；生活用洁净燃料；防煤气中毒、防蚊虫叮咬等措施；施工现场操作场地的硬化；现场绿化、治安综合治理；现场配备医药保健器材、物品和急救人员培训；用于现场工人的防暑降温、电风扇、空调等设备及用电；其他文明施工措施 3. 安全施工：安全资料、特殊作业专项方案的编制，安全施工标志的购置及安全宣传；"三宝"（安全帽、安全带、安全网）、"四口"（楼梯口、管井口、通道口、预留洞口）、"五临边"（园桥围边、驳岸围边、跌水围边、槽坑围边、卸料平台两侧），水平防护架、垂直防护架、外架封闭等防护；施工安全用电，包括配电箱三级配电、两级保护装置要求、外电防护措施；起重设备（含起重机、井架、门架）的安全防护措施（含警示标志）及卸料平台的临边防护、层间安全门、防护棚等设施；园林工地起重机械的检验检测；施工机具防护棚及其围栏的安全保护设施；施工安全防护通道；工人的安全防护用品、用具购置；消防设施与消防器材的配置；电气保护、安全照明设施；其他安全防护措施 4. 临时设施：施工现场采用彩色、定型钢板，砖、混凝土砌块等围挡的安砌、维修、拆除；施工现场临时建筑物、构筑物的搭设、维修、拆除，如临时宿舍、办公室、食堂、厨房、厕所、诊疗所、临时文化福利用房、临时仓库、加工场、搅拌台、临时简易水塔、水池等；施工现场临时设施的搭设、维修、拆除，如临时供水管道、临时供电管线、小型临时设施等；施工现场规定范围内临时简易道路铺设，临时排水沟、排水设施安砌、维修、拆除；其他临时设施搭设、维修、拆除
050405002	夜间施工	1. 夜间固定照明灯具和临时可移动照明灯具的设置、拆除 2. 夜间施工时施工现场交通标志、安全标牌、警示灯等的设置、移动、拆除 3. 夜间照明设备及照明用电、施工人员夜班补助、夜间施工劳动效率降低等
050405003	非夜间施工照明	为保证工程施工正常进行，在如假山石洞等特殊施工部位施工时所采用的照明设备的安拆、维护及照明用电等
050405004	二次搬运	由于施工场地条件限制而发生的材料、植物、成品、半成品等一次运输不能到达堆放地点，必须进行的二次或多次搬运

续表

项目编码	项目名称	工作内容及包含范围
050405005	冬雨季施工	1. 冬雨(风)季施工时增加的临时设施(防寒保温、防雨、防风设施)的搭设、拆除 2. 冬雨(风)季施工时对植物、砌体、混凝土等采用的特殊加温、保温和养护措施 3. 冬雨(风)季施工时施工现场的防滑处理,对影响施工的雨雪的清除 4. 冬雨(风)季施工时增加的临时设施、施工人员的劳动保护用品、冬雨(风)季施工劳动效率降低等
050405006	反季节栽植影响措施	因反季节栽植在增加材料、人工、防护、养护、管理等方面采取的种植措施及保证成活率措施
050405007	地上、地下设施的临时保护设施	在工程施工过程中,对已建成的地上、地下设施和植物进行的遮盖、封闭、隔离等必要保护措施
050405008	已完工程及设备保护	对已完工程及设备采取的覆盖、包裹、封闭、隔离等必要的保护措施

注:本表所列项目应根据工程实际情况计算措施项目费用,需分摊的应合理计算摊销费用。

第五章　清单计价下的园林工程投标

第一节　施工项目投标概述

一、投标概念

投标是指承建单位依据有关规定和招标单位拟定的招标文件参与竞争,并按照招标文件的要求,在规定的时间内向招标人填报投标函并争取中标,意图与建设工程项目法人单位达成协议的经济法律活动。

投标是建筑企业取得工程施工合同的主要途径,投标文件就是对业主发出要约的承诺。投标人一旦提交了投标文件,就必须在招标文件规定的期限内信守其承诺,不得随意退出投标竞争。因为投标是一种法律行为,投标人必须承担中途反悔撤出的经济和法律责任。

二、投标组织

为了在投标竞争中获胜,建筑施工企业应设置投标工作机构,平时掌握市场动态信息,积累有关资料;遇有招标工程项目,则办理参加投标手续,研究投标报价策略,编制和递送投标文件,以及参加定标前后的谈判等,直至定标后签订合同协议。

在工程承包招标投标竞争中,对于业主来说,招标就是择优。由于工程的性质和业主的评价标准不同,择优可能有不同的侧重面,但一般包含如下四个方面:

(1)较低的价格。承包人投标报价的高低直接影响业主的投资效益,在满足招标实质要求的前提下,报价往往是决定承包人能否中标的关键。

(2)优良的质量。建筑产品具有投资额度大、使用周期长等特点,建筑质量直接关系到业主的生命财产安全,关系到建筑产品的使用价值的大小,因而质量问题是业主在招标中关注的焦点。

(3)较短的工期。在市场经济条件下,速度与效益成正比,施工工期直接影响业主在产品使用中的经济效益。在同等报价、质量水平下,承包人施工工期的长短,往往会成为决定能否中标的主要矛盾,特别是工期要求急的特殊工程。

(4)先进的技术。科学技术是第一生产力,承包人的技术水平是其生产能力的标志,也是实现较低的价格、优良的质量和较短的工期的基础与前提。

业主通过招标,从众多的投标者中进行评选,既要从其突出的侧重面进行衡量,又要综合考虑上述四个方面的因素,最后确定中标者。

对于承包人来说,参加投标就如同参加一场赛事竞争。因为它关系到企业的兴衰存亡。这场赛事不仅比报价的高低,而且比技术、经验、实力和信誉。特别是当前国际承包市场中,越来越多的是技术密集型项目,势必要给承包人带来两方面的挑战:一方面是技术上的挑战,要求承包人具有先进的科学技术,能够完成高、新、尖、难工程;另一方面是管理上的挑战,要求承包人具有现代先进的组织管理水平,能够以较低价中标,靠管理和索赔获利。

为迎接技术和管理方面的挑战,在竞争中取胜,承包人的投标班子应该由如下三种类型的人才组成:

(1)经营管理类人才。经营管理类人才是指制定和贯彻经营方针与规划、负责工作的全面筹划和安排、具有决策能力的人员,它包括经理、副经理、总工程师、总经济师等具有决策权的人员,以及其他经营管理人才。

(2)专业技术类人才。专业技术类人才是指建筑师、结构工程师、设备工程师等各类专业技术人员,他们应具备熟练的专业技能,丰富的专业知识,能从本公司的实际技术水平出发,制定投标用的专业实施方案。

(3)商务金融类人才。商务金融类人才是指概预算、财务、合同、金融、保函、保险等方面的人才,在国际工程投标竞争中这类人才的作用尤其重要。

投标工作机构不但要做到个体素质良好,更重要的是要做到共同参与,协同作战,发挥群体力量。在参加投标活动时,以上各类人才相互补充,才能形成人才整体优势。另外,由于项目经理是未来项目施工的执行者,为使其更深入地了解该项目的内在规律,把握工作要点,提高项目管理的水平,在可能的情况下,应吸收项目经理人选进入投标班子。在国际工程(含境内涉外工程)投标时,还应配备懂得专业和合同管理的翻译人员。

一般来说,承包人的投标工作机构应保持相对稳定,这样有利于不断提高工作班子中各成员及整体的素质和水平,提高投标的竞争力。

第二节　园林工程投标文件编制

一、投标文件编制内容

投标人应当按照招标文件的要求编制投标文件。投标文件应当包括下列内容:

(1)投标函及投标函附录。

(2)法定代表人身份证明或附有法定代表人身份证明的授权委托书。

(3)联合体协议书(如工程允许采用联合体投标)。

(4)投标保证金。

(5)已标价工程量清单。

(6)施工组织设计。

(7)项目管理机构。

(8)拟分包项目情况表。

(9)资格审查资料。

(10)规定的其他材料。

二、投标文件编制一般要求

(1)投标人编制投标文件时必须使用招标文件提供的投标文件表格格式,但表格可以按同样的格式扩展。投标保证金、履约保证金的方式,可以按招标文件有关条款的规定选择。投标人根据招标文件的要求和条件填写投标文件的空格时,凡要求填写的空格都必须填写,不得空着不填,否则,即被视为放弃意见。实质性的项目或数字如工期、质量等级、价格等未填写的,将被视为无效或作废的投标文件处理。将投标文件按规定的日期送交招标人,等待开标、决标。

(2)应当编制的投标文件"正本"仅一份,"副本"则按招标文件前附表所述的份数提供,同时要在标书封面标明"投标文件正本"和"投标文件副本"字样。投标文件正本和副本如有不一致之处,以正本为准。

(3)投标文件正本和副本均应使用不能擦去的墨水打印或书写,各种投标文件的填写字迹都要清晰、端正,补充设计图纸要整洁、美观。

(4)所有投标文件均由投标人的法定代表人签署、加盖印鉴,并加盖法人单位公章。

(5)填报投标文件应反复校核,保证分项和汇总计算均无错误。全套投标文件均应无涂改和行间插字,除非这些删改是根据招标人的要求进行的,或者是投标人造成的必须修改的错误。修改处应由投标文件签字人签字证明并加盖印鉴。

(6)如招标文件规定投标保证金为合同总价的某百分比时,开投标保函不要太早,以防泄漏己方报价。但有的投标人提前开出并故意加大保函金额,以麻痹竞争对手的情况也是存在的。

(7)投标人应将投标文件的技术标和商务标分别密封在内层包封,再密封在一个外层包封中,并在内封上标明"技术标"和"商务标"。标书包封的封口处都必须加贴封条,封条贴缝应全部加盖密封章或法人章。内层和外层包封都应由投标人的法定代表人签署、加盖印鉴,并加盖法人单位公章。内层和外层包封都应写明投标人名称和地址、工程名称、招标编号,并注明开标时间以前不得开封。在内层和外层包封上还应写明投标人的名称与地址、邮政编码,以便投标出现逾期送达时能原封退回。如果内外层包封没有按上述规定密封并加写标志,投标文件将被拒绝,并退还给投标人。投标文件应按时递交至招标文件前附表所述的单位和地址。

(8)投标文件的打印应力求整洁、悦目,避免评标专家产生反感。投标文件的装订也要力求精美,使评标专家从侧面产生对投标人企业实力的认可。

三、投标文件的递交

递交投标文件也称递标,是指投标人在规定的投标截止日期之前,将准备好的所有投标文件密封递送到招标单位的行为。

所有的投标文件必须经反复校核、审查并签字盖章,特别是投标授权书要由具有法人地位的公司总经理或董事长签署、盖章;投标保函在保证银行行长签字盖章后,还要由投标人签字确认,然后按投标须知要求,认真细致地分装密封包装起来,由投标人亲自在截标之前送交招标的收标单位,或者通过邮寄递交。邮寄递交要考虑路途的时间,并且注意投标文件的完整性,一次递交、迟交或文件不完整都将导致文件作废。

有许多工程项目的截止收标时间和开标时间几乎同时进行,交标后立即组织当场开标。迟交的标书即宣布为无效。因此,不论采用什么方法送交标书,一定要保证准时送达。对于已送出的标书若发现有错误要修改时,可致函、发紧急电报或电传通知招标单位,修改或撤销投标书的通知不得迟于招标文件规定的截止时间。总而言之,要避免因为细节的疏忽与技术上的缺陷致使投标文件失效或无利中标。

至于招标者,在收到投标人的投标文件后,应签收或通知投标人已收到其投标文件,并记录收到日期和时间;同时,在收到投标文件到开标之前,所有投标文件均不得启封,并应采取措施确保投标文件的安全。

第三节　园林工程投标报价编制

投标报价是指承包人计算、确定和报送招标工程投标总价格的活动。业主把承包人的报价作为主要标准来选择中标者,同时投标报价也是业主和承包人就工程标价进行承包合同谈判的基础,直接关系到承包人投标的成败。报价是进行工程投标的核心。报价过高会失去承包机会,而报价过低虽然可以中标,但会给工程带来亏本的风险。因此,标价过高或过低都不合理,如何做出合适的投标报价,是投标者能否中标的最关键的问题。

一、投标报价编制一般规定

(1)投标价应由投标人或受其委托具有相应资质的工程造价咨询人编制。

(2)投标价中除"13计价规范"中规定的规费、税金及措施项目清单中的安全文明施工费应按国家或省级、行业建设主管部门的规定计价,不得作为竞争性费用外,其他项目的投标报价由投标人自主决定。

(3)投标报价不得低于工程成本。《中华人民共和国反不正当竞争法》第十一条规定:"经营者不得以排挤竞争对手为目的,以低于成本的价格销售商品。"《中华人民共和国招标投标法》第四十一规定:"中标人的投标应当符合下列条件……(二)能够满足招标文件的实质性要求,并且经评审的投标价格最低,但是投标价格低于成本的除外。"《评标委员会和评标方法暂行规定》(国家计委等七部委第 12 号令)第二十一条规定:"在评标过程中,评标委员会发现投标人的报价明显低于其他投标报价或者在设有标底时明显低于标底的,使得其投标报价可能低于其个别成本的,应当要求该投标人做出书面说明并提供相关证明材料。投标人不能合理说明或者不能提供相关证明材料的,由评标委员会认定该投标人以低于成本报价竞标,其投标应做废标处理。"

(4)实行工程量清单招标,招标人在招标文件中提供工程量清单,其目的是使各投标人在投标报价中具有共同的竞争平台。因此,要求投标人在投标报价中填写的工程量清单的项目编码、项目名称、项目特征、计量单位、工程数量必须与招标工程量清单一致。

(5)投标人的投标报价高于招标控制价的应予废标。

二、投标报价编制依据

投标报价应按下列依据进行编制:

(1)"13 计价规范"。

(2)国家或省级、行业建设主管部门颁发的计价办法。

(3)企业定额,国家或省级、行业建设主管部门颁发的计价定额。

(4)招标文件、招标工程量清单及其补充通知、答疑纪要。

(5)建设工程设计文件及相关资料。

(6)施工现场情况、工程特点及投标时拟定的施工组织设计或施工方案。

(7)与建设项目相关的标准、规范等技术资料。

(8)市场价格信息或工程或工程造价管理机构发布的工程造价的信息。

(9)其他的相关资料。

三、投标报价编制内容

(1)综合单价中应包括招标文件中划分的应由投标人承担的风险范围及其费用,招标文件中没有明确的,应提前招标人明确。

(2)分部分项工程和措施项目中的单价项目,应根据招标文件和招标工程量清单项目中的特征描述确定综合单价计算。分部分项工程和措施项目中的单价项目最主要的是确定综合单价,包括:

1)确定依据。确定分部分项工程和措施项目中的单价项目综合单价的最重要的依据之一是该清单项目的特征描述,投标人投标报价时应依据招标工程量清单项目的特征描述确定清单项目的综合单价。在招投标过程中,当出现招标工程量清单特征描述与设计图纸不符时,投标人应以招标工程量清单的项目特征描述为准,确定投标报价的综合单价。当施工中施工图纸或设计变更与招标工程量清单项目特征描述不一致时,发承包双方应按实际施工的项目特征依据合同约定重新确定综合单价。

2)材料、工程设备暂估价。招标工程量清单中提供的暂估单价的材料、工程设备,按暂估的单价计入综合单价。

3)风险费用。招标文件中要求投标人承担的风险内容和范围,投标人应考虑计入综合单价。在施工过程中,当出现的风险内容及其范围(幅度)在招标文件规定的范围内时,合同价款不做调整。

(3)由于各投标人拥有的施工装备、技术水平和采用的施工方法有所差异,招标人提出的措施项目清单是根据一般情况确定的,没有考虑不同投标人的"个性",因此投标人投标时应根据自身编制的投标施工组织设计或施工方案确定措施项目,对招标人提供的措施项目进行调整。投标人根据投标施工组织设计或施工方案调整和确定的措施项目应通过评标委员会的评审。

1)措施项目中的总价项目应采用综合单价方式报价,包括除规费、税金外的全部费用。

2)措施项目中的安全文明施工费应按照国家或省级、行业建设主管部门的规定计算确定。

(4)其他项目费。投标人对其他项目费投标报价应按以下原则进行:

1)暂列金额应按照其他项目清单中列出的金额填写,不得变动。

2)暂估价不得变动和更改。暂估价中的材料必须按照其他项目清单中列出的暂估单价计入综合单价;专业工程暂估价必须按照其他项目清单中列出的金额填写。

3)计日工应按照其他项目清单列出的项目和估算的数量,自主确定各项综合单价并计算费用。

4)总承包服务费应依据招标人在招标文件中列出的分包专业工程内容和供应材料、设备情况,按照招标人提出的协调、配合与服务要求和施工现场管理需要自主确定。

(5)规费和税金。规费和税金应按国家或省级、行业建设主管部门的规定计算,不得作为竞争性费用。规费和税金的计取标准是依据有关法律、法规和政策规定制定的,具有强制性。投标人是法律、法规和政策的执行者,不能改变,更不能制定,而必须按照法律、法规、政策的有关规定执行。

(6)招标工程量清单与计价表中列明的所有需要填写单价和合价的项目,投标人均应填写且只允许有一个报价。未填写单价和合价的项目,可视为此项费用已包含在已标价工程量清单中其他项目的单价和合价之中。当竣工结算时,此项目不得重新组价予以调整。

(7)投标总价。实行工程量清单招标时,投标人的投标总价应当与组成工程量清单的分部分项工程费、措施项目费、其他项目费和规费、税金的合计金额相一致,即投标人在投标报价时,不能进行投标总价优惠(或降价、让利),投标人对招标人的任何优惠(或降价、让利)均应反映在相应清单项目的综合单价中。

四、投标报价的程序

1. 研究招标文件

招标文件是投标的主要依据,承包人在计算标价之前和整个投标报价期间,均应组织参加投标报价的人员认真细致地阅读招标文件,仔细分析研究,弄清招标文件的要求和报价内容。一般应主要弄清报价范围、取费标准、采用定额、工料机定价方法、技术要求、特殊材料和设备、有效报价区间等。同时,在招标文件研究过程中应注意发现互相矛盾和表述不清的问题等。对这些问题,应及时通过招标预备会或采用书面提问形式,请招标人给予解答。

在投标实践中,报价发生较大偏差甚至造成废标的原因,常见的有两个。其一是造价估算误差太大,其二是没弄清招标文件中有关报价的规定。因此,在标书编制以前,全体与投标报价有关的人员都必须反复认真研读招标文件。

2. 现场调查

现场条件是投标人投标报价的重要依据之一。现场调查不全面、不细致,很容易造成与现场条件有关的工作内容遗漏或者工程量计算错误。由这种错误所导致的损失,一般是无法在合同的履行中得到补偿的。现场调查一般主要包括以下几个方面:

(1)自然地理条件。包括施工现场的地理位置;地形、地貌;用地范围;气象、水文情况;地质情况;地震及设防烈度;洪水、台风及其他自然灾害情况等。这些条件有的直接涉及风险费用的估算,有的则涉及施工方案的选择,并进而涉及工程直接费用的估算。

(2)市场情况。包括建筑材料和设备、施工机械设备、燃料、动力和生活用品的供应状况、价格水平与变动趋势;劳务市场状况;银行利率和外汇汇率等情况。对于不同的建设地点,由于地理环境和交通条件的差异,价格变化会很大。因此,要准确估算工程造价就必须对这些情况进行详细调查。

(3)施工条件。包括临时设施、生活用地位置和大小;供排水、供电、进场道路、通信设施现状;引接供排水线路、电源、通信线路和道路的条件和距离;附近现有建(构)筑物、地下和空中管线情况;环境对施工的限制等。这些条件有的直接关系到临时设施费支出的多少,有的或因与施工工期有关,或因与施工方案有关,或因涉及技术措施费,而直接或间接影响工程造价。

(4)其他条件。包括交通运输条件;工地现场附近的治安情况等。交通条件直接关系到材料和设备的到场价格,对工程造价影响十分显著。治安状况则关系到材料的非生产性损耗,因而也会影响工程成本。

3. 编制施工组织设计

施工组织设计包括进度计划和施工方案等内容,是技术标的主要组成部分。施工组织设计的水平反映了承包人的技术实力,不仅是决定承包人能否中标的主要因素,而且对施工进度的安排是否合理,施工方案的选择是否恰当,对工程成本与报价都有密切关系。一个好的施工组织设计可大大降低标价。因此,在估算工程造价之前,工程技术人员应认真编制好施工组织设计,为准确估算工程造价提供依据。

4. 计算或复核工程量

要确定工程造价,首先要根据施工图和施工组织设计计算工程量,并列出工程量表。当采用工程量清单招标时,这项工作可以省略。

工程量的大小是投标报价的最直接依据。为确保复核工程量准确,在计算中应注意以下几个方面:

(1)正确划分分项工程,做到与当地定额或单位估价表项目一致。

(2)按一定顺序进行,避免漏算或重算。

(3)以施工图为依据。

(4)结合已定的施工方案或施工方法。

(5)进行认真复核与检查。

5. 确定工、料、机单价

工、料、机的单价应通过市场调查或参考当地造价管理部门发布的造价信息确定。而工、料、机的用量尽量采用企业定额确定,无企业定额时,可依据国家或地方颁布的预算定额确定。

6. 计算工程人工费、材料费、施工机具使用费

根据分项工程中工、料、机等生产要素的需用量及其单价,计算分项工程的直接成本的单价和合价,进而计算出整个工程的人工费、材料费、施工机具使用费。

7. 计算规费、企业管理费

根据当地的费用定额或企业的实际情况,以直接费为基础,计算出工程规费和企业管理费。

8. 计算其他费用

根据当地或企业的实际情况,估算预计利润、税金及风险费用。

9. 计算工程总估价

综合工程人工费、材料费、施工机具使用费、规费、企业管理费、风险费用、预计利润和税金形成工程总估价。

10. 审核工程总估价

在确定最终的投标报价前,还需进行报价的宏观审核。宏观审核的目的在于通过变换角度的方式对报价进行审查,以提高报价的准确性,提高竞争能力。

宏观审核所采取的观察角度通常有以下几个方面:

(1)单位工程造价。将投标报价折合成单位工程造价,例如房屋工程按平方米造价,铁路、公路按公里造价,铁路桥梁、隧道按每延长米造价,公路桥梁按桥面平方米造价等等。将该项目的单位工程造价与类似工程的单位工程造价进行比较,以判定报价水平的高低。

(2)全员劳动生产率。所谓全员劳动生产率是指全体人员每工日的生产价值。由于受企业一定的生产力水平决定,一定时期内具有相对稳定的全员劳动生产率水平。因而企业在承揽同类工程或机械化水平相近的项目时应具有相近的全员劳动生产率水平。可以此为尺度,将投标工程造价与类似工程造价进行比较,从而判断造价的正确性。

（3）单位工程消耗指标。各类建筑工程每平方米建筑面积所需的劳动力和各种材料的数量均有一个合理的指标。因而将投标项目的单位工程用工、用料水平与经验指标相比，也能判断其造价是否处于合理的水平。

（4）分项工程造价比例。一个单位工程是由基础、墙体、楼板、屋面、装饰、水电、各种附属设备等分项工程构成的，它们在工程造价中都有一个合理的大体比例，承包人可通过投标项目的各分项工程造价的比例与同类工程的统计数据相比较，从而判断造价估算的准确性。

（5）各类费用的比例。任何一个工程的费用都是由人工费、材料费、施工机具使用费、规费、企业管理费等各类费用组成的，它们之间都应有一个合理的比例。将投标工程造价中的各类费用比例与同类工程的统计数据进行比较，也能判断估算造价的正确性和合理性。

（6）预测成本比较。若承包人曾对企业在同一地区的同类工程报价进行积累和统计，则可以采用线性规划、概率统计等预测方法计算出投标项目造价的预测值。将造价估算值与预测值进行比较，也是衡量造价估算正确性和合理性的一种有效方法。

（7）扩大系数估算法。根据企业以往的施工实际成本统计资料，采用扩大系数估算工程的投标工程造价，是在掌握工程实施经验和资料的基础上的一种估价方法。其结果比较接近实际，尤其是在采用其他宏观指标对工程报价难以校准的情况下，本方法更具优势。扩大系数估算法属宏观审核工程报价的一种手段。不能以此代替详细的报价资料，报价时仍应按招标文件的要求详细计算。

（8）企业内部定额估价法。根据企业的施工经验，确定企业在不同类型的工程项目施工中的工、料、机等的消耗水平，形成企业的内部定额，并以此为基础计算工程估价。此方法不仅是核查报价准确性的重要手段，也是企业内部承包管理、提高经营管理水平的重要方法。

综合运用上述方法与指标，就可以减少报价中的失误，不断提高报价水平。

11. 确定报价策略和投标技巧

根据投标目标、项目特点、竞争形势等，在采用某报价决策的基础上，具体确定报价策略和投标技巧。

12. 最终确定投标报价

根据已确定的报价策略和投标技巧对估算造价进行调整，最终确定投标报价。

五、园林工程投标报价编制实例

按照《建设工程工程量清单计价规范》（GB 50500—2013）的有关规定，工程量清单计价包括招标控制价、投标报价和竣工结算价，本章只对投标报价的编制进行介绍。表 5-1～表 5-18 为园林工程投标报价编制实例。

表 5-1   投标总价封面

某园区园林绿化　工程

投　标　总　价

投　标　人：＿＿＿＿＿＿××园林公司＿＿＿＿＿＿

（单位盖章）

××××年××月××日

表5-2   投标总价扉页

__某园区园林绿化__ 工程

投 标 总 价

招　　　　标　　　人：__××开发区管委会__

工　程　名　称：__某园区园林绿化工程__

投标总价(小写)：__473110.14__

　　　　　(大写)：__肆拾柒万叁仟壹佰壹拾元壹角肆分__

投　标　人：_____××园林公司_____
　　　　　　　　　　　(单位盖章)

法定代表人
或其授权人：_____×××_____
　　　　　　　　　　　(签字或盖章)

编　制　人：_____×××_____
　　　　　　　　　　　(造价人员签字盖专用章)

时　　　间：××××年××月××日

表 5-3　　　　　　　　　　　**总 说 明**

工程名称:某园区园林绿化工程　　　　　　　　　　　　　　　第 页共 页

1. 工程概况:本园区位于××区,交通便利,园区中建筑与市政建设均已完成。园林绿化面积约为 $850m^2$,整个工程由圆形花坛、伞亭、连座花坛、花架、八角花坛以及绿地等组成。栽种的植物主要有桧柏、垂柳、龙爪槐、大叶黄杨、金银木、珍珠梅、月季等。

2. 招标范围:绿化工程、庭院工程。

3. 招标质量要求:优良工程。

4. 工程量清单编制依据:本工程依据《建设工程工程量清单计价规范》编制工程量清单,依据××单位设计的本工程施工设计图纸计算实物工程量。

5. 投标人在投标文件中应按《建设工程工程量清单计价规范》规定的统一格式,提供"综合单价分析表"、"总价措施项目清单与计价表"。

其他:略

表-01

表 5-4　　　　　　　　　**建设项目投标报价汇总表**

工程名称:某园区园林绿化工程　　　　　　　　　　　　　　　第 页共 页

序号	单项工程名称	金额/元	其中:/元		
			暂估价	安全文明施工费	规费
1	某园区园林绿化工程	473110.14	5550.00	15018.05	17120.57
合　　计		473110.14	5550.00	15018.05	17120.57

表-02

表 5-5　　　　　　　　　**单项工程投标报价汇总表**

工程名称:　　　　　　　　　　　　　　　　　　　　　　　第 页共 页

序号	单项工程名称	金额/元	其中:/元		
			暂估价	安全文明施工费	规费
1	某园区园林绿化工程	473110.14	5550.00	15018.05	17120.57
合　　计		473110.14	5550.00	15018.05	17120.57

表-03

表 5-6　　　　　　　　　　　**单位工程投标报价汇总表**

工程名称：　　　　　　　　　标段：　　　　　　　　　第　页共　页

序号	汇总内容	金额/元	其中:暂估价/元
1	分部分项工程	227827.85	5550.00
1.1	绿化工程	106894.14	5550.00
1.2	园路、园桥工程	96857.65	
1.3	园林景观工程	24076.06	
1.4			
1.5			
2	措施项目	32841.16	—
2.1	安全文明施工费	15018.05	—
3	其他项目	179719.50	
3.1	暂列金额	50000.00	—
3.2	计日工	22664.00	—
3.3	总承包服务费	7055.50	—
4	规费	17120.57	
5	税金	15601.06	—
	招标控制价合计＝1＋2＋3＋4＋5	473110.14	5550.00

表-04

表 5-7　　　　　　　　**分部分项工程和单价措施项目清单与计价表**

工程名称:某园区园林绿化工程　　　　　　标段:　　　　　　　　第 页共 页

序号	项目编码	项目名称	项目特征描述	计量单位	工程量	综合单价	合价	其中暂估价
			绿化工程					
1	050101001001	整理绿化用地	普坚土	m²	834.32	1.21	1009.53	
2	050102001001	栽植乔木	桧柏,高 1.2~1.5m,土球苗木	株	3	920.15	2760.45	1800.00
3	050102001002	栽植乔木	垂柳,胸径 10.0~12.0cm,露根乔木	株	6	1048.26	6289.56	
4	050102001003	栽植乔木	龙爪槐,胸径 6.0~10.0cm,露根乔木	株	5	1286.16	6430.80	3750.00
5	050102001004	栽植乔木	大叶黄杨,胸径 5~6cm,露根乔木	株	5	964.32	4821.60	
6	050102002005	栽植乔木	金银木,高 1.5~1.8m,露根乔木	株	90	124.68	11221.20	
7	050102002001	栽植灌木	珍珠梅,高 1~1.2m,露根灌木	株	60	843.26	50595.60	
8	050102008001	栽植花卉	月季,各色月季,二年生,露地花卉	株	120	69.26	8311.20	
9	050102012001	铺种草皮	野牛草,草皮	m²	466.00	19.15	8923.90	
10	050103001001	喷灌管线安装	主管 75UPVC 管长 21m,直径 40YPVC 管长 35m;支管直径 32UPVC 管长 98.6m	m	154.60	42.24	6530.30	
			分部小计				106894.14	5550.00
			园路、园桥工程					
11	050201001001	园路	200mm 厚砂垫层,150mm 厚3∶7灰土垫层,水泥方格砖路面	m²	180.25	42.24	7613.76	
12	040101001001	挖一般土方	普坚土,挖土平均深度 350mm,弃土运距 100m	m³	61.79	26.18	1617.66	
13	050201003001	路牙铺设	3∶7 灰土垫层 150mm 厚,花岗石	m	96.23	85.21	8199.76	
			(其他略)					
			分部小计				17431.18	
			本页小计				203751.79	
			合　计				203751.79	5550.00

注:为计取规费等的使用,可在表中增设"其中:定额人工费"。

表-08

表 5-8   分部分项工程和单价措施项目清单与计价表

工程名称:某园区园林绿化工程   标段: 第 页共 页

序号	项目编码	项目名称	项目特征描述	计量单位	工程量	综合单价	合价	其中暂估价
			园林景观工程					
14	050304001001	现浇混凝土花架柱、梁	柱6根,高2.2m	m³	2.22	375.36	833.30	
15	050305005001	预制混凝土桌凳	C20预制混凝土桌凳,水磨石面	m	7.00	34.05	238.35	
16	011203003001	零星项目一般抹灰	檩架抹水泥砂浆	m²	60.04	15.88	953.44	
17	010101003001	挖沟槽土方	挖八角花坛土方,人工挖地槽,土方运距100m	m³	10.64	29.55	314.41	
18	010507007001	其他构件	八角花坛混凝土池壁,C10混凝土现浇	m³	7.30	350.24	2556.75	
19	011204001001	石材墙面	圆形花坛混凝土池壁贴大理石	m²	11.02	284.80	3138.50	
20	010101003002	挖沟槽土方	连座花坛土方,平均挖土深度870mm,普坚土,弃土运距100m	m³	9.22	29.22	269.41	
21	010501003001	现浇混凝土独立基础	3:7灰土垫层,100mm厚	m³	1.06	452.32	479.46	
22	011202001001	柱面一般抹灰	混凝土柱水泥砂浆抹面	m²	10.13	13.03	131.99	
23	010401003001	实心砖墙	M5混合砂浆砌筑,普通砖	m³	4.87	195.06	949.94	
24	010507007002	其他构件	连座花坛混凝土花池,C25混凝土现浇	m³	2.68	318.25	852.91	
25	010101003003	挖沟槽土方	挖坐凳土方,平均挖土深度80mm,普坚土,弃土运距100m	m³	0.03	24.10	0.72	
26	010101003004	挖沟槽土方	挖花台土方,平均挖土深度640mm,普坚土,弃土运距100m	m³	6.65	24.00	159.60	
27	010501003002	现浇混凝土独立基础	3:7灰土垫层,300mm厚	m³	1.02	10.00	10.20	
28	010401003002	实心砖墙	砖砌花台,M5混合砂浆,普通砖	m³	2.37	195.48	463.29	
			本页小计				11352.27	
			合 计				215104.06	5550.00

注:为计取规费等的使用,可在表中增设"其中:定额人工费"。

表-08

表 5-9　　　　　　　分部分项工程和单价措施项目清单与计价表

工程名称：某园区园林绿化工程　　　　　　　标段：　　　　　　　　　第　页共　页

序号	项目编码	项目名称	项目特征描述	计量单位	工程量	金额/元		
						综合单价	合价	其中 暂估价
			园林景观工程					
29	010507007003	其他构件	花台混凝土花池,C25 混凝土现浇	m³	2.72	324.21	881.85	
30	011204001002	石材墙面	花台混凝土花池池面贴花岗石	m²	4.56	286.23	1305.21	
31	010101003005	挖沟槽土方	挖花墙花台土方,平均深度 940mm,普坚土,弃土运距 100m	m³	11.73	28.25	331.37	
32	010501002001	带形基础	花墙花台混凝土基础,C25 混凝土现浇	m³	1.25	234.25	292.81	
33	010401003003	实心砖墙	砖砌花台,M5 混合砂浆,普通砖	m³	8.19	194.54	1593.28	
34	011204001003	石材墙面	花墙花台墙面贴青石板	m²	27.73	100.88	2797.40	
35	010606013001	零星钢构件	花墙花台铁花式,60×6,2.83kg/m	t	0.11	4525.23	497.78	
36	010101003006	挖沟槽土方	挖圆形花坛土方,平均深度 800mm,普坚土,弃土运距 100m	m³	3.82	26.99	103.10	
37	010507007004	其他构件	圆形花坛混凝土池壁,C25 混凝土现浇	m³	2.63	364.58	958.85	
38	011204001004	石材墙面	圆形花坛混凝土池壁贴大理石	m²	10.05	286.45	2878.82	
39	010502001001	矩形柱	钢筋混凝土柱,C25 混凝土现浇	m³	1.80	309.56	557.21	
40	011202001002	柱面一般抹灰	混凝土柱水泥砂浆抹面	m²	10.20	13.02	132.80	
41	011407001001	墙面喷刷涂料	混凝土柱面刷白色涂料	m²	10.20	38.56	393.31	
		分部小计					26263.12	
		措施项目						
42	050401002001	抹灰脚手架	柱面一般抹灰	m²	11.00	6.53	71.83	
		(其他略)						
		分部小计					14647.94	
	本页小计						25184.67	
	合　计						240288.73	5550.00

表-08

表5-10　　　　　　　　　　　综合单价分析表

工程名称:某园区园林绿化工程　　　　　　　标段:　　　　　　　　　第 页共 页

| 项目编码 | 050102001002 | | 项目名称 | 栽植乔木,垂柳 | | 计量单位 | 株 | 工程量 | |

清单综合单价组成明细

定额编号	定额项目名称	定额单位	数量	单价				合价			
				人工费	材料费	机械费	管理费和利润	人工费	材料费	机械费	管理费和利润
EA0921	普坚土种植垂柳	株	1	115.83	800.00	60.83	41.70	115.83	800.00	60.83	41.70
EA0961	垂柳后期管理费	株	1	11.50	12.13	2.13	4.14	11.50	12.13	2.13	4.14
人工单价		小　　计						127.33	812.13	62.96	45.84
22.47 元/工日		未计价材料费						—			
清单项目综合单价								1048.26			

材料费明细	主要材料名称、规格、型号	单位	数量	单价(元)	合价(元)	暂估单价(元)	暂估合价(元)
	垂柳	株	1	796.75	796.75	—	—
	毛竹竿	根	1.000	12.54	12.54	—	—
	水	t	0.680	3.20	2.18	—	—
	其他材料费			—	0.66	—	—
	材料费小计			—	812.13	—	—

表-09

表5-11　　　　　　　　　总价措施项目清单与计价表

工程名称:某园区园林绿化工程　　　　　　　标段:　　　　　　　　　第 页共 页

序号	项目编码	项目名称	计算基础	费率/%	金额/元	调整费率/%	调整后金额/元	备注
1	050405001001	安全文明施工费	定额人工费	25	15018.05			
2	050405002001	夜间施工增加费	定额人工费	1.5	901.08			
3	050405004001	二次搬运费	定额人工费	1	600.72			
4	050405005001	冬雨季施工增加费	定额人工费	0.6	360.43			
5	050405007001	地上、地下设施的临时保护设施增加费			1500.00			
6	050405008001	已完工程及设备保护费			2000.00			
		合　　计			20380.28			

编制人(造价人员):×××　　　　　　　　　　　　　　复核人(造价工程师):×××

表-11

表 5-12　　　　　　　　　　　**其他项目清单与计价汇总表**

工程名称:某园区园林绿化工程　　　　　　　标段:　　　　　　　　　　第　页 共　页

序　号	项目名称	金额/元	结算金额/元	备　注
1	暂列金额	50000.00		明细详见表-12-1
2	暂估价	100000.00		
2.1	材料(工程设备)暂估价	—		明细详见表-12-2
2.2	专业工程暂估价	100000.00		明细详见表-12-3
3	计日工	22664.00		明细详见表-12-4
4	总承包服务费	7055.50		明细详见表-12-5
5	索赔与现场签证	—		明细详见表-12-6
	合　计	179719.50		

表-12

表 5-13　　　　　　　　　　　**暂列金额明细表**

工程名称:某园区园林绿化工程　　　　　　　标段:　　　　　　　　　　第　页 共　页

序　号	项　目　名　称	计量单位	暂列金额/元	备　注
1	工程量清单中工程量变更和设计变更	项	15000.00	
2	政策性调整和材料价格风险	项	25000.00	
3	其他	项	10000.00	
	合计		50000.00	—

表-12-1

表5-14　　　　　　　　　　　　**材料(工程设备)暂估价及调整表**

工程名称:某园区园林绿化工程　　　　　　　　标段:　　　　　　　　第　页　共　页

序号	材料(工程设备)名称、规格、型号	计量单位	数量		暂估/元		确认/元		差额±/元		备注
			暂估	确认	单价	合价	单价	合价	单价	合价	
1	桧柏	株	3		600.00	1800.00					用于栽植桧柏项目
2	龙爪槐	株	5		750.00	3750.00					用于栽植龙爪槐项目
	合　计					5550.00					

表-12-2

表5-15　　　　　　　　　　　　**专业工程暂估价及结算价表**

工程名称:某园区园林绿化工程　　　　　　　　标段:　　　　　　　　第　页　共　页

序号	工程名称	工程内容	暂估金额/元	结算金额/元	差额±/元	备注
1	园林广播系统	合同图纸中标明及技术说明中规定的系统中的设备、线缆等的供应、安装和调试工作	100000.00			
	合　计		100000.00			

表-12-3

表 5-16　　　　　　　　　　　　　　　　计日工表

工程名称:某园区园林绿化工程　　　　　　　　　　标段:　　　　　　　　　　　　第　页　共　页

编号	项目名称	单位	暂定数量	实际数量	综合单价/元	合价/元	
						暂定	实际
一	人工						
1	技工	工日	40		120.00	4800.00	
2							
		人工小计				4800.00	
二	材料						
1	42.5级普通水泥	t	15.000		300.00	4500.00	
2							
		材料小计				4500.00	
三	施工机械						
1	汽车起重机 20t	台班	5		2500.00	12500.00	
2							
		施工机械小计				12500.00	
四、企业管理费和利润　按人工费18%计						864.00	
		总　　计				22664.00	

表-12-4

表 5-17　　　　　　　　　　　　　　　总承包服务费计价表

工程名称:某园区园林绿化工程　　　　　　　　　　标段:　　　　　　　　　　　　第　页　共　页

序号	项目名称	项目价值/元	服务内容	计算基础	费率/%	金额/元
1	发包人发包专业工程	100000.00	1. 按专业工程承包人的要求提供施工工作面并对施工现场统一管理,对竣工资料统一管理汇总。 2. 为专业工程承包人提供焊接电源接入点并承担电费	项目价值	7	7000.00
2	发包人提供材料	5550.00		项目价值	1	55.50
	合　计	—	—	—	—	7055.50

表-12-5

表 5-18　　　　　　　　　　　　　规费、税金项目计价表

工程名称:某园区园林绿化工程　　　　　　　标段:　　　　　　　　　第　页共　页

序号	项目名称	计算基础	计算基数	计算费率/%	金额/元
1	规费	定额人工费			17120.57
1.1	社会保险费	定额人工费	(1)+(2)+ (3)+(4)+(5)		13516.24
(1)	养老保险费	定额人工费		14	8410.11
(2)	失业保险费	定额人工费		2	1201.44
(3)	医疗保险费	定额人工费		6	3604.33
(4)	工伤保险费	定额人工费		0.25	150.18
(5)	生育保险费	定额人工费		0.25	150.18
1.2	住房公积金	定额人工费		6	3604.33
1.3	工程排污费	按工程所在地环境保护部门收取 标准,按实计入			
2	税金	分部分项工程费+措施项目费+ 其他项目费+规费-按规定不计税 的工程设备金额		3.41	15601.06
合　计					32721.63

编制人(造价人员):×××　　　　　　　　　　　复核人(造价工程师):×××

表-13

第六章　园林工程竣工结算与决算

第一节　园林工程竣工结算

一、工程竣工结算的意义

工程结算是工程项目承包中一项十分重要的工作,因此具有重要的意义。

(1)工程结算是反映工程进度的主要指标。在施工过程中,工程价款结算的依据之一就是按照已完成的工程量进行结算,也就是说,承包人完成的工程量越多,所应结算的工程价款就应越多,所以,根据累计结算的工程价款占合同总价款的比例,能够近似地反映出工程的进度情况,有利于准确掌握工程进度。

(2)工程结算是加速资金周转的重要环节。通过工程结算,使承包人能够尽快尽早地结算工程价款,有利于偿还债务,也有利于资金的回笼,降低内部运营成本,加速资金周转,提高资金使用的有效性。

(3)工程结算是考核经济效益的重要指标。对于承包人来说,只有工程价款如数地结算,才意味着完成了"惊险一跳",从而避免经营风险,承包人也才能够获得相应的利润,进而获得良好的经济效益。

二、工程价款的结算方式

我国现行工程价款结算根据不同情况可采取以下几种方法。

1. 按月结算

按月结算即旬末或月中预支、月终结算、竣工后清算的方法。合同期在两年以上的工程,在年终进行工程盘点,办理年度结算。

2. 竣工后一次结算

建设项目或单项工程全部建筑安装工程建设期在 12 个月以内,或者工程承包合同价值在 100 万元以下的,可以实行工程价款每月月中预支,竣工后一次结算。

3. 分段结算

分段结算即当年开工,当年不能竣工的单项工程或单位工程按照工程形象进度,划分不同阶段进行结算。分段结算可以按月预支工程款。分段的划分标准,由各部门、自治区、直辖市、计划单列市规定。

实行旬末或月中预支、月终结算、竣工后清算办法的工程合同,应分期确认合同价款收入的实现,即各月份终结,与发包单位进行已完工程价款结算时,确认为承包合同已完工部分的工程收入实现,本期收入额为月终结算的已完工程价款金额。

实行合同完成后一次结算工程价款办法的工程合同,应于合同完成,施工企业与发包单位进行工程合同价款结算时,确认为收入实现,实现的收入额为承发包双方结算的合同价款总额。

实行按工程形象进度划分不同阶段、分段结算工程价款办法的工程合同,应按合同规定的形象进度分次确认已完阶段工程收益实现。即应于完成合同规定的工程形象进度或工程阶段,与发包单位进行工程价款结算时,确认为工程收入的实现。

4. 目标结款方式

目标结款方式即在工程合同中,将承包工程的内容分解成不同的控制界面,以业主验收控制界面作为支付工程价款的前提条件。

也就是说,将合同中的工程内容分解成不同的验收单元,当承包人完成单元工程内容并经业主(或其委托人)验收后,业主支付构成单元工程内容的工程价款。

目标结款方式下,承包人要想获得工程价款,必须按照合同约定的质量标准完成界面内的工程内容;要想尽早获得工程价款,承包人必须充分发挥自己的组织实施能力,在保证质量的前提下,加快施工进度。这意味着承包人拖延工期时,则业主推迟付款,增加承包人的财务费用、运营成本,降低承包人的收益,客观上使承包人因延迟工期而遭受损失。同样,当承包人积极组织施工,提前完成控制界面内的工程内容,则承包人可提前获得工程价款,增加承包收益,客观上承包人因提前工期而增加了有效利润。同时,因承包人在界面内质量达不到合同约定的标准而业主不予验收,承包人也会因此而遭受损失。可见,目标结款方式实质上是运用合同手段、财务手段对工程的完成进行主动控制。

目标结款方式中,对控制界面的设定应明确描述,便于量化和质量控制,同时要适应项目资金的供应周期和支付频率。

三、工程竣工结算的编制

(一)结算编制文件组成

(1)工程结算文件一般由工程结算汇总表、单项工程结算汇总表、单位工程结算汇总表和分部分项(措施、其他、零星)工程结算表及结算编制说明等组成。

(2)工程结算汇总表、单项工程结算汇总表、单位工程结算汇总表应当按表格所规定的内容详细编制。

(3)工程结算编制说明可根据委托工程的实际情况,以单位工程、单项工程或建设项目为对象进行编制,并应说明以下内容:

1)工程概况;

2)编制范围;

3)编制依据;

4)编制方法；

5)有关材料、设备、参数和费用说明；

6)其他有关问题的说明。

（4）工程结算文件提交时，受委托人要求应当同时提供与工程结算相关的附件，包括所依据的发承包合同调整条款、设计变更、工程洽商、材料及设备定价单、调价后的单价分析表等与工程结算相关的书面证明材料。

（二）编制依据

工程结算编制依据是指编制工程结算时需要工程计量、价格确定、工程计价有关参数、率值确定的基础资料，主要有以下内容：

（1）建设期内影响合同的法律、法规和规范性文件。

（2）国务院建设行政主管部门以及各省、自治区、直辖市和有关部门发布的工程造价计价标准、计价办法、有关规定及相关解释。

（3）施工发承包合同、专业分包合同及补充合同，有关材料、设备采购合同。

（4）招投标文件，包括招标答疑文件、投标承诺、中标报价书及其组成内容。

（5）工程竣工图或施工图、施工图会审记录，经批准的施工组织设计，以及设计变更、工程洽商和相关会议纪要。

（6）经批准的开工、竣工报告或停工、复工报告。

（7）工程材料及设备中标价、认价单。

（8）双方确认追加（减）的工程价款。

（9）影响工程造价的相关资料。

（10）结算编制委托合同。

（三）编制原则

（1）工程结算按工程的施工内容或完成阶段，可分为竣工结算、分阶段结算、合同终止结算和专业分包结算等形式进行编制。

（2）工程结算的编制应对相应的施工合同进行编制。当在合同范围内设计整个项目时，应按建设项目组成，将各单位工程汇总为单项工程，再将各个单位工程汇总为建设项目，编制相应的建设项目工程结算成果文件。

（3）实行分阶段结算的建设项目，应按合同要求进行分阶段结算，出具各阶段工程结算成果文件。在竣工结算时，将各阶段工程结算汇总，编制相应竣工结算成果文件。

（4）除合同另有约定外，分阶段结算的工程项目，其工程结算文件用于价款支付时，应包括下列内容：

1)本周期已完成工程的价款；

2)累计已完成的工程价款；

3)累计已支付的工程价款；

4)本周期已完成的计日工金额；

5)应增加和扣减的变更金额；

6)应增加和扣减的索赔金额；

7)应抵扣的工程预付款；

8)应扣减的质量保证金；

9)根据合同应增加和扣减的其他金额；

10)本付款周期实际应支付的工程价款。

(5)进行合同终止结算时,应按已完工程的实际工程量和施工合同的有关约定,编制合同终止结算。

(6)实行专业分包结算的工程,应将各专业分包合同的要求,对各专业分包分别编制工程结算。总承包人应按工程总承包合同的要求将各专业分包结算汇总在相应的单位工程或单项工程结算内进行工程总承包结算。

(7)工程结算编制应区分施工合同类型及工程结算的计价模式采用相应的工程结算编制方法。

1)施工合同类型按计价方式分为总价合同、单价合同、成本加酬金合同；

2)工程结算的计价模式应分为单价法和实物量法,单价法分为定额单价法和工程量清单单价法。

(8)工程结算编制时,采用总价合同的,应在合同价基础上对设计变更、工程洽商以及工程索赔等合同约定可以调整的内容进行调整。

(9)工程结算编制时,采用单价合同的,工程结算的工程量应按照经发承包双方在施工合同中约定的方法对合同价款进行调整。

(10)工程结算编制时,采用成本加酬金合同的,应依据合同约定的方法计算各个分部分项工程以及设计变更、工程洽商、施工措施等内容的工程成本,并计算酬金及有关税费。

(四)编制程序

(1)工程结算应按准备、编制和定稿三个工作阶段进行,并实行编制人、校对人和审核人分别署名盖章确认的编审签署制度。

(2)结算编制准备阶段。

1)收集与工程结算编制相关的原始资料；

2)熟悉工程结算资料的内容,进行分类、归纳、整理；

3)召集相关单位或部门的有关人员参加工程结算预备会议,对结算内容和结算资料进行核对与充实完善；

4)收集建设期内影响合同价格的法律和政策性文件；

5)掌握工程项目发承包方式、现场施工条件、应采用的工程计价标准、定额、费用标准、材料价格变化等情况。

(3)结算编制阶段。

1)根据竣工图、施工图以及施工组织设计进行现场踏勘,对需要调整的工程项目进行观察、对照、必要的现场实测和计算,做好书面或影像记录；

2)按既定的工程量计算规则计算需调整的分部分项、施工措施或其他项目工程量；

3)按招标文件、施工发承包合同规定的计价原则和计价办法对分部分项、施工措施或其他项目进行计价；

4)对于工程量清单或定额缺项以及采用新材料、新设备、新工艺的，应根据施工过程中的合理消耗和市场价格，编制综合单价或单位估价分析表；

5)工程索赔应按合同约定的索赔处理原则、程序和计算方法提出索赔费用，经发包人确认后作为结算依据；

6)汇总计算工程费用，包括编制分部分项费、施工措施项目费、其他项目费、零星工作项目费或直接费、间接费、利润和税金等表格，初步确定工程结算价格；

7)编写编制说明；

8)计算主要技术经济指标；

9)提交结算编制的初步成果文件等待校对、审核。

（4）结算编制定稿阶段。

1)由结算编制受托人单位的部门负责人对初步成果文件进行检查、校对；

2)工程结算审定人对审核后的初步成果文件进行审定；

3)工程结算编制人、审核人、审定人分别在工程结算成果文件上署名，并应签署造价工程师或造价员执业或从业印章；

4)工程结算文件经编制、审核、审定后，由工程造价咨询企业的法定代表人或其授权人在成果文件上签字或盖章；

5)工程造价咨询企业在正式的工程上签署工程造价咨询企业执业印章。

（5）工程结算编制人、审核人、审定人应各尽其职，其责任和任务分别为：

1)工程结算编制人员按其专业分别承担其工作范围内的工程结算相关编制依据的收集、整理工作，编制相应的初步成果文件，并对其编制的初步成果文件质量负责；

2)工程审核人员应由专业负责人和技术负责人承担，对其专业范围内的内容进行审核，并对其审核专业的工程结算成果文件的质量负责；

3)工程审定人员应由专业负责人和技术负责人承担，对工程结算的全部内容进行审定，并对工程结算成果文件的质量负责。

（五）编制方法

（1）采用工程量清单方式计价的工程，一般采用单价合同，应按工程量清单计价法编制工程依据结算。

（2）分部分项工程费应依据施工合同的相应约定以及实际完成的工程量、投标时的综合单价等进行计算。

（3）工程结算中涉及工程单价调整时，应当遵循以下原则：

1)合同中已有适用于变更工程、新增工程单价的，按已有的单价结算；

2)合同中有类似变更工程、新增工程单价的，可以参照类似单价作为结算依据；

3)合同中没有适用或类似变更工程、新增工程单价的，结算编制受委托人可商洽承包人或发包人提出适当的价格，经对方确认后作为结算依据。

(4)工程结算编制时措施项目费应依据合同约定的项目和金额计算，发生变更、新增的措施项目，以发承包双方合同约定的计价方式计算，其中措施项目清单中的安全文明费用应按照国家或省级、行业建设主管部门的规定计算。施工合同中未约定措施项目费结算方法时，措施项目费可按以下方法结算：

1)与分部分项实体相关的措施项目，应随该分部分项工程的实体工程量的变化，依据双方确定的工程量、合同约定的综合单价进行结算；

2)独立性的措施项目，应充分体现其竞争性，一般应固定不变，按合同价中相应的措施项目费用进行结算；

3)与整个建设项目相关的综合取定的措施项目费用，可按照投标时的取费基数及费率基数及费率进行结算。

(5)其他项目费应按以下方法进行结算：

1)计日工按发包人实际签证的数量和确定的事项进行结算；

2)暂估价中的材料单价按发承包双方最终确认的在分部分项工程费中对相应综合单价进行调整，计入相应的分部分项工程；

3)专业工程结算价应按中标价或发包人、承包人与分包人最终确认的分包工程价进行结算；

4)总承包服务费应依据合同约定的结算方式进行结算；

5)暂列金额应按合同约定计算实际发生的费用，并分别列入相应的分部分项工程费、措施项目费中。

(6)招标工程量清单漏项、设计变更、工程洽商等费用应依据施工图，以及发承包双方签证资料确认的数量和合同约定的计价方式进行结算，其费用列入相应的分部分项工程费或措施项目费中。

(7)工程索赔费用应依据发承包双方确认的索赔事项和合同约定的计价方式进行结算，其费用列入相应的分部分项工程费或措施项目费中。

(8)规费和税金应按国家、省级或行业建设主管部门的规费规定计算。

(六)编制的成果文件形式

(1)工程结算成果文件的形式。

1)工程结算书封面，包括工程名称、编制单位和印章、日期等；

2)签署页，包括工程名称、编制人、审核人、审定人姓名和执业(从业)印章、单位负责人印章(或签字)等；

3)目录；

4)工程结算编制说明；

5)工程结算相关表式；

6)必要的附件。

（2）工程结算相关表式。

1）工程结算汇总表；

2）单项工程结算汇总表；

3）单位工程结算汇总表；

4）分部分项清单计价表；

5）措施项目清单与计价表；

6）其他项目清单与计价汇总表；

7）规费、税金项目清单与计价表；

8）必要的相关表格。

四、工程竣工结算的审查

（一）结算审查文件组成

（1）工程结算审查文件一般由工程结算审查报告、结算审定签署表、工程结算审查汇总对比表、分部分项（措施、其他、零星）工程结算审查对比表以及结算内容审查说明等组成。

（2）工程结算审查报告可根据该委托工程项目的实际情况，以单位工程、单项工程或建设项目为对象进行编制，并应说明以下内容：

1）概述；

2）审查范围；

3）审查原则；

4）审查依据；

5）审查方法；

6）审查程序；

7）审查结果；

8）主要问题；

9）有关建议。

（3）结算审定签署表由结算审查受托人填制，并由结算审查委托单位、结算编制人和结算审查受委托人签字盖章。当结算审查委托人与建设单位不一致时，按工程造价咨询合同要求或结算审查委托人的要求，确定是否增加建设单位在结算审定签署表上签字盖章。

（4）工程结算审查汇总对比表、单项工程结算审查汇总对比表、单位工程结算审查汇总对比表应当按表格所规定的内容详细编制。

（5）结算内容审查说明应阐述以下内容：

1）主要工程子目调整的说明；

2）工程数量增减变化较大的说明；

3）子目单价、材料、设备、参数和费用有重大变化的说明；

4)其他有关问题的说明。

(二)审查依据

(1)工程结算审查委托合同和完整、有效的工程结算文件。

(2)工程结算审查依据主要有以下几个方面：

1)建设期内影响合同价格的法律、法规和规范性文件；

2)工程结算审查委托合同；

3)完整、有效的工程结算书；

4)施工发承包合同、专业分包合同及补充合同,有关材料、设备采购合同；

5)与工程结算编制相关的国务院建设行政主管部门以及各省、自治区、直辖市和有关部门发布的建设工程造价计价标准、计价方法、计价定额、价格信息、相关规定等计价依据；

6)招标文件、投标文件；

7)工程竣工图或施工图、经批准的施工组织设计、设计变更、工程洽商、索赔与现场签证,以及相关的会议纪要；

8)工程材料及设备中标价、认价单；

9)双方确认追加(减)的工程价款；

10)经批准的开、竣工报告或停、复工报告；

11)工程结算审查的其他专项规定；

12)影响工程造价的其他相关资料。

(三)审查原则

(1)工程价款结算审查按工程的施工内容或完成阶段分类,其形式包括竣工结算审查、分阶段结算审查、合同终止结算审查和专业分包结算审查。

(2)建设项目是由多个单项工程或单位工程构成的,应按建设项目划分标准的规定,分别审查各单项工程或单位工程的竣工结算,将审定结果的工程结算汇总,编制相应的工程结算审定文件。

(3)分阶段结算的审定工程,应分别审查各阶段工程结算,将审定结果结算汇总,编制相应的工程结算审查成果文件。

(4)除合同另有约定外,分阶段结算的支付申请文件应审查以下内容：

1)本周期已完成工程的价款；

2)累计已完成的工程价款；

3)累计已支付的工程价款；

4)本周期已完成的计日工金额；

5)应增加和扣减的变更金额；

6)应增加和扣减的索赔金额；

7)应抵扣的工程预付款；

8)应扣减的质量保证金；

9)根据合同应增加和扣减的其他金额;

10)本付款合同增加和扣减的其他金额。

(5)合同终止工程的结算审查,应按发包人和承包人认可的已完工程的实际工程量和施工合同的有关规定进行审查。合同中止结算的审查方法基本同竣工结算的审查方法。

(6)专业分包的工程结算审查,应在相应的单位工程或单项工程结算内分别审查各专业分包工程结算,并按分包合同分别编制专业分包工程结算审查成果文件。

(7)工程结算审查应区分施工发承包合同类型及工程结算的计价模式,采用相应的工程结算审查方法。

(8)审查采用总价合同的工程结算时,应审查与合同所约定结算编制方法的一致性,按照合同约定可以调整的内容,在合同价基础上对调整的设计变更、工程洽商以及工程索赔等合同约定可以调整的内容进行审查。

(9)审查采用单价合同的工程结算时,应审查按照竣工图或施工图以内的各个分部分项工程量计算的准确性,依据合同约定的方式审查分部分项工程项目价格,并对设计变更、工程洽商、施工措施以及工程索赔等调整内容进行审查。

(10)审查采用成本加酬金合同的工程结算时,应依据合同约定的方法审查各个分部分项工程以及设计变更、工程洽商、施工措施等内容的工程成本,并审查酬金及有关税费的取定。

(11)采用工程量清单计价的工程结算审查应包括:

1)工程项目的所有分部分项工程量,以及实施工程项目采用的措施项目工程量;为完成所有工程量并按规定计算的人工费、材料费和施工机械使用费、企业管理费利润,以及规费和税金取定的准确性;

2)对分部分项工程和措施项目以外的其他项目所需计算的各项费用进行审查;

3)对设计变更和工程变更费用依据合同约定的结算方法进行审查;

4)对索赔费用依据相关签证进行审查;

5)合同约定的其他约定审查。

(12)工程结算审查应按照与合同约定的工程价款方式对原合同进行审查,并应按照分部分项工程费、措施费、措施项目费、其他项目费、规费、税金项目进行汇总。

(13)采用预算定额计价的工程结算审查应包括:

1)套用定额的分部分项工程量、措施项目工程量和其他项目,以及为完成所有工程量和其他项目并按规定计算的人工费、材料费、机械使用费、规费、企业管理费、利润和税金与合同约定的编制方法的一致性,计算的准确性;

2)对设计变更和工程变更费用在合同价基础上进行审查;

3)工程索赔费用按合同约定或签证确认的事项进行审查;

4)合同约定的其他费用的审查。

(四)审查程序

(1)工程结算审查应按准备、审查和审定三个工作阶段进行,并实行编制人、校对人和审核人分别署名盖章确认的内部审核制度。

（2）结算审查准备阶段。

1）审查工程结算手续的完备性、资料内容的完整性，对不符合要求的应退回限时补正；

2）审查计价的依据及资料与工程结算的相关性、有效性；

3）熟悉招投标文件、工程发承包合同、主要材料设备采购合同及相关文件；

4）熟悉竣工图纸或施工图纸、施工组织设计、工程概况，以及设计变更、工程洽商和工程索赔情况等。

5）掌握工程量清单计价规范、工程预算定额等与工程相关的国家和当地的建设行政主管部门发布的工程计价依据及相关规定。

（3）结算审查阶段。

1）审查结算项目范围、内容与合同约定的项目范围、内容的一致性；

2）审查工程量计算的准确性、工程量计算规则与计价规范或定额保持一致性；

3）审查结算单价时应严格执行合同约定或现行的计价原则、方法；对于清单或定额缺项以及采用新材料、新工艺的，应根据施工过程中的合理消耗和市场价格审核结算单价；

4）审查变更签证凭据的真实性、合法性、有效性，核准变更工程费用；

5）审查索赔是否依据合同约定的索赔处理原则、程序和计算方法以及索赔费用的真实性、合法性、准确性；

6）审查取费标准时，应严格执行合同约定的费用定额标准及有关规定，并审查取费依据的时效性、相符性；

7）编制与结算相对应的结算审查对比表；

8）提交工程结算审查初步成果文件，包括编制与工程结算相对应的工程结算审查对比表，等待校对、复核。

（4）结算审定阶段。

1）工程结算审查初稿编制完成后，应召开由结算编制人、结算审查委托人及结算审查受托人共同参加的会议，听取意见，并进行合理的调整；

2）由结算审查受托人单位的部门负责人对结算审查的初步成果文件进行检查、校对；

3）由结算审查受托人单位的主管负责人审核批准；

4）发承包双方代表人和审查人应分别在"结算审定签署表"上签认并加盖公章；

5）对结算审查结论有分歧的，应在出具结算审查报告前，至少组织两次协调会；凡不能共同签认的，审查受托人可适时结束审查工作，并做出必要说明；

6）在合同约定的期限内，向委托人提交经结算审查编制人、校对人、审核人和受托人单位盖章确认的正式的结算审查报告。

（5）工程结算审查编制人、审核人、审定人的各自职责和任务分别为：

1）工程结算审查编制人员按其专业分别承担其工作范围内的工程结算审查相关

编制依据的收集、整理工作,编制相应的初步成果文件,并对其编制的成果文件质量负责;

2)工程结算审核审查人员应由专业负责人或技术负责人担任,对其专业范围内的内容进行校对、复核,并对其审核专业内的工程结算审查成果文件的质量负责;

3)工程结算审查审定人员应由专业负责人或技术负责人担任,对工程结算审查的全部内容进行审定,并对工程结算审查成果文件的质量负责。

(五)审查方法

(1)工程结算的审查应依据施工发承包合同约定的结算方法进行,根据施工发承包的合同类型,采用不同的审查方法。本节审查方法主要适用于采用单价合同的工程量清单单价法编制竣工结算的审查。

(2)审查工程结算,除合同约定的方法外,对分部分项工程费用的审查应参照上述"三、(五)编制方法(4)"的内容。

(3)工程结算审查时,对原招标工程量清单描述不清或项目特征发生变化,以及变更工程、新增工程中的综合单价应按下列方法确定:

1)合同中已有使用的综合单价,应按已有的综合单价确定;

2)合同中有类似的综合单价,可参照类似的综合单价确定;

3)合同中没有适用或类似的综合单价,由承包人提出综合单价,经发包人确认后执行。

(4)工程结算审查中涉及措施项目费用的调整时,措施项目费应依据合同约定的项目和金额计算,发生变更、新增的措施项目,以发承包双方合同约定的计价方式计算,其中措施项目清单中的安全文明措施费用应审查是否按国家或省级、行业建设主管部门的规定计算。施工合同中未约定措施项目费结算方法时,审查措施项目费可参照上述"三、(五)编制方法(4)"的内容,按以下方法审查:

1)审查与分部分项实体消耗相关的措施项目,应随该分部分项工程的实体工程量的变化是否依据双方确定的工程量、合同约定的综合单价进行结算;

2)审查独立性的措施项目是否按合同价中相应的措施项目费用进行结算;

3)审查与整个建设项目相关的综合取定的措施项目费用是否参照投标报价的取费基数及费率进行结算。

(5)工程结算审查中涉及其他项目费用的调整时,按下列方法确定:

1)审查计日工是否按发包人实际签证的数量、投标时的计日工单价,以及确认的事项进行结算;

2)审查暂估价中的材料单价是否按发承包双方最终确认的在分部分项工程费中对相应综合单件进行调整,计入相应分部分项工程费用;

3)对专业工程结算价的审查应按中标价或发包人、承包人与分包人最终确定的分包工程价进行结算;

4)审查总承包服务费是否依据合同约定的结算方式进行结算,以总价形式固定的总承包服务费不予调整,以费率形式确定的总承包服务费,应按专业分包工程中标价或发包人、承包人与分包人最终确定的分包工程价为基数和总承包单位的投标费率计算总承包服务费;

5)审查计算金额是否按合同约定计算实际发生的费用,并分别列入相应的分部分项工程费、措施项目费中。

(6)投标工程量清单的漏项、设计变更、工程洽商等费用应依据施工图以及发承包双方签证资料确认的数量和合同约定的计价方式进行结算,其费用列入相应的分部分项工程费或措施项目费中。

(7)工程结算审查中涉及索赔费用的计算时,应依据发承包双方确认的索赔事项和合同约定的计价方式进行结算,其费用列入相应的分部分项工程费或措施项目费中。

(8)工程结算审查中涉及规费和税金的计算时,应按国家、省级或行业建设主管部门的规定计算并调整。

(六)审查的成果文件形式

(1)工程结算审查成果应包括以下内容:

1)工程结算书封面;

2)签署页;

3)目录;

4)结算审查报告书;

5)结算审查相关表式;

6)有关的附件。

(2)采用工程量清单计价的工程结算审查应包括以下内容:

1)工程结算审定表;

2)工程结算审查汇总对比表;

3)单项工程结算审查汇总对比表;

4)单位工程结算审查汇总对比表;

5)分部分项工程清单与计价结算审查对比表;

6)措施项目清单与计价审查对比表;

7)其他项目清单与计价审查汇总对比表;

8)规费税金项目清单与计价审查对比表。

五、质量和档案管理

1. 质量管理

(1)工程造价咨询企业承担工程结算编制或工程结算审核,应满足国家或行业有关质量标准的精度要求。当工程结算编制或工程结算审核委托方对质量标准有更高的要求时,应在工程造价咨询合同中予以明确。

（2）工程造价咨询单位应建立相应的质量管理体系，对项目的策划和工作大纲的编制，基础资料收集、整理，工程结算编制审核和修改的过程文件的整理和归档，成果文件的印制、签署、提交和归档，工作中其他相关文件的借阅、使用、归还与移交，均应建立具体的管理制度。

（3）工程造价咨询企业应对工程结算编制和审核方法的正确性，工程结算编审范围的完整性，计价依据的正确性、完整性和时效性，工程计量与计价的准确性负责。

（4）工程造价咨询企业对工程结算的编制和审核应实行编制、审核与审定三级质量管理制度，并应明确审核、审定人员的工作程度。

（5）工程造价专业人员从事工程结算的编制和工程结算审查工作的应当实行个人签署负责制，审核、审定人员对编制人员完成的工作进行的修改应保持工作记录，承担相应责任。

2. 档案管理

（1）工程造价咨询企业对与工程结算编制和工程结算审查业务有关的成果文件、工作过程文件、使用和移交的其他文件清单、重要会议纪要等，均应收集齐全，整理立卷后归档。

（2）工程造价咨询单位应建立完善的工程结算编制与审查档案管理制度。工程结算编制和工程结算审查文件的归档应符合国家、相关部门或行业组织发布的相关规定。

（3）工程造价咨询单位归档的文件保存期，成果文件应为 10 年，过程文件和相关移交清单、会议纪要等一般应为 5 年。

（4）归档的工程结算编制和审查的成果文件应包括纸质原件和电子文件。其他文件及依据可为纸质原件、复印件或电子文件。

（5）归档文件应字迹清晰、图表整洁、签字签章手续完备。归档文件应采用耐久性强的书写材料，不得使用易褪色的书写材料。

（6）归档文件必须完整、系统，能够反映工程结算编制和审查活动的全过程。

（7）归档文件必须经过分类整理，并应组成符合要求的案卷。

（8）归档可以分阶段进行，也可以在项目结算完成后进行。

（9）向有关单位移交工作中使用或借阅的文件，应编制详细的移交清单，双方签字、盖章后方可交接。

第二节　　园林工程竣工决算

一、竣工决算的意义

竣工决算是由建设单位编制的反映建设项目实际造价与投资效果的文件，是竣工验收报告的重要组成部分。所有竣工验收的项目应在办理手续之前，对所有建设项目的财产和物资进行认真清理,并及时而正确地编报竣工决算。竣工决算对于总结分析建设过程的经验教训,提高工程造价管理水平和积累资料,为有关部门制定类似工程的建设计划与修订概预算定额指标提供资料和经验,都具有重要的意义。

二、竣工决算的作用

(1)为加强建设工程的投资管理提供依据。建设单位项目竣工决算全面反映出建设项目从筹建到竣工投产或交付使用的全过程中,各项费用实际发生数额和投资计划的执行情况,通过把竣工决算的各项费用数额与设计概算中的相应费用指标对比,得出节约或超支的情况,分析节约或超支的原因,总结经验和教训,加强投资的计划管理,提高建设工程的投资效果。

(2)为"三算"对比提供依据。设计概算和施工图预算是在建筑施工前,在不同的建设阶段根据有关资料进行计算的,以确定拟建工程所需要的费用。而建设单位项目竣工决算所确定的建设费用,是人们在建设活动中实际支出的费用。因此,它在"三算"对比中具有特殊的作用,能够直接反映出固定资产投资计划的完成情况和投资效果。

(3)为竣工验收提供依据。在竣工验收之前,建设单位向主管部门提出验收报告,其中主要组成部分是建设单位编制的竣工决算文件,并以此作为验收的主要依据,审查竣工决算文件中的有关内容和指标,为建设项目验收结果提供依据。

(4)为确定建设单位新增固定资产价值提供依据。在竣工决算中,建设单位对建设项目详细地计算的有关费用及流动资金,可作为建设主管部门向企事业使用单位移交财产的依据。

三、竣工决算编制要求

编制竣工决算的目的,在于全面反映竣工项目的实际建设成果和造价情况。编制竣工决算的过程,又是全面检查基本建设工作和全面总结基本建设经验的过程。凡已完成建设活动并具备验收交付使用条件的项目,都要按规定及时编制竣工决算。对于包括两个或两个以上单项工程的建设项目,单项工程完工需提前交付使用的,应先编制单项工程竣工决算,待整个建设项目全部竣工后,还应编制该项目的竣工总决算。单项工程竣工但不需提前交付使用的,可先单独编制该单项工程的竣工财务决算,待项目全部竣工后一并编制竣工总决算。建设单位应根据国家关于竣工验收的规定,正确、及时、完整地编好工程竣工决算,其具体要求是:

(1)竣工决算的内容必须真实完整。

(2)竣工决算的数字必须准确。

(3)竣工决算的编制必须及时。

四、竣工决算编制依据

(1)经批准的可行性研究报告及其投资估算。

(2)经批准的初步设计或扩大初步设计及其概算或修正概算。

(3)经批准的施工图设计及其施工图预算。

(4)设计交底或图纸会审会议纪要。

(5)招标投标的招标控制价、承包合同、工程结算资料。

(6)施工记录或施工签证单及其他施工发生的费用记录,如索赔报告与记录、停(交)工报告。

(7)竣工图及各种竣工验收资料。

(8)历年基建资料、历年财务决算及批复文件。

(9)设备、材料调价文件和调价记录。

(10)有关财务核算制度、办法和其他有关资料、文件等。

五、竣工决算编制内容

建设项目竣工决算应包括从筹集到竣工投产全过程的全部实际费用,即包括建筑工程费、安装工程费、设备工具器具购置费及预备费和投资方向调节税等费用。按照财政部、国家发展和改革委员会、住房和城乡建设部的有关文件规定,竣工决算由竣工财务决算说明书、竣工财务决算报表、工程竣工图和工程竣工造价对比分析四部分组成。前两部分又称建设项目竣工财务决算,是竣工决算的核心内容。

(一)说明书的内容

说明书的内容主要包括:

(1)建设项目概况,对工程总的评价。

(2)资金来源及运用等财务分析。

(3)基本建设收入,投资包干结余、竣工结余资金的上交分配情况。

(4)各项经济技术指标的分析。

(5)工程建设的经验及项目管理和财务管理等有待解决的问题。

(6)需要说明的其他事项。

(二)竣工财务决算报表

建设单位项目竣工财产决算报表的主要内容是通过表格形式表达的。根据建设项目的规模和竣工决算内容繁简的不同,财务决算报表的数量和格式也不同。

(1)大、中型建设项目竣工决算报表包括建设项目竣工财务决算审批表,大、中型建设项目概况表,大、中型建设项目竣工财务决算表,大、中型建设项目交付使用资产总表。

(2)小型建设项目竣工财务决算报表包括建设项目竣工财务决算审批表、竣工财务决算总表、建设项目交付使用资产明细表。

六、竣工决算编制步骤

建设单位项目竣工决算编制的一般程序如图 6-1 所示。

图 6-1　建设单位项目竣工决算编制的一般程序

(1)收集、整理和分析有关依据资料。在编制建设单位竣工决算文件之前,必须准备一套完整、齐全的资料。尤其在工程的竣工验收阶段,应注意收集资料,系统地整理所有的技术资料、工程结算的经济文件、施工图纸和各种变更与签证资料,并分析它们的准确性。完整、齐全的资料是能准确与迅速编制出竣工决算的必要条件。

(2)清理各项账务、债务和结余物资。在收集、整理和分析有关资料中,要特别注意建设工程从筹建到竣工投产或使用的全部费用的各项账务、债权和债务的清理,做到工完账清。对结余的各种材料,工器具和设备,要逐项清点核实,妥善管理,并按规定及时处理,收回资金。对各种往来款项要及时进行全面清理,为编制竣工决算提供准确的数据和结果。

(3)填写竣工决算报表。按照竣工决算有关表格中的内容,根据有关依据资料,统计或计算各个项目的数量,并将其结果填到相应表格的栏目内,完成所有的报表填写。这是编制建设单位项目竣工决算的主要工作。

(4)编写建设工程竣工决算说明。按照文字说明的内容要求,根据编制依据的材料和填写在报表中的结果,编写竣工决算文字说明。

(5)上报主管部门审查。将上述编写的文字说明和填写的表格经核对无误后,装订成册,即为建设工程竣工决算文件,将其上报主管部门审查,在上报主管部门的同时,还应抄送有关设计单位,并把其中财务成本部分送交开户银行签证。大、中型建设项目的竣工决算应抄送财政部、建设银行总行和省、市、自治区的财政局和建设银行分行各一份。

第七章 园林工程合同价款

第一节 合同价款约定与工程计量

一、合同价款约定

1. 一般规定

(1)实行招标的工程合同价款应在中标通知书发出之日起30天内,由发承包双方依据招标文件和中标人的投标文件在书面合同中约定。

合同约定不得违背招标、投标文件中关于工期、造价、质量等方面的实质性内容。招标文件与中标人文件不一致的地方应以投标文件为准。

工程合同价款的约定是建设工程合同的主要内容,根据上述有关法律条款的规定,招标工程合同价款的约定应满足以下几个方面的要求:

1)约定的依据要求:招标人向中标的投标人发出的中标通知书;

2)约定的时限要求:自招标人发出中标通知书之日起30天内;

3)约定的内容要求:招标文件和中标人的投标文件;

4)合同的形式要求:书面合同。

(2)不实行招标的工程合同价款,应在发承包双方认可的工程价款基础上,由发承包双方在合同中约定。

(3)实行工程量清单计价的工程,应采用单价合同;建设规模较小,技术难度较低,工期较短,且施工图设计已审查批准的建设工程可采用总价合同;紧急抢险、救灾以及施工技术特别复杂的建设工程可采用成本加酬金合同。

2. 合同价款约定内容

发承包双方应在合同条款中对下列事项进行约定:

(1)预付工程款的数额、支付时间及抵扣方式。

(2)安全文明施工措施的支付计划、使用要求等。

(3)工程计量与支付工程进度款的方式、数额及时间。

(4)工程价款的调整因素、方法、程序、支付及时间。

(5)施工索赔与现场签证的程序、金额确认与支付时间。

(6)承担计价风险的内容、范围以及超出约定内容、范围的调整办法。

(7)工程竣工价款结算编制与核对、支付及时间。

(8)工程质量保证金的数额、预留方式及时间。

(9)违约责任以及发生合同价款争议的解决方法及时间。

(10)与履行合同、支付价款有关的其他事项等。

《中华人民共和国建筑法》第十八条规定:"建筑工程造价应按照国家有关规定,由发包单位与承包单位在合同中约定。公开招标发包的,其造价的约定,须遵守招标投标法律的规定"。依据财政部、建设部印发的《建设工程价款结算暂行办法》(财建[2004]369号)第七条的规定,本条规定了发承包双方应在合同中对工程价款进行约定的基本事项。

(1)预付工程款。是发包人为解决承包人在施工准备阶段资金周转问题提供的协助。如使用的水泥、钢材等大宗材料,可根据工程具体情况设置工程材料预付款。应在合同中约定预付款数额:可以是绝对数,如50万、100万,也可以是额度,如合同金额的10%、15%等;约定支付时间:如合同签订后一个月支付、开工日前7天支付等;约定抵扣方式:如在工程进度款中按比例抵扣;约定违约责任:如不按合同约定支付预付款的利息计算,违约责任等。

(2)安全文明施工费。约定支付计划、使用要求等。

(3)工程计量与进度款支付。应在合同中约定计量时间和方式:可按月计量,如每月30日,可按工程形象部位(目标)划分分段计量,如±0.00以下基础及地下室、主体结构1~3层、4~6层等。进度款支付周期与计量周期保持一致,约定支付时间:如计量后7天、10天支付;约定支付数额:如已完工作量的70%、80%等;约定违约责任:如不按合同约定支付进度款的利率,违约责任等。

(4)合同价款的调整。约定调整因素:如工程变更后综合单价调整,钢材价格上涨超过投标报价时的3%,工程造价管理机构发布的人工费调整等;约定调整方法:如结算时一次调整,材料采购时报发包人调整等;约定调整程序:承包人提交调整报告交发包人,由发包人现场代表审核签字等;约定支付时间与工程进度款支付同时进行等。

(5)索赔与现场签证。约定索赔与现场签证的程序:如由承包人提出、发包人现场代表或授权的监理工程师核对等;约定索赔提出时间:如知道索赔事件发生后的28天内等;约定核对时间:收到索赔报告后7天以内、10天以内等;约定支付时间:原则上与工程进度款同期支付等。

(6)承担风险。约定风险的内容范围:如全部材料、主要材料等;约定物价变化调整幅度:如铜材、水泥价格涨幅超过投标报价的3%,其他材料超过投标报价的5%等。

(7)工程竣工结算。约定承包人在什么时间提交竣工结算书,发包人或其委托的工程造价咨询企业,在什么时间内核对,核对完毕后,什么时间内支付等。

(8)工程质量保证金。在合同中约定数额:如合同价款的3%等;约定预付方式:竣工结算一次扣清等;约定归还时间:如质量缺陷期退还等。

(9)合同价款争议。约定解决价款争议的办法:是协商还是调解,如调解由哪个机构调解;如在合同中约定仲裁,应标明具体的仲裁机关名称,以免仲裁条款无效,约定诉讼等。

(10)其他事项。需要说明的是,合同中涉及价款的事项较多,能够详细约定的事项应尽可能具体约定,约定的用词应尽可能唯一,如有几种解释,最好对用词进行定义,尽量避免因理解上的歧义造成合同纠纷。

二、工程计量

1. 一般规定

(1)正确的计量是发包人向承包人支付合同价款的前提和依据,不论何种计价方式,其工程量必须按照相关工程现行国家计量规范规定的工程量计算规则计算。采用全国统一的工程量计算规则,对于规范工程建设各方的计量计价行为,有效减少计量具有十分重要的意义。

(2)工程计量可选择按月或按工程形象进度分段计量,具体计量周期应在合同中约定。工程量的正确计算是合同价款支付的前提和依据,而选择恰当的计量方式对于正确计量也十分必要。由于工程建设具有投资大、周期长等特点,因此,工程计量以及价款支付是通过"阶段小结、最终结清"来体现的。所谓阶段小结可以时间节点来划分,即按月计量;也可以形象节点来划分,即按工程形象进度分段计量。

按工程形象进度分段计量与按月计量相比,其计量结果更具稳定性,可以简化竣工结算。但应注意工程形象进度分段的时间应与按月计量保持一定关系,不应过长。

(3)因承包人原因造成的超出合同工程范围的施工或返工的工程量,发包人不予计量。

(4)成本加酬金合同应按下述"2. 单价合同的计量"的规定计量。

2. 单价合同的计量

(1)工程量必须以承包人完成合同工程应予计量的工程量确定。

(2)招标人提供的招标工程量清单,应当被认为是准确的和完整的。但在实际工程中,难免会出现疏漏,工程建设的特点也决定了难免会出现变更。因此,在施工中进行工程计量时,当发现招标工程量清单中出现缺项、工程量偏差,或因工程变更引起工程量增减时,应按承包人在履行合同义务中完成的工程量计算。

(3)承包人应当按照合同约定的计量周期和时间向发包人提交当期已完工程量报告。发包人应在收到报告后 7 天内核实,并将核实的计量结果通知承包人。发包人未在约定时间内进行核实的,承包人提交的计量报告中所列的工程量应视为承包人实际完成的工程量。

(4)发包人认为需要进行现场计量核实时,应在计量前 24 小时通知承包人,承包人应为计量提供便利条件并派人参加。当双方均同意核实结果时,双方应在上述记录上签字确认。承包人收到通知后不派人参加计量,视为认可发包人的计量核实结果。发包人不按照约定时间通知承包人,致使承包人未能派人参加计量,计量核实结果无效。

(5)当承包人认为发包人核实后的计量结果有误时,应在收到计量结果通知后的 7 天内向发包人提出书面意见,并应附上其认为正确的计量结果和详细的计算资料。

发包人收到书面意见后,应在7天内对承包人的计量结果进行复核后通知承包人。承包人对复核计量结果仍有异议的,按照合同约定的争议解决办法处理。

(6)承包人完成已标价工程量清单中每个项目的工程量并经发包人核实无误后,发承包双方应对每个项目的历次计量报表进行汇总,以核实最终结算工程量,并应在汇总表上签字确认。

3. 总价合同的计量

(1)采用工程量清单方式招标形成的总价合同,其工程量应按照上述"2. 单价合同的计量"的规定计算。

(2)采用经审定批准的施工图纸及其预算方式发包形成的总价合同,除按照工程变更规定的工程量增减外,总价合同各项目的工程量应为承包人用于结算的最终工程量。

(3)总价合同约定的项目计量应以合同工程经审定批准的施工图纸为依据,发承包双方应在合同中约定工程计量的形象目标或时间节点进行计量。

(4)承包人应在合同约定的每个计量周期内对已完成的工程进行计量,并向发包人提交达到工程形象目标完成的工程量和有关计量资料的报告。

(5)发包人应在收到报告后7天内对承包人提交的上述资料进行复核,以确定实际完成的工程量和工程形象目标。对其有异议的,应通知承包人进行共同复核。

第二节　合同价款调整

一、一般规定

(1)下列事项(但不限于)发生,发承包双方应当按照合同约定调整合同价款:

1)法律法规变化;

2)工程变更;

3)项目特征不符;

4)工程量清单缺项;

5)工程量偏差;

6)计日工;

7)物价变化;

8)暂估价;

9)不可抗力;

10)提前竣工(赶工补偿);

11)误期赔偿;

12)索赔;

13)现场签证;

14)暂列金额;

15)发承包双方约定的其他调整事项。

(2)出现合同价款调增事项(不含工程量偏差、计日工、现场签证、索赔)后的14天内,承包人应向发包人提交合同价款调增报告并附上相关资料;承包人在14天内未提交合同价款调增报告的,应视为承包人对该事项不存在调整价款请求。

(3)出现合同价款调减事项(不含工程量偏差、索赔)后的14天内,发包人应向承包人提交合同价款调减报告并附相关资料;发包人在14天内未提交合同价款调减报告的,应视为发包人对该事项不存在调整价款请求。

(4)发(承)包人应在收到承(发)包人合同价款调增(减)报告及相关资料之日起14天内对其核实,予以确认的应书面通知承(发)包人。当有疑问时,应向承(发)包人提出协商意见。发(承)包人在收到合同价款调增(减)报告之日起14天内未确认也未提出协商意见的,应视为承(发)包人提交的合同价款调增(减)报告已被发(承)包人认可。发(承)包人提出协商意见的,承(发)包人应在收到协商意见后的14天内对其核实,予以确认的应书面通知发(承)包人。承(发)包人在收到发(承)包人的协商意见后14天内既不确认也未提出不同意见的,应视为发(承)包人提出的意见已被承(发)包人认可。

(5)发包人与承包人对合同价款调整的不同意见不能达成一致的,只要对发承包双方履约不产生实质影响,双方应继续履行合同义务,直到其按照合同约定的争议解决方式得到处理。

(6)经发承包双方确认调整的合同价款,作为追加(减)合同价款,应与工程进度款或结算款同期支付。

按照财政部、原建设部印发的《建设工程价款结算暂行办法》(财建[2004]369号)第十五条的规定:"发包人和承包人要加强施工现场的造价控制,及时对工程合同外的事项如实记录并履行书面手续。凡由发、承包双方授权的现场代表签字的现场签证以及发、承包双方协商确定的索赔等费用,应在工程竣工结算中如实办理,不得因发、承包双方现场代表的中途变更改变其有效性。"

二、法律法规变化

(1)招标工程以投标截止日前28天、非招标工程以合同签订前28天为基准日,其后因国家的法律、法规、规章和政策发生变化引起工程造价增减变化的,发承包双方应按照省级或行业建设主管部门或其授权的工程造价管理机构据此发布的规定调整合同价款。

工程建设过程中,发承包双方都是国家法律、法规、规章及政策的执行者。因此,在发承包双方履行合同的过程中,当国家的法律、法规、规章及政策发生变化时,国家或省级、行业建设主管部门或其授权的工程造价管理机构据此发布的工程造价调整文件、合同价款应进行调整。

(2)因承包人原因导致工期延误的,按上述(1)规定的调整时间,在合同工程原定竣工时间之后,合同价款调增的不予调整,合同价款调减的予以调整。

三、工程变更

(1)因工程变更引起已标价工程量清单项目或其工程数量发生变化时,应按照下列规定调整:

1)已标价工程量清单中有适用于变更工程项目的,应采用该项目的单价;但当工程变更导致该清单项目的工程数量发生变化,且工程量偏差超过 15％时,该项目单价应按下述"六、工程量偏差(2)"规定调整。

2)已标价工程量清单中没有适用但有类似于变更工程项目的,可在合理范围内参照类似项目的单价。

3)已标价工程量清单中没有适用也没有类似于变更工程项目的,应由承包人根据变更工程资料、计量规则和计价办法、工程造价管理机构发布的信息价格和承包人报价浮动率提出变更工程项目的单价,并应报发包人确认后调整。承包人报价浮动率可按下列公式计算:

①招标工程。

$$承包人报价浮动率 L=(1-中标价/招标控制价)\times100％$$

②非招标工程。

$$承包人报价浮动率 L=(1-报价/施工图预算)\times100％$$

4)已标价工程量清单中没有适用也没有类似于变更工程项目,且工程造价管理机构发布的信息价格缺价的,应由承包人根据变更工程资料、计量规则、计价办法和通过市场调查等取得有合法依据的市场价格提出变更工程项目的单价,并应报发包人确认后调整。

(2)工程变更引起施工方案改变并使措施项目发生变化时,承包人提出调整措施项目费的,应事先将拟实施的方案提交发包人确认,并应详细说明与原方案措施项目相比的变化情况。拟实施的方案经发承包双方确认后执行,并应按照下列规定调整措施项目费:

1)安全文明施工费应按照实际发生变化的措施项目规定计算。

2)采用单价计算的措施项目费,应按照实际发生变化的措施项目确定单价。

3)按总价(或系数)计算的措施项目费,按照实际发生变化的措施项目调整,但应考虑承包人报价浮动因素,即调整金额按照实际调整金额乘以承包人报价浮动率计算。

如果承包人未事先将拟实施的方案提交给发包人确认,则应视为工程变更不引起措施项目费的调整或承包人放弃调整措施项目费的权利。

(3)当发包人提出的工程变更因非承包人原因删减了合同中的某项原定工作或工程,致使承包人发生的费用或(和)得到的收益不能被包括在其他已支付或应支付的项目中,也未被包含在任何替代的工作或工程中时,承包人有权提出并应得到合理的费用及利润补偿。

四、项目特征不符

(1)项目特征是构成清单项目价值的本质特征,单价的高低与其具有必然联系。因此,发包人在招标工程量清单中对项目特征的描述,应被认为是准确的和全面的,并且与实际施工要求相符合。承包人应按照发包人提供的招标工程量清单,根据项目特征描述的内容及有关要求实施合同工程,直到项目被改变为止。

(2)承包人应按照发包人提供的设计图纸实施合同工程,若在合同履行期间出现设计图纸(含设计变更)与招标工程量清单任一项目的特征描述不符,且该变化引起该项目工程造价增减变化的,应按照实际施工的项目特征,按上述"三、工程变更"相关条款的规定重新确定相应工程量清单项目的综合单价,并调整合同价款。

五、工程量清单缺项

(1)合同履行期间,由于招标工程量清单中缺项,新增分部分项工程清单项目的,应按照上述"三、工程变更(1)"的规定确定单价,并调整合同价款。

(2)新增分部分项工程清单项目后,引起措施项目发生变化的,应按照上述"三、工程变更(2)"的规定,在承包人提交的实施方案被发包人批准后调整合同价款。

(3)由于招标工程量清单中措施项目缺项,承包人应将新增措施项目实施方案提交发包人批准后,按照上述"三、工程变更(1)、(2)"的规定调整合同价款。

六、工程量偏差

施工过程中,由于施工条件、地质水文、工程变更等变化以及招标工程量清单编制人专业水平的差异,往往在合同履行期间,应与计算的工程量与招标工程量清单出现偏差,工程量偏差过大,对综合成本的分摊带来影响,如突然增加太多,仍按原综合单价计价,对发包人不公平;而突然减少太多,仍按原综合单价计价,对承包人不公平。并且,这给有经验的承包人的不平衡报价打开了方便之门。因此,为维护合同的公平,对工程量偏差的价款调整做了规定。

(1)合同履行期间,当应予计算的实际工程量与招标工程量清单出现偏差,且符合下述"(2)、(3)"规定时,发承包双方应调整合同价款。

(2)对于任一招标工程量清单项目,当因规定的工程量偏差和本节规定的工程变更等原因导致工程量偏差超过15%时,可进行调整。当工程量增加15%以上时,增加部分的工程量的综合单价应予调低;当工程量减少15%以上时,减少后剩余部分的工程量的综合单价应予调高。

(3)当工程量出现变化,且该变化引起相关措施项目相应发生变化时,按系数或单一总价方式计价的,工程量增加的措施项目费调增,工程量减少的措施项目费调减。

调整可参考以下公式：

(1)当 $Q_1 > 1.15 Q_0$ 时：

$$S = 1.15 Q_0 \times P_0 + (Q_1 \sim 1.15 Q_0) \times P_1$$

(2)当 $Q_1 < 0.85 Q_0$ 时：

$$S = Q_1 \times P_1$$

式中　S——调整后的某一分部分项工程费结算价；

　　　Q_1——最终完成的工程量；

　　　Q_0——招标工程量清单中列出的工程量；

　　　P_1——按照最终完成工程量重新调整后的综合单价；

　　　P_0——承包人在工程量清单中填报的综合单价。

采用上述两式的关键是确定新的综合单价，即 P_1 确定的方法，一是发承包双方协商确定；二是与招标控制价相联系，当工程量偏差项目出现承包人在工程量清单中填报的综合单价与发包人招标控制价相应清单项目的综合单价偏差超过 15% 时，工程量偏差项目综合单价的调整可参考以下公式：

(3)当 $P_0 < P_2 \times (1-L) \times (1-15\%)$ 时，该类项目的综合单价：P_1 按照 $P_2 \times (1-L) \times (1-15\%)$ 调整。

(4)当 $P_0 > P_2 \times (1+15\%)$ 时，该类项目的综合单价：P_1 按照 $P_2 \times (1+15\%)$ 调整。

式中　P_0——承包人在工程量清单中填报的综合单价；

　　　P_2——发包人招标控制价相应项目的综合单价；

　　　L——承包人报价浮动率。

七、计日工

(1)发包人通知承包人以计日工方式实施的零星工作，承包人应予执行。

(2)采用计日工计价的任何一项变更工作，在该项变更的实施过程中，承包人应按合同约定提交下列报表和有关凭证送发包人复核：

1)工作名称、内容和数量；

2)投入该工作所有人员的姓名、工种、级别和耗用工时；

3)投入该工作的材料名称、类别和数量；

4)投入该工作的施工设备型号、台数和耗用台时；

5)发包人要求提交的其他资料和凭证。

(3)任一计日工项目持续进行时，承包人应在该项工作实施结束后的 24 小时内向发包人提交有计日工记录汇总的现场签证报告一式三份。发包人应在收到承包人提交的现场签证报告后的 2 天内予以确认，并将其中一份返还给承包人，作为计日工计价和支付的依据。发包人逾期未确认也未提出修改意见的，应视为承包人提交的现场签证报告已被发包人认可。

(4)任一计日工项目实施结束后,承包人应按照确认的计日工现场签证报告核实该类项目的工程数量,并应根据核实的工程数量和承包人已标价工程量清单中的计日工单价计算,提出应付价款;已标价工程量清单中没有该类计日工单价的,由发承包双方按上述"三、工程变更"的规定商定计日工单价计算。

(5)每个支付期末,承包人应按照本章第三节中"合同价款中期支付(3)"的规定向发包人提交本期间所有计日工记录的签证汇总表,并应说明本期间自己认为有权得到的计日工金额,调整合同价款,列入进度款支付。

八、物价变化

(1)合同履行期间,因人工、材料、工程设备、机械台班价格波动影响合同价款时,应根据合同约定,按"13 计价规范"附录 A 的方法之一调整合同价款。

(2)承包人采购材料和工程设备的,应在合同中约定主要材料、工程设备价格变化的范围或幅度;当没有约定,且材料、工程设备单价变化超过 5% 时,超过部分的价格应按照"13 计价规范"附录 A 的方法计算调整材料、工程设备费。

(3)发生合同工程工期延误的,应按照下列规定确定合同履行期的价格调整:

1)因非承包人原因导致工期延误的,计划进度日期后续工程的价格,应采用计划进度日期与实际进度日期两者的较高者。

2)因承包人原因导致工期延误的,计划进度日期后续工程的价格,应采用计划进度日期与实际进度日期两者的较低者。

(4)发包人供应材料和工程设备的,不适用上述"(1)、(2)"规定,应由发包人按照实际变化调整,列入合同工程的工程造价内。

九、暂估价

(1)发包人在招标工程量清单中给定暂估价的材料、工程设备属于依法必须招标的,应由发承包双方以招标的方式选择供应商,确定价格,并应以此为依据取代暂估价,调整合同价款。

(2)发包人在招标工程量清单中给定暂估价的材料、工程设备不属于依法必须招标的,应由承包人按照合同约定采购,经发包人确认单价后取代暂估价,调整合同价款。

(3)发包人在工程量清单中给定暂估价的专业工程不属于依法必须招标的,应按照上述"三、工程变更"相应条款的规定确定专业工程价款,并应以此为依据取代专业工程暂估价,调整合同价款。

(4)发包人在招标工程量清单中给定暂估价的专业工程,依法必须招标的,应当由发承包双方依法组织招标选择专业分包人,并接受有管辖权的建设工程招标投标管理机构的监督,还应符合下列要求:

1)除合同另有约定外,承包人不参加投标的专业工程发包招标,应由承包人作为招标人,但拟定的招标文件、评标工作、评标结果应报送发包人批准。与组织招标工作有关的费用应当被认为已经包括在承包人的签约合同价(投标总报价)中。

2)承包人参加投标的专业工程发包招标,应由发包人作为招标人,与组织招标工作有关的费用由发包人承担。同等条件下,应优先选择承包人中标。

3)应以专业工程发包中标价为依据取代专业工程暂估价,调整合同价款。

十、不可抗力

(1)因不可抗力事件导致的人员伤亡、财产损失及其费用增加,发承包双方应按下列原则分别承担并调整合同价款和工期:

1)合同工程本身的损害、因工程损害导致第三方人员伤亡和财产损失以及运至施工场地用于施工的材料和待安装的设备的损害,应由发包人承担;

2)发包人、承包人人员伤亡应由其所在单位负责,并应承担相应费用;

3)承包人的施工机械设备损坏及停工损失,应由承包人承担;

4)停工期间,承包人应发包人要求留在施工场地的必要的管理人员及保卫人员的费用应由发包人承担;

5)工程所需清理、修复费用,应由发包人承担。

(2)不可抗力解除后复工的,若不能按期竣工,应合理延长工期。发包人要求赶工的,赶工费用应由发包人承担。

(3)因不可抗力解除合同的,应按本章"第四节一、(2)"的规定办理。

十一、提前竣工(赶工补偿)

(1)招标人应依据相关工程的工期定额合理计算工期,压缩的工期天数不得超过定额工期的20%,超过者,应在招标文件中明示增加的赶工费用。

(2)发包人要求合同工程提前竣工的,应征得承包人同意后与承包人商定采取加快工程进度的措施,并应修订合同工程进度计划。发包人应承担承包人由此增加的提前竣工(赶工补偿)费用。

(3)发承包双方应在合同中约定提前竣工每日历天应补偿额度,此项费用应作为增加合同价款列入竣工结算文件中,应与结算款一并支付。

十二、误期赔偿

(1)承包人未按照合同约定施工,导致实际进度迟于计划进度的,承包人应加快进度,实现合同工期。

合同工程发生误期,承包人应赔偿发包人由此造成的损失,并应按照合同约定向发包人支付误期赔偿费。即使承包人支付误期赔偿费,也不能免除承包人按照合同约定应承担的任何责任和应履行的任何义务。

(2)发承包双方应在合同中约定误期赔偿费,并应明确每日历天应赔额度。误期赔偿费应列入竣工结算文件中,并应在结算款中扣除。

(3)在工程竣工之前,合同工程内的某单项(位)工程已通过了竣工验收,且该单项(位)工程接收证书中表明的竣工日期并未延误,而是合同工程的其他部分产生了工期延误时,误期赔偿费应按照已颁发工程接收证书的单项(位)工程造价占合同价款的比例幅度予以扣减。

为了保证工程质量,承包人除了根据标准规范、施工图纸进行施工外,还应当按照科学合理的施工组织设计,按部就班地进行施工作业。因为有些施工流程必须有一定的时间间隔,例如,现浇混凝土必须有一定时间的养护才能进行下一个工序,刷油漆必须等上道工序刮腻子干燥后方可进行等。所以,《建设工程质量管理条例》第十条规定:"建设工程发包单位不得迫使承包方以低于成本的价格竞标,不得任意压缩合理工期",据此,规定如下:

1)工程发包时,招标人应当依据相关工程的工期定额合理计算工期,压缩的工期天数不得超过定额工期的20%,将其量化。超过者,应在招标文件中明示增加的赶工费用。

2)工程实施过程中,发包人要求合同工程提前竣工的,应征得承包人同意后与承包人商定采取加快工程进度的措施,并修订合同工程进度计划。发包人应承担承包人由此增加的提前竣工(赶工补偿)费用。

3)赶工费用主要包括:①人工费的增加,例如新增加投入人工的报酬,不经济使用人工的补贴等;②材料费的增加,例如可能造成不经济使用材料而损耗过大,材料提前交货可能增加的费用、材料运输费的增加等;③机械费的增加,例如可能增加机械设备投入,不经济地使用机械等。

十三、索赔

(1)建设工程施工中的索赔是发承包双方行使正当权利的行为,承包人可向发包人索赔,发包人也可向承包人索赔。索赔的三要素:一是正当的索赔理由;二是有效的索赔证据;三是在合同约定的时间内提出。

任何索赔事件的确立,其前提条件是必须有正当的索赔理由。对正当索赔理由的说明必须具有证据。因为进行索赔主要是靠证据说话,没有证据或证据不足,索赔是难以成功的。

1)对索赔证据的要求。

①真实性。索赔证据必须是在实施合同过程中确定存在和发生的,必须完全反映实际情况,能经得住推敲。

②全面性。所提供的证据应能说明事件的全过程。索赔报告中涉及的索赔理由、事件过程、影响、索赔数额等都应有相应证据,不能零乱和支离破碎。

③关联性。索赔的证据应当能够互相说明,相互具有关联性,不能互相矛盾。

④及时性。索赔证据的取得及提出应当及时。

⑤具有法律证明效力。一般要求证据必须是书面文件,有关记录、协议、纪要必须是双方签署的;工程中重大事件、特殊情况的记录、统计必须由合同约定的发包人现场代表或监理工程师签证认可。

2)索赔证据的种类。

①招标文件、工程合同、发包人认可的施工组织设计、工程图纸、技术规范等。

②工程各项有关的设计交底记录、变更图纸、变更施工指令等。

③工程各项经发包人或合同中约定的发包人现场代表或监理工程师签认的签证。

④工程各项往来信件、指令、信函、通知、答复等。

⑤工程各项会议纪要。

⑥施工计划及现场实施情况记录。

⑦施工日报及工长工作日志、备忘录。

⑧工程送电、送水、道路开通、封闭的日期及数量记录。

⑨工程停电、停水和干扰事件影响的日期及恢复施工的日期。

⑩工程预付款、进度款拨付的数额及日期记录。

⑪工程图纸、图纸变更、交底记录的送达份数及日期记录。

⑫工程有关施工部位的照片及录像等。

⑬工程现场气候记录,有关天气的温度、风力、雨雪等。

⑭工程验收报告及各项技术鉴定报告等。

⑮工程材料采购、订货、运输、进场、验收、使用等方面的凭据。

⑯国家和省级或行业建设主管部门有关影响工程造价、工期的文件、规定等。

3)索赔时效的功能。

索赔时效是指合同履行过程中,索赔方在索赔事件发生后的约定期限内不行使索赔权即视为放弃索赔权利,其索赔权归于消灭的制度,其功能主要有两点:

①促使索赔权利人行使权利。“法律不保护躺在权利上睡觉的人”,索赔时效是时效制度中的一种,类似于民法中的诉讼时效,即超过法定时间,权利人不主张自己的权利,则诉讼权消灭,人民法院不再对该实体权利强制进行保护。

②平衡发包人与承包人的利益。有的索赔事件持续时间短暂,事后难以复原(如异常的地下水位、隐蔽工程等),发包人在时过境迁后难以查找到有力证据来确认责任归属或准确评估所需金额。如果不对时效加以限制,允许承包人隐瞒索赔意图,将置发包人于不利状况,而索赔时效则平衡了发承包双方利益。一方面,索赔时效届满,即视为承包人放弃索赔权利,发包人可以此作为证据的代用,避免举证的困难;另一方面,只有促使承包人及时提出索赔要求,才能警示发包人充分履行合同义务,避免类似索赔事件的再次发生。

(2)根据合同约定,承包人认为非承包人原因发生的事件造成了承包人的损失,应按下列程序向发包人提出索赔:

1)承包人应在知道或应当知道索赔事件发生后 28 天内,向发包人提交索赔意向通知书,说明发生索赔事件的事由。承包人逾期未发出索赔意向通知书的,丧失索赔的权利。

2)承包人应在发出索赔意向通知书后的 28 天内,向发包人正式提交索赔通知书。索赔通知书应详细说明索赔理由和要求,并应附必要的记录和证明材料。

3)索赔事件具有连续影响的,承包人应继续提交延续索赔通知,说明连续影响的实际情况和记录。

4)在索赔事件影响结束后的 28 天内,承包人应向发包人提交最终索赔通知书,说明最终索赔要求,并应附必要的记录和证明材料。

(3)承包人索赔应按下列程序处理:

1)发包人收到承包人的索赔通知书后,应及时查验承包人的记录和证明材料。

2)发包人应在收到索赔通知书或有关索赔的进一步证明材料后的 28 天内,将索赔处理结果答复承包人,如果发包人逾期未做出答复,视为承包人索赔要求已被发包人认可。

3)承包人接受索赔处理结果的,索赔款项应作为增加合同价款,在当期进度款中进行支付;承包人不接受索赔处理结果的,应按合同约定的争议解决方式办理。

(4)承包人要求赔偿时,可以选择下列一项或几项方式获得赔偿:

1)延长工期;

2)要求发包人支付实际发生的额外费用;

3)要求发包人支付合理的预期利润;

4 要求发包人按合同的约定支付违约金。

(5)当承包人的费用索赔与工期索赔要求相关联时,发包人在做出费用索赔的批准决定时,应结合工程延期,综合做出费用赔偿和工程延期的决定。

(6)发承包双方在按合同约定办理了竣工结算后,应被认为承包人已无权再提出竣工结算前所发生的任何索赔。承包人在提交的最终结清申请中,只限于提出竣工结算后的索赔,提出索赔的期限应自发承包双方最终结清时终止。

(7)根据合同约定,发包人认为由于承包人的原因造成发包人的损失,宜按承包人索赔的程序进行索赔。

(8)发包人要求赔偿时,可以选择下列一项或几项方式获得赔偿:

1)延长质量缺陷修复期限;

2)要求承包人支付实际发生的额外费用;

3)要求承包人按合同的约定支付违约金。

(9)承包人应付给发包人的索赔金额可从拟支付给承包人的合同价款中扣除,或由承包人以其他方式支付给发包人。

十四、现场签证

(1)承包人应发包人要求完成合同以外的零星项目、非承包人责任事件等工作的,发包人应及时以书面形式向承包人发出指令,并应提供所需的相关资料;承包人在收到指令后,应及时向发包人提出现场签证要求。

(2)承包人应在收到发包人指令后的 7 天内向发包人提交现场签证报告,发包人应在收到现场签证报告后的 48 小时内对报告内容进行核实,予以确认或提出修改意见。发包人在收到承包人现场签证报告后的 48 小时内未确认也未提出修改意见的,应视为承包人提交的现场签证报告已被发包人认可。

(3)现场签证的工作如已有相应的计日工单价,现场签证中应列明完成该类项目所需的人工、材料、工程设备和施工机械台班的数量。

如现场签证的工作没有相应的计日工单价,应在现场签证报告中列明完成该签证工作所需的人工、材料设备和施工机械台班的数量及单价。

(4)合同工程发生现场签证事项,未经发包人签证确认,承包人便擅自施工的,除非征得发包人书面同意,否则发生的费用应由承包人承担。

(5)现场签证工作完成后的 7 天内,承包人应按照现场签证的内容计算价款,报送发包人确认后,作为增加合同价款,与进度款同期支付。

(6)在施工过程中,当发现合同工程内容因场地条件、地质水文、发包人要求等不一致时,承包人应提供所需的相关资料,并提交发包人签证认可,作为合同价款调整的依据。

十五、暂列金额

(1)已签约合同价中的暂列金额应由发包人掌握使用。

(2)暂列金额虽然列入合同价款,但并不属于承包人所有,也并不必然发生。只有按照合同约定实际发生后,才能成为承包人的应得金额,纳入工程合同结算价款中,发包人按照前述相关规定与要求进行支付后,暂列金额余额仍归发包人所有。

第三节　合同价款中期支付

一、预付款

(1)承包人应将预付款专用于合同工程。

(2)包工包料工程的预付款的支付比例不得低于签约合同价(扣除暂列金额)的10%,不宜高于签约合同价(扣除暂列金额)的 30%。

(3)承包人应在签订合同或向发包人提供与预付款等额的预付款保函后向发包人提交预付款支付申请。

(4)发包人应在收到支付申请的 7 天内进行核实,向承包人发出预付款支付证书,并在签发支付证书后的 7 天内向承包人支付预付款。

(5)发包人没有按合同约定按时支付预付款的,承包人可催告发包人支付;发包人在预付款期满后的 7 天内仍未支付的,承包人可在付款期满后的第 8 天起暂停施工。

发包人应承担由此增加的费用和延误的工期,并应向承包人支付合理利润。

(6)工程预付款是发包人因承包人为准备施工而履行的协助义务。当承包人取得相应的合同价款时,发包人往往会要求承包人予以返还。预付款应从每一个支付期应支付给承包人的工程进度款中扣回,直到扣回的金额达到合同约定的预付款金额为止。

(7)承包人的预付款保函的担保金额根据预付款扣回的数额相应递减,但在预付款全部扣回之前一直保持有效。发包人应在预付款扣完后的 14 天内将预付款保函退还给承包人。

二、安全文明施工费

(1)安全文明施工费包括的内容和使用范围,应符合国家有关文件和计量规范的规定。

财政部、国家安全生产监督管理总局印发的《企业安全生产费用提取和使用管理办法》(财企[2012]16 号)第十九条规定:"建设工程施工企业安全费用应当按照以下范围使用:

1)完善、改造和维护安全防护设施设备支出(不含"三同时"要求初期投入的安全设施),包括施工现场临时用电系统、洞口、临边、机械设备、高处作业防护、交叉作业防护、防火、防爆、防尘、防毒、防雷、防台风、防地质灾害、地下工程有害气体监测、通风、临时安全防护等设施设备支出;

2)配备、维护、保养应急救援器材、设备支出和应急演练支出;

3)开展重大危险源和事故隐患评估、监控和整改支出;

4)安全生产检查、评价(不包括新建、改建、扩建项目安全评价)、咨询和标准化建设支出;

5)配备和更新现场作业人员安全防护用品支出;

6)安全生产宣传、教育、培训支出;

7)安全生产适用的新技术、新标准、新工艺、新装备的推广应用支出;

8)安全设施及特种设备检测检验支出;

9)其他与安全生产直接相关的支出。

该办法对安全生产费用的使用范围做了规定,同时鉴于工程建设项目因专业的不同,施工阶段的不同,对安全文明施工措施的要求也不一致。因此,新的国家工程计量规范针对不同的专业工程特点,规定了安全文明施工的内容和包含的范围,执行中应以此为依据。

(2)发包人应在工程开工后的 28 天内预付不低于当年施工进度计划的安全文明施工费总额的 60%,其余部分应按照提前安排的原则进行分解,并应与进度款同期支付。

(3)发包人没有按时支付安全文明施工费的,承包人可催告发包人支付;发包人在付款期满后的 7 天内仍未支付的,若发生安全事故,发包人应承担相应责任。

(4)承包人对安全文明施工费应专款专用,在财务账目中应单独列项备查,不得挪作他用,否则发包人有权要求其限期改正;逾期未改正的,造成的损失和延误的工期应由承包人承担。

三、进度款

(1)发承包双方应按照合同约定的时间、程序和方法,根据工程计量结果,办理期中价款结算,支付进度款。

(2)进度款支付周期应与合同约定的工程计量周期一致。

工程量的正确计量是发包人向承包人支付工程进度款的前提和依据。计量和付款周期可采用分段或按月结算的方式,按照财政部、原建设部印发的《建设工程价款结算暂行办法》(财建[2004]369 号)的规定:

1)按月结算与支付。即实行按月支付进度款,竣工后结算的办法。合同工期在两个年度以上的工程,在年终进行工程盘点,办理年度结算。

2)分段结算与支付。即当年开工、当年不能竣工的工程按照工程形象进度,划分不同阶段支付工程进度款。

当采用分段结算方式时,应在合同中约定具体的工程分段划分,付款周期应与计量周期一致。

(3)已标价工程量清单中的单价项目,承包人应按工程计量确认的工程量与综合单价计算;综合单价发生调整的,以发承包双方确认调整的综合单价计算进度款。

(4)已标价工程量清单中的总价项目和本章"第一节二、3.(2)"中形成的总价合同,承包人应按合同中约定的进度款支付分解,分别列入进度款支付申请中的安全文明施工费和本周期应支付的总价项目的金额中。在施工过程中,由于进度计划的调整,发承包双方应对支付分解进行调整。

1)已标价工程量清单中的总价项目进度款支付分解方法可选择以下之一(但不限于):

①将各个总价项目的总金额按合同约定的计量周期平均支付;

②按照各个总价项目的总金额占签约合同价的百分比,以及各个计量支付周期内所完成的单价项目的总金额,以百分比方式均摊支付;

③按照各个总价项目组成的性质(如时间、与单价项目的关联性等)分解到形象进度计划或计量周期中,与单价项目一起支付。

2)按本章"第一节二、3.(2)"形成的总价合同,除由于工程变更形成的工程量增减予以调整外,其余工程量不予调整。因此,总价合同的进度款支付应按照计量周期进行支付分解,以便进度款有序支付。

(5)发包人提供的甲供材料金额,应按照发包人签约提供的单价和数量从进度款支付中扣除,列入本周期应扣减的金额中。

(6)承包人现场签证和得到发包人确认的索赔金额应列入本周期应增加的金额中。

(7)进度款的支付比例按照合同约定,按期中结算价款总额计,不低于60%,不高于90%。

(8)承包人应在每个计量周期到期后的7天内向发包人提交已完工程进度款支付申请一式四份,详细说明此周期认为有权得到的款额,包括分包人已完工程的价款。支付申请应包括下列内容:

1)累计已完成的合同价款;

2)累计已实际支付的合同价款;

3)本周期合计完成的合同价款:

①本周期已完成的单价项目的金额;

②本周期应支付的总价项目的金额;

③本周期已完成的计日工价款;

④本周期应支付的安全文明施工费;

⑤本周期应增加的金额。

4)本周期合计应扣减的金额:

①本周期应扣回的预付款;

②本周期应扣减的金额。

5)本周期实际应支付的合同价款。

(9)发包人应在收到承包人进度款支付申请后的14天内,根据计量结果和合同约定对申请内容予以核实,确认后向承包人出具进度款支付证书。若发承包双方对部分清单项目的计量结果出现争议,发包人应对无争议部分的工程计量结果向承包人出具进度款支付证书。

(10)发包人应在签发进度款支付证书后的14天内,按照支付证书列明的金额向承包人支付进度款。

(11)若发包人逾期未签发进度款支付证书,则视为承包人提交的进度款支付申请已被发包人认可,承包人可向发包人发出催告付款的通知。发包人应在收到通知后的14天内,按照承包人支付申请的金额向承包人支付进度款。

(12)发包人未按照上述"(9)、(10)、(11)"的规定支付进度款的,承包人可催告发包人支付,并有权获得延迟支付的利息;发包人在付款期满后的7天内仍未支付的,承包人可在付款期满后的第8天起暂停施工,发包人应承担由此增加的费用和延误的工期,向承包人支付合理利润,并应承担违约责任。

(13)发现已签发的任何支付证书有错、漏或重复的数额,发包人有权予以修正,承包人也有权提出修正申请。经发承包双方复核同意修正的,应在本次到期的进度款中支付或扣除。

第四节　合同解除、合同价款争议的解决

一、合同解除的价款结算与支付

（1）发承包双方协商一致解除合同的，应按照达成的协议办理结算和支付合同价款。

（2）由于不可抗力致使合同无法履行解除合同的，发包人应向承包人支付合同解除之日前已完成工程但尚未支付的合同价款，此外，还应支付下列金额：

1)"13 计价规范"规定的由发包人承担的费用；

2)已实施或部分实施的措施项目应付价款；

3)承包人为合同工程合理订购且已交付的材料和工程设备货款；

4)承包人撤离现场所需的合理费用，包括员工遣送费和临时工程拆除、施工设备运离现场的费用；

5)承包人为完成合同工程而预期开支的任何合理费用，且该项费用未包括在本款其他各项支付之内。

发承包双方办理结算合同价款时，应扣除合同解除之日前发包人应向承包人收回的价款。当发包人应扣除的金额超过了应支付的金额，承包人应在合同解除后的86 天内将其差额退还给发包人。

（3）因承包人违约解除合同的，发包人应暂停向承包人支付任何价款。发包人应在合同解除后 28 天内核实合同解除时承包人已完成的全部合同价款以及按施工进度计划已运至现场的材料和工程设备货款，按合同约定核算承包人应支付的违约金以及造成损失的索赔金额，并将结果通知承包人。发承包双方应在 28 天内予以确认或提出意见，并应办理结算合同价款。如果发包人应扣除的金额超过了应支付的金额，承包人应在合同解除后的 86 天内将其差额退还给发包人。发承包双方不能就解除合同后的结算达成一致的，按照合同约定的争议解决方式处理。

（4）因发包人违约解除合同的，发包人除应按照上述"（2）"的规定向承包人支付各项价款外，还应按合同约定核算发包人应支付的违约金以及给承包人造成损失或损害的索赔金额费用。该笔费用应由承包人提出，发包人核实后应与承包人协商确定后的7 天内向承包人签发支付证书。协商不能达成一致的，应按照合同约定的争议解决方式处理。

二、合同价款争议的解决

1. 监理或造价工程师暂定

（1）若发包人和承包人之间就工程质量、进度、价款支付与扣除、工期延期、索赔、价款调整等发生任何法律上、经济上或技术上的争议，首先应根据已签约合同的规定，

提交合同约定职责范围内的总监理工程师或造价工程师解决,并应抄送另一方。总监理工程师或造价工程师在收到此提交文件后的 14 天内应将暂定结果通知发包人和承包人。发承包双方对暂定结果认可的,应以书面形式予以确认,暂定结果成为最终决定。

(2)发承包双方在收到总监理工程师或造价工程师的暂定结果通知之后的 14 天内未对暂定结果予以确认也未提出不同意见的,应视为发承包双方已认可该暂定结果。

(3)发承包双方或一方不同意暂定结果的,应以书面形式向总监理工程师或造价工程师提出,说明自己认为正确的结果,同时抄送另一方,此时该暂定结果成为争议。在暂定结果对发承包双方当事人履约不产生实质影响的前提下,发承包双方应实施该结果,直到按照发承包双方认可的争议解决办法处理为止。

2. 管理机构的解释或认定

(1)合同价款争议发生后,发承包双方可就工程计价依据的争议以书面形式提请工程造价管理机构对争议以书面文件进行解释或认定。工程造价管理机构是工程造价计价依据、办法以及相关政策的管理机构。对发包人、承包人或工程造价咨询人在工程计价中,就计价依据、办法以及相关政策规定发生的争议进行解释是工程造价管理机构的职责。

(2)工程造价管理机构应在收到申请的 10 个工作日内就发承包双方提请的争议问题进行解释或认定。

(3)发承包双方或一方在收到工程造价管理机构书面解释或认定后仍可按照合同约定的争议解决方式提请仲裁或诉讼。除工程造价管理机构的上级管理部门做出了不同的解释或认定,或在裁决或法院判决中不予采信的外,工程造价管理机构作出的书面解释或认定应为最终结果,并应对发承包双方均有约束力。

3. 协商和解

(1)合同价款争议发生后,发承包双方任何时候都可以进行协商。协商达成一致的,双方应签订书面和解协议,和解协议对发承包双方均有约束力。

(2)如果协商不能达成一致协议,发包人或承包人都可以按合同约定的其他方式解决争议。

4. 调解

(1)发承包双方应在合同中约定或在合同签订后共同约定争议调解人,负责双方在合同履行过程中发生争议的调解。

(2)合同履行期间,发承包双方可协议调换或终止任何调解人,但发包人或承包人都不能单独采取行动。除非双方另有协议,在最终结清支付证书生效后,调解人的任期应即终止。

(3)如果发承包双方发生了争议,任何一方可将该争议以书面形式提交调解人,并将副本抄送另一方,委托调解人调解。

(4)发承包双方应按照调解人提出的要求,给调解人提供所需要的资料、现场进入权及相应设施。调解人不应被视为是在进行仲裁人的工作。

(5)调解人应在收到调解委托后28天内或由调解人建议并经发承包双方认可的其他期限内提出调解书,发承包双方接受调解书的,经双方签字后作为合同的补充文件,对发承包双方均具有约束力,双方都应立即遵照执行。

(6)当发承包双方中任一方对调解人的调解书有异议时,应在收到调解书后28天内向另一方发出异议通知,并应说明争议的事项和理由。但除非并直到调解书在协商和解或仲裁裁决、诉讼判决中作出修改,或合同已经解除,否则承包人应继续按照合同实施工程。

(7)当调解人已就争议事项向发承包双方提交了调解书,而任一方在收到调解书后28天内均未发出表示异议的通知时,调解书对发承包双方应均具有约束力。

5. 仲裁、诉讼

(1)发承包双方的协商和解或调解均未达成一致意见,其中的一方已就此争议事项根据合同约定的仲裁协议申请仲裁时,应同时通知另一方。

(2)仲裁可在竣工之前或之后进行,但发包人、承包人、调解人各自的义务不得因在工程实施期间进行仲裁而有所改变。当仲裁是在仲裁机构要求停止施工的情况下进行时,承包人应对合同工程采取保护措施,由此增加的费用应由败诉方承担。

(3)在上述"1.～4."规定的期限之内,暂定或和解协议或调解书已经有约束力的情况下,当发承包中一方未能遵守暂定或和解协议或调解书时,另一方可在不损害他可能具有的任何其他权利的情况下,将未能遵守暂定或不执行和解协议或调解书达成的事项提交仲裁。

(4)发包人、承包人在履行合同时发生争议,双方不愿和解、调解或者和解、调解不成,又没有达成仲裁协议的,可依法向人民法院提起诉讼。

第五节　工程造价鉴定

一、一般规定

(1)在工程合同价款纠纷案件处理中,需做工程造价司法鉴定的,应委托具有相应资质的工程造价咨询人进行。

《建设部关于对工程造价司法鉴定有关问题的复函》(建办标函[2005]155号)第一条:"从事工程造价司法鉴定,必须取得工程造价咨询资质,并在其资质许可范围内从事工程造价咨询活动。工程造价成果文件,应当由造价工程师签字,加盖执业专用章和单位公章后有效。"

(2)工程造价咨询人接受委托时提供工程造价司法鉴定服务,应按仲裁、诉讼程序和要求进行,并应符合国家关于司法鉴定的规定。

（3）按照《注册造价工程师管理办法》（建设部令第150号）的规定，工程计价活动应由造价工程师担任。

《建设部关于对工程造价司法鉴定有关问题的复函》（建办标函[2005]155号）第二条："从事工程造价司法鉴定的人员，必须具备注册造价工程师执业资格，并只得在其注册的机构从事工程造价司法鉴定工作，否则不具有在该机构的工程造价成果文件上签字的权力。"

鉴于进入司法程序的工程造价鉴定的难度一般较大，因此，规定工程造价咨询人进行工程造价司法鉴定时，应指派对鉴定项目专业对口、经验丰富的注册造价工程师承担鉴定工作，以保证工程造价司法鉴定的质量。

（4）工程造价咨询人应在收到工程造价司法鉴定资料后10天内，根据自身专业能力和证据资料判断能否胜任该项委托，如不能，应辞去该项委托。工程造价咨询人不得在鉴定期满后以上述理由不做出鉴定结论，影响案件处理。

（5）接受工程造价司法鉴定委托的工程造价咨询人或造价工程师如是鉴定项目一方当事人的近亲属或代理人、咨询人以及其他关系可能影响鉴定公正的，应当自行回避；未自行回避，鉴定项目委托人以该理由要求其回避的，必须回避。

（6）工程造价咨询人应当依法出庭接受鉴定项目当事人对工程造价司法鉴定意见书的质询。如确因特殊原因无法出庭的，经审理该鉴定项目的仲裁机关或人民法院准许，可以书面形式答复当事人的质询。

二、取证

（1）工程造价咨询人进行工程造价鉴定工作时，应自行收集以下（但不限于）鉴定资料：

1）适用于鉴定项目的法律、法规、规章、规范性文件以及规范、标准、定额；

2）鉴定项目同时期同类型工程的技术经济指标及其各类要素价格等。

（2）工程造价咨询人收集鉴定项目的鉴定依据时，应向鉴定项目委托人提出具体书面要求，其内容包括：

1）与鉴定项目相关的合同、协议及其附件；

2）相应的施工图纸等技术经济文件；

3）施工过程中的施工组织、质量、工期和造价等工程资料；

4）存在争议的事实及各方当事人的理由；

5）其他有关资料。

完整、真实、核发的鉴定依据是做好鉴定项目工程造价司法鉴定的前提。因此，接受委托的工程造价咨询人应从专业的角度向鉴定项目委托人提出所需依据的具体书面要求，保证鉴定工作的顺利进行。

（3）工程造价咨询人在鉴定过程中要求鉴定项目当事人对缺陷资料进行补充的，应征得鉴定项目委托人同意，或者协调鉴定项目各方当事人共同签认。

（4）根据鉴定工作需要现场勘验的，工程造价咨询人应提请鉴定项目委托人组织各方当事人对被鉴定项目所涉及的实物标的进行现场勘验。

工程建设的特殊性决定了发承包双方某些纠纷不经现场勘测无法得出准确的鉴定结论，如某些工程项目的计量、隐蔽工程的实际施工情况等。对此，工程造价咨询人应果断做出专业判断，提请鉴定项目委托人组织现场勘验，以保证司法鉴定的顺利进行，保证鉴定质量。

（5）勘验现场应制作勘验记录、笔录或勘验图表，记录勘验的时间、地点、勘验人、在场人、勘验经过、结果，由勘验人、在场人签名或者盖章确认。绘制的现场图应注明绘制的时间、测绘人姓名、身份等内容。必要时应采取拍照或摄像取证，留下影像资料。

（6）鉴定项目当事人未对现场勘验图表或勘验笔录等签字确认的，工程造价咨询人应提请鉴定项目委托人决定处理意见，并在鉴定意见书中做出表述。

三、鉴定

（1）工程造价咨询人在鉴定项目合同有效的情况下应根据合同约定进行鉴定，不得任意改变双方合法的合意。

合同价款争议主要是发承包双方对工程合同的不同理解或对一些履约行为的不同看法或对一些事实是否存在等导致的。实践中，有的是无意而为，有的是有意为之。但不管怎样，由于建设工程造价兼有契约性与技术性的特点，发承包双方签订的工程合同必然是鉴定的基础，鉴定时不能以专业技术方面的惯例来否定合同的约定。《最高人民法院关于审理建设工程施工合同纠纷案件适用法律问题的解释》（法释［2004］14号）第十六条一款规定："当事人对建设工程的计价标准或者计价方法有约定的，按照约定结算工程价款"，因此，如鉴定项目委托人明确告之合同有效，就必须依据合同约定进行鉴定，不得随意改变发承包双方合法的合意。

（2）工程造价咨询人在鉴定项目合同无效或合同条款约定不明确的情况下应根据法律法规、相关国家标准和"13计价规范"的规定，选择相应专业工程的计价依据和方法进行鉴定。

1）若鉴定项目委托人明确鉴定项目合同无效，工程造价咨询人应根据法律法规的规定进行鉴定：

①《最高人民法院关于审理建设工程施工合同纠纷案件适用法律问题的解释》（法释［2004］14号）第二条规定："建设工程施工合同无效，但建设工程经竣工验收合格，承包人请求参照合同约定支付工程价款的，应予支持"，此时工程造价鉴定应参照合同约定鉴定。

②《最高人民法院关于审理建设工程施工合同纠纷案件适用法律问题的解释》（法释［2004］14号）第三条规定："建设工程合同无效，且建设工程经竣工验收不合格的……（一）修复后的建设工程经竣工验收合格，发包人请求承包人承担修复费用的，应

予支持"，此时，工程造价鉴定中应不包括修复费用，如是发包人修复，委托人要求鉴定修复费用，修复费用应单列；"（二）修复后的建设工程经竣工验收不合格，承包人请求支付工程价款的，不予支持"。

③《最高人民法院关于审理建设工程施工合同纠纷案件适用法律问题的解释》（法释［2004］14 号）第三条第四款规定："因建设工程不合格造成的损失，发包人有过错的，也应承担相应的民事责任"，此时，工程造价鉴定也应根据过错大小做出鉴定意见。

2）若合同中约定不明确的，工程造价咨询人应提醒合同双方当事人尽可能协商一致，予以明确，如不能协商一致，按照相关国家标准和"13 计价规范"的规定，选择相应专业工程的计价依据和方法进行鉴定。

（3）工程造价咨询人出具正式鉴定意见书之前，可报请鉴定项目委托人向鉴定项目各方当事人发出鉴定意见书征求意见稿，并指明应书面答复的期限及其不答复的相应法律责任。

（4）工程造价咨询人收到鉴定项目各方当事人对鉴定意见书征求意见稿的书面复函后，应对不同意见认真复核，修改完善后再出具正式鉴定意见书。

（5）工程造价咨询人出具的工程造价鉴定书应包括下列内容：

1）鉴定项目委托人名称、委托鉴定的内容；

2）委托鉴定的证据材料；

3）鉴定的依据及使用的专业技术手段；

4）对鉴定过程的说明；

5）明确的鉴定结论；

6）其他需说明的事宜；

7）工程造价咨询人盖章及注册造价工程师签名盖执业专用章。

（6）工程造价咨询人应在委托鉴定项目的鉴定期限内完成鉴定工作，如确因特殊原因不能在原定期限内完成鉴定工作时，应按照相应法规提前向鉴定项目委托人申请延长鉴定期限，并应在此期限内完成鉴定工作。

经鉴定项目委托人同意等待鉴定项目当事人提交、补充证据的，质证所用的时间不应计入鉴定期限。

（7）对于已经出具的正式鉴定意见书中有部分缺陷的鉴定结论，工程造价咨询人应通过补充鉴定做出补充结论。

参考文献

[1] 中华人民共和国标准. GB 50500—2013 建设工程工程量清单计价规范[S].
北京:中国计划出版社,2013.

[2] 中华人民共和国标准. GB 50858—2013 园林绿化工程工程量计算规范[S].
北京:中国计划出版社,2013.

[3] 《2013 建设工程计价计量规范辅导》规范编制组. 2013 建设工程计价计量规
范辅导[M]. 北京:中国计划出版社,2013.

[4] 徐涛,卢鹏. 园林绿化工程预算知识问答[M]. 北京:机械工程出版社,2004.

[5] 尚红,布凤琴,卢玮. 园林景观工程概预算[M]. 北京:化学工业出版社,2009.

[6] 郭爱云. 看例题学园林工程工程量清单计价[M]. 北京:化学工业出版
社,2013.

China Building Materials Press

| 我 们 提 供 |

图书出版、图书广告宣传、企业/个人定向出版、设计业务、企业内刊等外包、
代选代购图书、团体用书、会议、培训，其他深度合作等优质高效服务。

| 编 辑 部 | | 图书广告 | | 出版咨询 | | 图书销售 | | 设计业务 | |
| 010-68343948 | 010-68361706 | 010-68343948 | 010-68001605 | 010-88376510转1008 |

邮箱：jccbs-zbs@163.com　　　　网址：www.jccbs.com.cn

发展出版传媒　　服务经济建设

传播科技进步　　满足社会需求